孩子不仅给我们带来了快乐，
更重要的是他们把我们重新引入真、善、美的世界。

立品图书·自觉·觉他
www.tobebooks.net

出品

写给8岁以上孩子的博物书

自然的故事

（德）蒂娜·埃特里希 著
芮虎 译

图书在版编目（CIP）数据

自然的故事 /（德）蒂娜·埃特里希著；芮虎译 . -- 北京：中国文联出版社，2019.3
ISBN 978-7-5190-4165-6

Ⅰ.①自… Ⅱ.①蒂… ②芮… Ⅲ.①自然科学—青少年读物 Ⅳ.① N49

中国版本图书馆 CIP 数据核字（2019）第 007658 号

自然的故事

作　　者：（德）蒂娜·埃特里希	
出 版 人：朱　庆	
终 审 人：奚耀华	复 审 人：胡　笋
责任编辑：蒋爱民	责任校对：傅泉泽
封面设计：尚上文化	责任印制：陈　晨

出版发行：中国文联出版社
地　　址：北京市朝阳区农展馆南里 10 号，100125
电　　话：010-85923066（咨询）　85923000（编室）　85923020（邮购）
传　　真：010-85923000（总编室），010-85923020（发行部）
网　　址：http://www.clapnet.cn　　　http://www.claplus.cn
E - m a i l：clap@clapnet.cn　　　　　jiangam@clapnet.cn

印　　刷：北京华创印务有限公司
装　　订：北京华创印务有限公司
法律顾问：北京市德鸿律师事务所王振勇律师
本书如有破损、缺页、装订错误，请与本社联系调换

开　　本：787×1092	1/16		
字　　数：102 千字	印张：11		
版　　次：2019 年 3 月第 1 版	印次：2019 年 3 月第 1 次印刷		
书　　号：ISBN 978-7-5190-4165-6			
定　　价：68.00 元			

版权所有　　翻印必究

目录

contents

001 — 致中国读者

007 — 导读

001 — 老鹰和蚂蚁

009 — 母猪与兔子

019 — 信天翁与麻雀

027 — 蜘蛛、蛇与猫

035 — 孔雀、老鹰和黄鹂

045 — 松鼠与蝴蝶

053 — 燕子与蝴蝶

059 — 知了与萤火虫

069 — 橡树、芦苇和雨

075 — 天鹅和鱼

081 — 苍蝇和马蜂

087 — 梅花鹿与獾

093 — 蛤蟆与壁虎

101 — 母鸡与蚯蚓

109 — 尖嘴狗、青蛙与蟑螂

117 — 狼、小羊和蚂蚱

125 — 玉石、卵石和砖石

131 — 草儿与玫瑰

139 — 雪松、橙子树与樱桃树

145 — 菊花、辣椒与荨麻

151 — 平底铁锅和竹篱笆

致中国读者

自第一篇故事"老鹰和蚂蚁",直至最后一篇故事"平底铁锅和竹篱笆",本书都穿插着这些疑问:

为什么我们的地球是我们所看到的这个样子?

在地球上生活着的万物都是怎样生存的呢?

这个世界是一本留给我们人类阅读的有关生灵救赎的书吗?

在中世纪的欧洲和更久远的亚洲,人们曾经那样认为。即使是今天,我们也还会提出这些疑问,当我们思考故事中人物的语言和生活方式的时候,我们人类是否也能在精神或心灵上有所收获呢?

不可否认的是,几乎所有的人一看见大海、缤纷的日落、鸟儿、鲜花、鹿、一团形状奇异的云朵或者一只机灵的小松鼠的时候，都会体验到瞬间的感动、快乐和入迷。这种感觉随着喜悦、快乐和激动直至安静与平和而变化。

最新的科学研究证明，当人们漫步在公园或森林中，或是在海边时，他们的生活本质将会受到正面的影响。在人和自然之间，有一种无形的交流，但这不是我们在此涉及的话题，这里讲的是自然作为灵感的源泉，对于艺术会有象征性的影响。

孩子、艺术家以及年长者，在他们还未遭受或不再遭受职业生活的竞争压力时，他们会用更多的时间来观察世界上的事物或现象。他们将进一步开启他们的听觉、视觉、触觉、味觉和嗅觉，和那些事物或现象进行沟通。他们尝试着用精神和心灵来深入那些事物或现象的本质，更进一步认识它们。

谁是创造这个世界的艺术家呢？在世界上不同的宗教中，人们对那些隐形的创造者都有着不同的想象，并赋予他们不同的名字。但不管有或没有那些想象，都会出现这个问题：在地球上那些生机盎然、美丽夺目的现象后面存在着怎样的建造规则？

拥有数千年历史的中国道家揭示了事物和力量的建造规则，这种规则涵盖并塑造了一切，改变并维持着生生不息的运动。我们在《易经》当中可以找到两个原始的自然力量——阴、阳，它们相互对立并共同构建了这个世界的两极：乾（充满阳光的上天创造力）和坤（受领的、被塑造的地力）。

在阴阳的互相作用下，万物向前发展着。每一股力量各自为政，都会产生问题，片面只会导致混乱和停滞、疾病和毁灭。这些极端的现象和两极平衡的现象在各种层面上都发生着。我们可以在化学、气候、政治、社会、绘画（明亮与黑暗、不同的线条和画法）、诗歌、舞蹈和音乐当中发现这个规律。

在《易经》当中，那些原始的因素被两个笔画符号构成的三个水平线的标志表现出来，组合成64卦，表现了不同的质量和力量。阴阳相对而存在，一般来说，阳的一面代表光明、坚硬、干燥、闪亮或线性等，阴的一面则代表黑暗、柔软、潮湿、混浊及无形等。任何事物要顺利发展，阴、阳的力量必须共同参与且达到平衡。

在本书的这些小故事中，读者将会发现，阴阳的区别不单表现在自然环境上，也表现在所描绘的生物的外貌、性情以及行为方式上。以第一篇故事"老鹰和蚂蚁"为例，老鹰的生存环境的特点是：光明、凛冽、视野开阔、高空、悬崖。老鹰喜欢空中吹动的、多变的风。它驾驭着风，相信自己的能力，对气流的变化随时做出反应。我们在它身上看到了勇气和力量、安静和孤独。蚂蚁置身在蚂蚁王国的组织当中。它总是在与集体的沟通和交流中生存，它一生中大部分的时光都在蚁巢里与黑暗和松软的泥土里度过。虽然它很小，在地面上奔波，只知道近处的东西，但它很勤奋，且服从集体，不知疲倦。

在其他的故事当中，我们也能够发现鸿鹄之志和胸无大志的对比，例如"信天翁和麻雀""燕子和蝴蝶"。在我们人类身上，也能发现远大的抱负、伟大的思想或者务实、本分的想法。我们的内心中，既有勇敢、慷慨和乐于冒险的精神，也有与之相对的怯懦、吝啬和保守。

办事时不去考查和检测具体的情况，蛮干、冲动和理想主义，就容易导致混乱，但与之相反的行为方式又会造成必要发展过程的迟滞。平衡、自知以及对于相对本性的理解才能帮助人们脱离片面性。

人类的生活是一个学习的过程。谁能清醒地了解自己和他人，能够学着观察和理解，就能不断成长，为生活和工作中面临的任务做好准备。佛教也把克服造成痛苦的未知因素当作人生目标。反省、冥想和反思是成年人可以自由选择的很好的方式。儿童和部分艺术家使用着一种本能的、直接的、不需要辛苦训练的方式。孩子观察、感知世界，把经历纳入心灵当中，在心中整理那些经历，并且编织出一幅画面，形成对世界和人类的本能的认知。

儿童不是无知无趣的人,不是只能学习和理解最简单的事物,他们在七八岁的时候对周围的人类和其他生物已经有了细致的观察,他们用心灵去感受所有事物并与之亲近。儿童只有通过想象而不是心理上的谈话才能了解和探索这生机勃勃的世界。

民间的童话和传说所承担的任务之一,就是用想象的形式来深层次地探讨生命和世界的意义。民间故事一般都会以正面的发展方向而结束。儿童的天性是善良的。他们对友谊、感激、忠实、真诚有着自己的感知。所有涉及这些话题的故事都会深深地触及儿童的灵魂深处,让他们振奋并受到激励。

如果没有被不幸的生活扭曲的话,儿童本身还是善良的人。这已经被20世纪的社会科学与自然科学加以证明了。人类天生是趋向于社会性相处的。科学家们已经就此发表了许多文章。比赛和竞争是现代工作世界的一项发明,甚至幼儿园都已经很遗憾地受到了影响。如果当代的人们不想放弃那种可以检验成绩的方式的话,他们就要呼吁在教育中融入一种针对年轻人的健康、强有力的弥补。这当中就包括了艺术、运动、户外活动以及优秀而合适的文学故事。

对于一个故事的陈述者或诵读者来说,他或她对故事是否有过良好的、深入的思考,故事对于他或她是否有价值,会产生非常大的区别。那些完全沉浸在孩子们的想象世界,有良好的心灵品质,热爱生命和世界,并且积极地对待生活的成年人之间,可能有一个精巧的、无形的纽带将他们的灵魂紧密连接。所以将文学和故事进行筛选,或者用自身真诚的想法来撰写故事是十分有价值的。

导　读

在本书的故事背后，存在着这样一个哲学观点，即人类精神、身体以及这个世界上所有的生物和表现形式之间都拥有一个原始的关联。这是一个全面世界观的想法。一个热爱自然的现代人也可以开始坦率地、认真地观察自然。

这里涉及一项思维训练，用以阅读自然这本书卷。外在的形式和物质就像自然的语言中所包含的字词一样。我们要寻找外在形式之中存在的内在规律，与人类的心灵建立起关系。现象背后的特征及本质，也正是孩子们的兴趣所在。对孩子们来说，他们除了发现老鼠很少睡觉、总是行动敏捷这些特征很有趣以外，也会从别的角度观察身边的现象，比如发现一只慵懒的猫或奶牛的生活有多愉快。

以贝、虹和鲽为例。我们首先观察它们的外形，之后再看看它们生活在哪里以及如何生活。贝的外部是一个由碳酸钙形成的保护壳，外面被水浸泡着。它的内部像周围的水一样柔软。它和水紧密相连，吸进又吐出，就这样清理着体内的浊物。它的肌肉主要掌控着贝壳的张开与闭合。足肌帮助它做细微的移动。这种动物既没有侵略性也没有好奇心。它没有眼睛，和同类之间没有互动或者说是语言上的交流。它的壳是它与外界的界限。贝委身于水流，安静、忍耐，它也构建出一些永久性的物质——可以留存千年的贝壳灰岩。

让我们再说说其他两个海洋生物：虹和鲽。它们看起来很相像，外形都很扁平，鱼鳍完全长在一侧。只是有一点，虹对任何可能的敌人都保持敌对，而鲽体型更小，伏在海底，试图用身体颜色作为掩护，使自己不被察觉。鲽或许是虹畅游技能的观众，虹和鲽喜欢这样吗？鲽如何向什么也看不见的贝描述呢？如果虹和一名它想要攻击和驱赶的正在拍照的潜水员之间起了冲突，鲽、贝或一只年轻的鲨对此会有什么评论呢？鲽和贝都不好斗，不会主动攻击，如果潜水员只想拍照的话，就更加不会遭受攻击了。鲨和虹则多疑，会快速地防守和进攻。它们有尖利的牙齿或尾刺作为武器。

人们尝试着将动物的行为与人类的行为联系起来，进行比较，并充分发挥想象力。这就是继观察外表、了解生活习性之后所探及的第三步。所有按照美好的想法构建并创作出来的故事情景，还应该在故事讲述之前对其思想和事实加以检验，比如说，贝不会吞食口香糖，虹不会吃贝。

  成年人经常试图向孩子们讲述具体的自然科学知识。生物学科上将动物通过种、群和子群进行分类。狗只能看见灰色调，蜗牛视物非常模糊，母蜘蛛在交配后会吃掉公蜘蛛……这些对年幼的孩子来说有内在的收获吗？这些事实会是心灵上的营养吗？这些难道不应该是提供给那些生物爱好者和研究人员的耸人听闻的细节吗？

  对孩子来说，更适合的是唤起他们内心对这个地球上与我们共存的生灵的兴趣和热爱。在多媒体社会里，信息纷杂，又没有合适的保护方式，孩子们更容易见到可怕的事情。因此，提供一个讲故事的空间和时间，来积极地塑造孩子的心灵，提高内涵，对孩子们来讲意义非凡；故事的讲述者在讲述过程中的幽默与友善也有着金子般的价值。

老鹰和蚂蚁

ZIRAN DE GUSHI

一只老鹰站在山上的一块岩石上,俯瞰着脚下的山谷。它目光敏锐,可以看到几百米之内的每一个活动的生物。但是,它身后站着一只小蚂蚁,它却没有察觉到。在岩石边生长着一棵野樱桃树,小小的果实已经成熟了。老鹰的左侧利爪下,踩着一颗从树上掉下来的熟透了的小樱桃,它也没有察觉到。可是,小蚂蚁却想得到那颗樱桃。

"老鹰,请让开一点,我想拿你脚下的那颗樱桃。"小蚂蚁语气坚定地说。

老鹰回过头来,感到惊奇:"什么?你这个小动物、小布点儿,居然敢和我说话?难道你不敬畏、不惧怕我吗?"老鹰有些发怒,因为它感到自己的休息被打扰了。"我挪一小步就能要了你的命。"它补充道。

蚂蚁对老鹰的话一点也不在意。它只是说:"如果你让开,我就可以拿到那枚甜果子;如果你坚持站着不动,那我就去别的地方给我蚂蚁窝里的朋友们找吃的。"

老鹰感到非常吃惊。它又重复了自己的问题:"告诉我,你一点也不惧怕我吗?"

"不,我既不是你的敌人,也不是你的猎物。对于你来说,我太小了,根本引不起你的兴趣。不过,这并不意味着我就没有勇气。但是,我的本性首先是务实和勤劳。因此,我很想现在就得到那颗樱桃。请稍微让开一点吧。"

老鹰对蚂蚁这种自信的方式感到震惊,于是,它真的抬起了爪子,让樱桃露出来。"如果你真是如此勇敢的话,小东西,那就爬到我的翅膀上和我去山谷上空滑翔吧。你敢吗?"

"是的,我敢。"小蚂蚁回答道,"不过,我得先把樱桃搬回我的蚂蚁窝。它们有时喜欢吃点儿甜点。"

于是,蚂蚁吃力地拖着樱桃回家了。老鹰不相信它还会回来。

老鹰继续观察山谷里的动静,甚至已经把蚂蚁忘记了。然而,蚂蚁却真回来了。

"那么,怎么飞呢?"蚂蚁问道。它想用行动证明自己的勇敢和坚定。

老鹰很欣赏这种自信的行为，就让蚂蚁从自己的腿上爬上去，待在背上。蚂蚁爬得非常吃力，因为在坚硬的大羽毛下还有许多细细的长毛。到了老鹰背上，蚂蚁用它的六只小脚抓得紧紧的。老鹰伸展翅膀扑向空中。

"太好了，我待在背上，而不是待在一个翅膀上。"蚂蚁轻声地自言自语。

老鹰担心蚂蚁会眩晕或害怕，就问道："蚂蚁，感觉如何？你看到下面那个湖了吗？"但是，它没有得到回答。

蚂蚁实在太小了，除了羽毛，其他什么它都看不到。

突然，老鹰发现一条肥肥的蛇在石头上晒太阳。这看起来真是一顿美餐。老鹰俯冲下去，用它锋利的爪子抓死了蛇，吃掉了一半，另一半它想带回窝里给它的太太吃。在这次行动中，老鹰完全忘记了蚂蚁的存在。

现在，它又想起了蚂蚁，因为它感觉到了蚂蚁的爬动。

"蚂蚁，你也想得到一点猎物吗？"

"不。"蚂蚁回答得轻声又胆怯。刚才的俯冲着实令它胆战心惊，它很高兴它没有摔下去。

老鹰满意地飞翔着,平静地在空中盘旋,背上带着蚂蚁,嘴里叼着那半条蛇。它先飞去鹰巢,把蛇给了它的太太。然后,它又飞回那块作为瞭望台的岩石上。在那里,蚂蚁从老鹰背上爬了下来,还有些昏昏沉沉。

"蚂蚁,要不要我从树上给你摘几颗樱桃下来?"老鹰友好地问道。

"不,够了,谢谢。"蚂蚁回答道,并很快和老鹰告别,走在回家的路上。

对它来说,这一天的劳动和冒险都已经足够了。

雄鹰高飞

母猪与兔子

ZIRAN DE GUSHI

一位农妇住在大城市郊区的一套小房子里，房子只有两个房间。一间她自己住，另一间是猪圈。她的先生已经去世了，农妇卖掉了一头牛和几只羊，只留下了一头母猪和几只鸡。

那头母猪又肥又大，已经生过四次幼仔。每一次生有8只或者9只小猪。这些小猪们总是会被卖掉，但这头母猪却是农妇的心头肉。

它是一头非常具有警惕性的母猪，是这个家、院子以及农妇的守护者。带着小猪时，它好像一头狮子那么凶猛。这个很容易理解，因为家猪是野猪的近亲，野猪就很凶猛。但是，即使没有了小猪，它也从来不相信陌生人，也不让别人亲近抚摸。在过去那些年里，它咬伤了不止一两个客人。因此，当客人带着不懂事的孩子来的时候，它通常被关在猪圈里。平常，它就会在院子附近闲逛，咕咕地走来走去，到处找吃的。对于食物，母猪是不会挑剔的。

一个乡下来的菜农，每个星期三次在附近卖菜。每次他收摊离开，对母猪来说，就是一个盛大的节日！地上到处是被撕下来的菜叶、菜秆以及扔下的碰伤了的水果，而且还有吃剩的午餐，比如地瓜皮和鸡骨头。这些东西对于那些饿坏了的动物，比如猫啊、狗啊和鸟儿来说，真是好吃极了。

一天傍晚，母猪又在那里吃东西，顺便打扫卫生。

这时，来了一只小兔子，一身白色的毛，背上有一些黑色的斑点，一对下垂的黑色耳朵。"我希望没有打扰你。"小兔子客气地对母猪说。

"只要你没有挡住我的路，没有吃掉那些可口的东西，对我来说无所谓。"母猪回答得简明扼要。

不过，显然还没有表达清楚，因为小兔子又接着提问了："什么是可口的东西？哪些是给我的？我不想惹你生气。"

母猪思考片刻，是应该花时间回答呢，还是干脆不理这个小家伙。不过，对母猪来说，明确表示它的占有关系还是很重要的。

于是，它开始列出小兔子不准吃的东西："水果、土豆、菜叶、胡萝卜、山药、面包渣、栗子、蘑菇、甜点、面条、坚果、香肠以及剩下的鱼和肉。"

"哦，那还会剩下什么呢？这对你来说太多了吧，你不觉得吗？"小兔子大胆地说。

"听着，我也可以直接把你赶走。现在，要求别太高，老实点，别再打扰我。除此之外，你还想要什么呢？还有米饭、小扁豆和鸡骨头呀。"母猪心情烦躁地说。

小兔子感到失望。它坐在稍微远一点的小土堆上，耳朵也耷拉下来，希望母猪有吃饱离开的时候。

母猪在那里吃啊，吃啊，终于吃饱了。它吃得太饱了，甚至感到肚子胀得难受。然后，它离开垃圾，四处张望，并慢吞吞地朝小兔子走去。在那里，它懒洋洋地躺在了泥里。

"请吧，轮到你了，难道你生气了？"母猪问道。它对小兔子的沉默有些反感。

好像听到了号令一样，小兔子奔向垃圾，可是很快就又回来了。

"已经吃饱了？"母猪昏昏欲睡地问。

"没有。"

"可那里还有足够的东西啊，不要这样挑食！"母猪认为。

"只剩下干巴巴的饭粒和老母鸡骨头,还有一块被谁咬过的苦涩的胡萝卜。这些都不适合我。"

"哈哈,那块胡萝卜难吃死了,不是吗?我咬了一口,'苦'不堪言。不过,你看起来是被宠坏了,而且,太害羞、太讲礼貌了。告诉我,你是从哪里来的?"母猪问小兔子。

"我曾经住在一个豪华的房子里。那里有两个孩子和一条狗。我曾经就是孩子们的玩具。哎,难道我仅仅是一个供人玩耍的木头兔子吗?"

"为什么?他们对你做了什么?"

"他们总是对我说,我是多么可爱,还管我叫熊猫,但是,他们对于动物一点也不了解。有时,我成了他们的皮球,被他们甩来甩去,有时,他们想让我对鱼缸里的鱼儿打招呼。我笼子里的地板是塑料的,太滑了,我常常滑倒。那条狗也喜欢在我笼子这儿嗅来嗅去。而且,它还张开嘴巴喘气,那种味道一点也不好闻。另外,我也怕它,非常害怕,一看到它我的心脏就会狂跳。这对像我这样的小动物来说甚至可能致死!"

"噢,多危险啊!"母猪取笑着小兔子,它自己什么都不怕。"你的笼子还有护栏可以保护你呀!"

小兔子为自己辩护道:"我们不可以用头脑控制自己所有的情感。你也许可以这样。你聪明又有丰富的生活经验。但是,我们兔子对于狗的狂吠本能地就会产生害怕的反应。我们会心悸,必须逃走,或者至少得有什么地方可以躲藏。这非常重要。于是,有一天,在孩子们带我出去玩滑板的时候,我就逃走了。"

"那么,在那个家里吃些什么呢?"母猪对这个问题很关心。

"吃得非常好,新鲜而且精细。不过,吃又不是生命的全部!"小兔子说,它感到母猪不太理解自己。这样,它们在夕阳下沉默地待了一阵子。

母猪吃得太多,感到困了。小兔子也放松了下来,在这头有时并不友好的母猪旁边,它至少还感到安全。家猪既不会咬也不会吃活着的小兔子的。它们这样紧挨着休息,相互感觉越来越好。

尽管有着不同的习惯,但它们之间产生了一种相互信任的氛围,因为两种动物从天性上都是合群的。在大自然中,它们总是要寻找伙伴,或者建立一个有许多孩子的大家庭。它们现在都缺少着什么。

当母猪睡够了,醒来看到小兔子还在自己身边时,它立即就明白了其中的原因。

"喂,'熊猫',跟我来吧。我给你看看我的主人屋子后面的土堆。

你应该在那儿给自己挖个洞。兔子就是这样做的，不是吗？你一定从野兔那儿学到了吧。如果狗儿或者小孩子惹你生气了，你只需要藏到地下去，或者到我家里来。我会照管你的。来吧！"

说完，母猪把小兔子带回家了。

热心的母猪

信天翁与麻雀

ZIRAN DE GUSHI

"看啊,在我们船尾的甲板上落下来一只信天翁。我想去近处看看这个海洋之王。我以前只是在书上见过它。"一个年轻的水手对他年长的同事说。他们在一艘巨大的、航行在北大西洋的科学考察船上工作。

"等等!"年长的同事说,"我们不应该打扰它,或者可以用望远镜观察它。这种体型大而强壮的海鸟很少休息。如果它这样做了,那就是必须要休息了,也许是老了,也许是病了。通常情况下它可以连续飞行好几天,长达几百公里的路程,而不需要着陆休息。谁要是不尊重信天翁,就会受到我的责备。"

这番话令年轻的水手对信天翁肃然生敬。他拿起自己的望远镜,开始充满敬畏地观察这只灰白相间的大鸟,看它那有力伸出的前端往下弯曲的喙。

在离信天翁不远的地方,救生艇的船舷上站着一只麻雀。看起来这两只如此不同的鸟儿像是在交谈。它们的区别是如此之大，好像猪和大象，或者金枪鱼和海豚，又或者老鼠和猫。

但是，与猫和老鼠的关系不同，这两种鸟不是敌人。事实上，它们确实在进行一场友好的对话。它们知道，虽然外表有这么大的差距，但它们有着远亲关系。

"你想去哪里呀，小棕毛球？外面的风会和你玩一场叫你反胃的游戏。你是怎么上了这条船的？他们肯定是不会卖船票给一只麻雀的！"信天翁好奇地问，对它来说，和别的鸟交谈的机会几乎是没有的。

"我不是完全自愿来到这里的，确切地说是一个因愚蠢而发生的偶然事件。"麻雀开始讲述自己的故事。

"我和朋友们经常在汉堡港里嬉闹玩耍，我们是个大约有20只的快乐的麻雀群，我们同舟共济，总是有一些胡闹的主意。有一天，我们决定到这艘科考船上看看。这条船已经在海港里停了好几天了，为起锚航行做最后的准备工作，甲板上堆满了装着生活用品的箱子和口袋。其中，我们注意到了两口袋燕麦片。你想想！你也喜欢燕麦片吗？"

"不。我是说，我从来没有尝过。"

"那你喜欢什么呢?"

"我吃鱼。"

"咦!我根本不喜欢鱼,海港里那些鱼和鱼的残渣闻起来很糟糕,臭臭的。"麻雀这样认为。

"哈哈,你从来没有吃过新鲜的鱼,简直是美味佳肴!但是你怎么可能也会这样呢。当我想象你要怎样把一条鱼从水里拉出来,我就觉得真滑稽。大概要用一把叉子,因为你小小的嘴巴根本不相称。"信天翁笑着说,却富有同情地问麻雀最喜欢吃什么。

"蛋糕,"小家伙热情地回答,"甜甜的蛋糕屑和面包屑,是海港咖啡馆里客人或者工人掉下的。"

"这些对我来说不够营养。但是,我们的谈话离题了,请接着讲你的故事吧。"

"哦,是的,对不起。嗯,我们在口袋上跳来跳去,飞上飞下,弄出了很大的声响。船上的厨师来了,很生气地大声吼叫着,用一条毛巾打我们。所有的朋友都飞走了,只有我被毛巾打中了。那个厨师可真是有力。他肯定是可以举起沉重的口袋和铁锅的。你知道,这个厨师肯定能……"

在麻雀正要继续不停地谈厨师之前,信天翁请它还是回到原来的话题。信天翁感觉到,麻雀在谈话中喜欢跑题。

"我挨了这么重重的一击,于是失去了知觉,掉在地上。然后,我再也不记得发生了什么。值得庆幸的是,那个厨师没有踩我,更没有把我煎了或者煮了!"

"厨师是不会煮麻雀的。"

"喔,原来如此,这我可不知道。为什么呢?"

"麻雀太小了,而且味道也不怎么样。"

"你怎么知道麻雀的味道不怎么样?"麻雀感到不安,"你吃过我们吗?"

"没有。"

这时,信天翁用它充满期待的眼睛望着远方的海洋。它看起来是如此庄严、睿智。这个形象给麻雀留下了深刻的印象。可以和信天翁谈话,让它感到非常自豪。在世界上有千百万只麻雀,遍布地球上几乎所有的国家,但是,却没有多少信天翁。因为它们几乎总是在空中,所以根本不可能和其他鸟儿交谈。只是为了哺育幼仔,信天翁才会在一处僻静的岸上或者岛上做较长时间的停留。

突然，麻雀深信不疑地说："空中之王的称号不应该给予老鹰，它会捕食还是自己亲戚的小鸟，而是应该给予骄傲的信天翁！"它想问问信天翁，有多大年纪了，或者它经历过多少次历险，因为它的羽毛上显示出受伤的痕迹。

但是，麻雀却不敢打扰这只大鸟宁静的远眺。如果它知道这只信天翁已经活了半个多世纪，也就是52年的话，麻雀会深深震惊的。在它的一生中，它已经经历过了这个世界的诸多变化。陈旧的船舶样式早已消失，新型的船更大、更快，样式上更富于棱角。它年轻时候的那些船看起来更漂亮。岸边的城市总是在不断修建更高的楼房，夜晚灯光明亮，绚丽多彩。

有些东西，信天翁自己也说不清楚。突然，它转向麻雀："听着，小鸟，这艘船向北方开，要开到冰海里。人们要在那儿研究水和冰的质量，但那里对你来说太寒冷了。而且，冰冷的大风把你从甲板上吹走。那样的话，你着陆的地方就不会是一个安全的海港，而是一条大鱼的胃。当心，在船靠岸之前，把自己藏在库房舱里，别藏在冰箱里。我现在已经休息好了。祝你好运，再见！"

于是，信天翁展开它那巨大而有力的翅膀，只是扑打了几下，就以飞快的速度翱翔在天空，开始了它与海风的游戏。

翱翔的信天翁

蜘蛛、蛇与猫

ZIRAN DE GUSHI

一只宠物猫生活在一个农夫家，体形硕大，大概七岁了。一天早上，它懒洋洋地躺在屋前晒太阳，看见一只苗条的黄褐色蜘蛛匆匆忙忙在赶路。猫儿跳起来，看看是否有什么可以消遣的，就开始玩弄起蜘蛛来。尽管它事先并没有问过蜘蛛是否有兴趣和它玩。

猫儿用爪子把蜘蛛推来推去，一会儿让它继续走，一会儿又恶作剧地把它抛到空中。蜘蛛只是试图继续往前爬，摆脱猫儿。蜘蛛有一个明确的目的，因为它总是朝着一个方向走。

"蜘蛛，你这样固执地要去哪里呢？"猫儿终于提出自己的问题。

"我必须去把我的网补好。今天早上有一只羊穿过时，不小心弄破了它。请不要这样无聊地惹我生气，我有事儿要做。"蜘蛛回答道。它努力要强调自己说的话，同时伸长它的八只脚，令人看起来感到害怕。

这种恐吓对孩子和女人通常是奏效的，可是，猫儿却无动于衷。

它用爪子抓起蜘蛛，再一次抛上了天。蜘蛛迷迷糊糊地四脚朝天掉了下来，但很快又继续向那两棵灌木爬去，那里挂着它要修补的蜘蛛网。

猫儿正要再跳过去继续戏弄蜘蛛，它面前突然出现了一条灰黑相间的长蛇，在嘶嘶叫道："停下你的恶作剧！别打扰勤劳辛苦的人，去干你自己的事。"

猫儿吃了一惊，不过它立马盘算着和蛇干一仗是否是一件有趣的事情。为了安全，它问道："你有毒吗？"

"谁知道呢？也许吧。"蛇回答道，其实它是无毒蛇。

"你说去干自己的事，是什么意思呢？我没什么事可做。我是一只宠物猫，每天主人都会给我东西吃。他让我做宠物的。"猫儿为自己辩解道。

"所以你就无所事事啰？"蛇严厉地问。

"是啊，那又怎么样呢？"

"你应该捉老鼠，就像我一样。"蛇宣布道，"老鼠偷吃储备粮，弄脏大米和谷物。它们甚至会去咬存放食品的塑料罐，咬坏上好的布料，用碎布片去修它们的窝。你应该行动起来制止它们。"

"但是，为什么是我呢？"猫儿吃惊地问，因为它还从来没有想过自己在家里的职责。

"我们三个，蜘蛛、你和我是这家小农庄的一部分。蜘蛛捕捉许多蚊子和苍蝇，使人类不受到烦扰。我捕食或赶走大大小小的老鼠。而你也应该要做同样的事情。

遗憾的是，我和蜘蛛不像你那样受到人类的喜爱。我们既没有温暖又柔软的皮毛，又不能依偎在他们怀里打呼噜。我光滑冰凉，没有脚。而蜘蛛的长脚又太多了，这也不讨人喜欢，许多人甚至感到毛骨悚然。

人类和动物都一样，首先要感觉喜欢，有相似之处，或者马上可以相互适应和理解，才能在一起。即便我们温和又无害，也像你一样是有用的，可人们还是受不了我们在家里出现。"

"哦，所以说你没毒！"猫儿打断蛇的话。

"是的，"蛇承认了，希望猫儿不会厚颜无耻地转而戏弄它，因为蜘蛛已经不在那里了，事实上，它早已经溜之大吉了。蛇认为，同自己和蜘蛛相比，猫儿非常任性。

"也许，这和它们的温暖的血有关系。"蛇自己想着。狗、獾、驴子、山羊、小猫都任性而没有计划，而且都是恒温动物。

不过，猫儿却没有再玩耍了，它待在那里静静地思考着什么。蛇于是建议去看看蜘蛛是否已经补好了它的蜘蛛网。

"跟我来吧。"它对猫儿说，希望猫儿能够从蜘蛛那有价值的工作中找到些感觉。

于是，它们一起前往，一个爬，一个跳，来到灌木那里，蜘蛛网就挂在灌木之间。

"哦，看起来真棒！"一看到那张巨大、细密的网，猫儿立刻发出赞叹。

蜘蛛还在那里不停地爬来爬去，调整那些不规则的丝线。这时，突然飞来了一片褐色的树叶，悬挂在网上。猫儿老眼昏花，没有看清楚，以为是一只小老鼠，一步就跳上去，用两个爪子抓住那片树叶，把树叶弄碎了。同时，蜘蛛掉了下来，蜘蛛网再次被损坏。

"哎，又坏了！"八只脚的小动物悲叹道，又开始爬上灌木，重新用它的丝编织蜘蛛网。它既没有失去这种对繁重劳动的兴趣，也没有咒骂别人。蛇束手无策，缓慢地爬向屋子，消失在屋墙下的洞穴里。

而猫儿感到震惊，因为它第一次尝试做一件有用的事情——抓一只老鼠——时，就失败了。同时，它看到那张弄坏的丝网，也感到难过。它自己也弄不明白，怎么会在一个早上就干了这么多傻事。

"蜘蛛，我不知道，你的丝网这么容易扯坏！对不起。我可以为你做点什么吗？"它问道。

"只是尽可能远离这两棵灌木就好了。猫，因为你我差点饿死了。今天我还没有抓到一只苍蝇。回到屋前台阶上你喜欢的地方去休息吧！"这是蜘蛛的建议。

猫儿也照蜘蛛的话去做了，因为它喜欢打盹或睡觉，至少比院子里的其他动物更喜欢。

有一会儿，它还曾经考虑过是否应该为蜘蛛抓一只苍蝇，并把苍蝇扔上蜘蛛网。不过，那是非常吃力的事情，因为需要跳跃和奔跑。

于是，猫儿只好又放弃了这个计划，继续打盹。

勤劳的小蜘蛛

孔雀、老鹰和黄鹂

ZIRAN DE GUSHI

一个城市里，有一座美丽的公园，里面住了许多鸟儿。游人们或者喜欢观看它们绚丽的颜色，或者喜欢聆听它们美丽的歌声。有一队队的小学生和大学生来这里写生，他们不仅仅喜欢画美丽的树和花，还特别喜欢画各种鸟类。

在这里有许多小个头的鸣禽，比如黄鹂；另外，还有一对孔雀和一只老鹰。老鹰最喜欢待在一扇石头大门上，大门前，有好几条有鲜花镶边的小路，它们都通向一个宽广的草地。

老鹰常常安静地待在那里，因为它的羽毛与石头的颜色相近，所以游人们很少注意到它。这正好中它的意，因为它主要的捕猎时间是在公园里没有人的时候。那时，小老鼠就会从地下的洞穴里爬出来，到处找东西吃。

老鼠是老鹰喜欢吃的美味。老鹰急速而无声地飞翔在上空，瞅准时机，就猛扑翅膀俯冲下去，速度好像一辆汽车那么快，一下子就用爪子抓住了小老鼠。老鹰安静、不引人注意，但也骄傲而无所畏惧，许多游客都不认识它。

如果老鹰长期找不到小老鼠吃，就会捕捉小鸟充饥，所以，像黄鹂这样的鸣禽就会害怕并时时提防着它。当它从空中临近自己，小鸟们就会很快地飞到树上或者灌木丛里，找一个树枝尽可能密集的地方躲起来。

小鸟们最好的藏身之处是带着长长的刺的灌木丛，它们在里面活动自如，并喜欢用歌声来嘲弄猛禽或者小猫，因为它们感到自己已经安全了。

一天，一只孔雀趾高气扬地走近有刺的灌木丛。这时，老鹰也待在不远的地方。它蹲在一个售货亭顶上，因为是清晨，售货亭还没有开门。于是，在老鹰、孔雀和黄鹂之间展开了一场对话。

老鹰说："小黄鹂，你看起来很懂音乐，那么是否可以告诉我，我和孔雀谁的声音更美呢？"

黄鹂思考片刻，然后回答说："老鹰，你的声音比较悦耳。"

从老鹰的眼神可以看出来，它对这回答感到满意。

是的，人们几乎没有注意到，因为所有猛禽的眼睛都是那么严肃，而且几乎是令人感到危险的。自然赋予的严格的血统使它们的眼睛具有锐利的外观。也许它是经过训练的，因为它的注意力特别集中，对周围的环境观察得非常仔细，对于远距离的东西比人类都看得清楚得多。

"这个判断不公平，"孔雀表示反对。"你不过是要奉承你的敌人，好让它不抓你不弄死你而已。"

"不是这样的，"黄鹂回答道，"因为，即使我说的话使它开心，它还是要捕捉我的。这是它的天性。因此，我不会这样愚蠢，连这点都看不到。"

"有道理，"老鹰说，"另外，我的叫声也真比你的好听，孔雀。你的叫声听起来好像是一只猫被人踩了尾巴时发出的哀鸣。"

"也许你们两个是对的，我的声音也是一种警告。如果危险临近的话，我首先警告我的妻子和我的同类，但是，我也警告别的动物甚至人类。我会预警有攻击性的客人，甚至还会预警即将到来的暴风雨，提醒大家保护自己。在我的故乡印度，我的亲戚甚至会预警那些在野外自由生活着的老虎和豹子。"

"也会预警蛇吗？"小黄鹂想知道。

"我不会预警蛇，我会吃它。"

"哈哈！"老鹰发话了，"这在我看来是有点过分吹嘘了。蛇是猛禽的美味，却不适合母鸡的以谷粒为生的美人亲戚。"它嘲讽道。

"你如果不相信我，就让我们打赌吃蛇吧，无论是有毒的还是无毒的，都可以。黄鹂应该做裁判。谁在一个月之内吃的蛇多，谁就赢了。我们每吃了一条蛇，都要给黄鹂看一小块蛇肉。"

黄鹂觉得这样的打赌不错，因为它根本不喜欢蛇。有的蛇会爬到灌木丛里毁坏鸟窝。

"这是一场很好的打赌，"黄鹂说，"因为，这样我们就能知道谁是公园里最勇敢的鸟。"

"这个我们现在就已经知道了。"孔雀肯定地说。

"那么，是谁呢？"

"是我。"这是孔雀的回答。

这引起老鹰一阵反对的叫声，"胡说八道，"它说，"你不是勇敢，而是狂妄自大！公园里没有谁像你那样开屏，面对游人的照相机，你开心地转来转去。有时，你甚至用开屏胁迫他们，直到多次向你提出要求，你才开屏或者转向他们。你夸夸其谈、自夸自赞，而我却相反，勇敢而低调。这才是高贵。由此，一些国家里的许多人都颂扬我，并愿意为我的一些亲戚花许多钱。"

"我被画在许多画、花瓶和绣品上，甚至在花园里被雕塑在石头上，比你多得多，老鹰。这也很说明问题，不是吗？"孔雀认为。

"但是，只是在这里，在亚洲。可是，在欧洲或者阿拉伯国家，我却是被画得很多、被展示得很多的动物。我被视作勇敢、迅捷和专注的象征。"老鹰以这样的方式反驳。

"这我可要再次反对你，"孔雀说，"最近有一次，你正在草地上吃一只老鼠，这时，来了一条黑色的大狗。你害怕得丢下了猎物就跑了。还是我大声叫喊，展开尾巴，把狗赶走了。后来，你才又回来把你剩下的老鼠叼走。这件事你肯定忘记了吧？"

"行了，孔雀，你长长的羽毛确实给人以深刻印象，也是公园中被拍照得最多的鸟。"老鹰承认这个客观事实，表扬了一下孔雀，又加上一句，"但是我认为，最受欢迎的还是黄鹂。"

"谢谢老鹰！"黄鹂很高兴，"你们两个都勇敢、强壮和骄傲，不过，我很开心做我自己。我不在乎自己的外貌，公园里的那些人类、狗儿和老鼠也都对我没兴趣。我喜欢唱歌，喜欢从一棵树飞到另一棵树，到处转悠，无忧无虑，有时在这里啄一粒种子，有时在那里吃一条虫子。每天清晨,当太阳带着柔和的光彩出现在这个世界上,我就和我的亲戚朋友们愉快地唱歌,向它表示问候。现在,你们就去找蛇吧。"

唱歌的知更鸟

松鼠与蝴蝶

ZIRAN DE GUSHI

一只小松鼠快乐地练习跳跃与攀援，一会儿从这根树枝跳到那根树枝，一会儿从这棵树爬到那棵树。

有的树是它最喜欢爬的，比如榉树、栗子树和核桃树。这些树高高大大，树皮美丽而不光滑，又没有龟裂。但是，桦树就不同了，和一些水果树一样，它有许多细小的枝条。不过，在紧急情况下，比如被狗追着跑时，松鼠就管不了那么多了，每一棵高大的树都是好的，即使是带刺的树也要赶紧爬上去。

松鼠可以随处攀爬，灵巧自如。它是一个真正的树木爱好者。对家里的墙、孩子们玩的攀爬设备以及围墙，它都不感兴趣。从这方面来讲，它和壁虎就有所区别。

树木发出芬芳，充满生命力，几乎所有的树木都有一个漂亮的弧形造型。许多树木能结出可口的坚果或者可以食用的种子。但围墙——许多小动物的藏身之处，可不是这样一个生机勃勃的家。而且，松鼠希望有一个舒适的家，不像蛤蟆、蛇或者壁虎那样，住在冰冷的地洞里或者墙的裂缝里就心满意足。

松鼠在树干上修建一个舒适的隐蔽的居所，里面铺着柔软的材料。那里面可以容得下两只松鼠在冬天睡一个舒服的大觉。

人们也许会认为，松鼠在跳跃时会快乐地欢呼。但是，松鼠既不欢呼，也不叫喊或者歌唱，尽管它们像在树上唱歌的鸟儿那样喜欢树林。也许那些它们用来啃咬坚果壳的尖利的长牙齿，会妨碍它们唱歌吧。所有的啮齿动物，比如老鼠和兔子，都不具有唱歌和演说的天赋。对它们来说，听力比口才更重要。因此，它们的耳朵特别大，而且形状美丽。比如老鼠的耳朵是圆形的，而松鼠的耳朵则尖而长，顶上还有一绺毛，看起来好像两支画笔。

这个故事里的小松鼠是一个有志气的小家伙，它想成为腾跃的冠军。它常常用力地从一根树枝跳出去，伸展手臂和双腿，以便可以乘着一些风力，跳到下一棵树上。这种腾跃的感觉妙极了。尤其是从一根高高细细的、摇晃的树枝跳出去时，它能飞得特别远。

一个春天的早晨，当太阳温暖地照射着大地，第一朵鲜花朝着太阳开放的时候，一只美丽的黄蝴蝶围着一棵开满小花的芬芳的树飞来飞去。小松鼠还从来没有见过这种生物，它被深深地吸引住了。蝴蝶轻盈飞舞，在树叶上优美地着陆，然后悄然无声地再次飞起，这些美丽的画面都令小松鼠感到惊奇和喜悦。

"你叫什么名字？你是谁？"小松鼠问道。它静静地蹲在一根树枝上，沉醉地观察着。

看见这个巨大的深褐色的家伙在对自己说话，黄蝴蝶吃了一惊。蝴蝶通常只和蚱蜢、甲虫和叶虱聊天，万一遇到鸟儿、小猫和小狗，它都必须要避得远远的，因为它们可能会对它造成威胁。不过，小松鼠是一个友好的食坚果者，不是喜怒无常的肉食动物。

"我叫柠檬蝶，因为我是黄色的，但其实不单是黄色的，我两个翅膀上还各有一个红色的斑点。这对我来说很重要。我是一只蝴蝶，一个阳光生物。在寒冷和下雨的时候我必须要躲起来。大雨或者冰雹会损伤我的翅膀！"蝴蝶说。

"是啊，我也不喜欢下雨。在冬天我大部分时间都待在温暖的家里。你应该来我家做客。你在冬天干什么？"松鼠问道。

"哦，这我可不清楚。我只有四周大。我必须要问一下。但是，也许我根本经历不到冬天。我们的生命非常短暂，通常是活不了一年的。"

"你不为过冬储备粮食吗？"小松鼠吃惊地问道。

"什么是储备？这我可没有听说过。"蝴蝶想知道。

"大树只在秋天的几个星期里为我们提供坚果，那是我们唯一的食物。因此，我们必须要非常勤奋地收集它们，在洞里或者地下储藏起来。秋天是我们主要的工作季节。你也必须要为过冬收集花朵，并储备起来！"小松鼠建议道。

"但没有别的蝴蝶会这样做。我也闻所未闻。我们也不吃花朵，我们吸花蜜，那是花朵里甜蜜的汁液。但是，花朵和汁液在存放中会变干的。所以，储备它们是没有意义的。我喜欢当下的日子，它是如此美丽、充满趣味。明天是明天，到时再说吧。"

"我不知道，蝴蝶，也许你应该收集一些小小的坚果和植物种子，比如青草的种子。"小松鼠继续提建议。

"但是我们没有牙齿呀，松鼠，我们有一根长长的用来吮吸的喙。"

"在哪儿？"

"卷起来了，以免在飞翔的时候挡手挡脚。不过，你不必为我继续操心了，我自己都不担心。"蝴蝶说。

小松鼠觉得蝴蝶有点太草率了。收藏和工作对小松鼠来说非常重要。但是，蝴蝶却不是没有头脑的，它甚至非常聪明。

蝴蝶的生命里隐藏着许多秘密。在几个月前，小松鼠看到一条毛毛虫整天都在吃东西。后来它经历了神秘的变化，成了一只柠檬蝶。不过对此，这只蝴蝶现在却回忆不起来了。在它的一部分生命中，它也曾经是勤奋且未雨绸缪的。

突然，小松鼠改变了话题："告诉我，蝴蝶，你可以教我一些飞行的诀窍吗？"

"你说的诀窍是什么意思，松鼠？"

"你可以如此轻盈地在风中滑翔，并且突然改变方向。这对我来说太奇妙了。你飞行的轨迹看起来好像是一个缓慢的、不危险的闪电。"

蝴蝶对这个赞美感到高兴。不过，它却只能令小松鼠感到失望了。

"这只有我们蝴蝶才会，也许少数非常小的鸟儿也可以。你永远都学不会的。你太重了，坚果吃得太多了。"

蝴蝶开了个幽默的玩笑，不过马上向松鼠解释。

"不，不是因为这个。而是因为，你们的皮毛构造得不像我们的翅膀那样高明。但是，不要难过，你尝试一下飞行的时候用尾巴作舵，那样，你就可以用它变换方向。继续刻苦练吧！我现在要飞到那朵菊花那儿去，它的光泽那么漂亮！和我一起去吧。"蝴蝶邀请着小松鼠。

小松鼠赞许地、着迷地看着蝴蝶那轻盈的飘浮与扑闪。然而，它没有一直待在花坛里，过了一小会儿，它便起身去寻找藏坚果的地方了。因为，尽管距离秋天的日子还很遥远，它已经感到了饥饿。

燕子与蝴蝶

ZIRAN DE GUSHI

一只燕子进行了一次冒险的飞行,由于飞得太快,它撞到一根树枝,把羽毛弄得十分凌乱。现在,它坐在一块石头上稍事休息,整理着自己的羽毛。一会儿,一只红黄色的蝴蝶停在了石头旁边的草丛里。

"燕子女士,这风对你来说也太大了,不是吗?"蝴蝶对燕子说。它知道燕子最喜欢吃蚊子,不吃蝴蝶。燕子不是非常大的鸟,不过是天空中最好的飞行家。

"哦,不,蝴蝶。对我来说,这阵风真不算什么。我喜欢风。我只是有点不熟练而已。让我们休息一会儿,我们两个都可以驾驭这阵风。你不是也喜欢随风翻飞,驾驭自如吗?"

"看起来是这样的吗?"蝴蝶问。

"是的,看起来是这样的。"燕子回答道。

"可我根本不喜欢风。因此,为了不被风抛来抛去,我现在才躲在草丛里。等风一停,我就又可以扑腾翅膀,尽情享受飞上飞下的快乐。我不喜欢让我烦恼的风,也不喜欢雨。"蝴蝶说道。

"雨肯定会危害到你翅膀上漂亮的颜色,是吗?"燕子想知道,"它也许会把那些红色和黄色洗掉。"

"这个我可不想试。如果下雨了,我就把翅膀收起来,找一个尽可能干燥的地方躲起来。"

"那么,你真是一个太阳的孩子,蝴蝶。我们燕子却是乌云和风的孩子。在风暴来临之前,我们特别喜欢在狂风中检验我们灵巧的翅膀。而且,那时我们会更容易地捕捉到那些被驱赶出来的蚊子和苍蝇。如果雨下得太猛烈,我们也会藏起来。最好的地方是在房屋和庙宇的屋顶下面,还有岩石的缝隙里。"燕子娓娓道来。

"你总是说'我们',燕子,你和你的家人生活在一起吗?"蝴蝶想搞清楚这个问题。

"我们燕子喜欢群居,无论是亲戚还是朋友都乐意生活在一起。在空中飞翔、追逐蚊子以及休息,我们都喜欢在一起行动。而且,我们的燕窝也喜欢修建在与别的燕子邻近的地方。你们是怎样的呢?"

蝴蝶思考了片刻，问道："我多数时间是独自飞舞，享受阳光，寻找甜美的花卉，那里我可以吸吮花蜜。我不吃，只是喝东西。所以，我不必狩猎，还是非常舒适的。不过，我最大的乐趣是去找女朋友，在阳光下一起翩翩起舞。等风一停，我就要飞到草地上去，看看那里是否可以找到像我一样颜色的蝴蝶。你也来吧，那真是太奇妙了，在如同小朵云彩的各种芬芳的花卉中穿越、飞翔。你曾经有过这样的经历吗？"

"没有。不过，我喜欢飞得很高很高，从天空中向下俯瞰。我从来没有在草丛里待过。我也不可能站在一枝花上，对它来说我太重了。草丛对我来说也太危险了，因为我必须要提防那些猫，它们喜欢伏击鸟类。"

"哦，是的，那些猫也是我的敌人。我们虽然不是它们可口的食物，不过，它们就喜欢追扑我们，只图一时开心，就抓住我们，弄伤我们。现在，看起来风又要停了。我飞去草地了。"

"我也回到空中去。"燕子说，只是扑腾几下翅膀，它在蓝天上就成了一个很小的黑点。

蝴蝶飞

知了与萤火虫

ZIRAN DE GUSHI

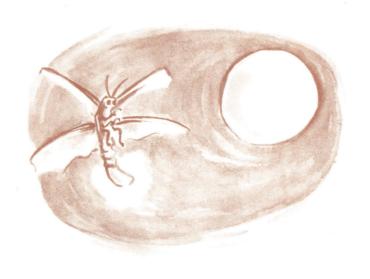

这是一个夏天的黄昏,几乎已经入夜了。在中国东部海边的一座城市里,一阵微风,轻柔得像呼吸的气息,拂过垂柳的丝绦,掠过大学公园里的树梢。

月亮就像悬在天空中一把渐圆的美丽的镰刀,人们可以听到最后一只知了还在高声鸣叫。感觉到自己确实已经干得够多的了,知了停了下来,紧贴在银杏树的树皮上。相比公园里所有其他的树来说,它更喜欢这一棵。

"你安静了,我就可以开始我的工作了。"一个柔和的、几乎听不见的声音从树叶上传了过来,离树上这个疲惫的歌唱家不远。

知了对这个不认识的邻居很好奇:"你是谁?你在哪儿呢?"

"往上面看!"

知了往上一瞧,看见一个小小的光源有规律地一闪一闪地发着光。"什么东西在那儿亮着？一只拿着小灯笼的蚂蚁吗？"

"我是萤火虫。我自己会发光。"

萤火虫飞到空中，在知了的眼前上下翻飞，兴奋地闪亮着。"你搞得我心烦，到我这儿来坐！"知了高声叫道。

"我试试。"萤火虫说。它落在知了的旁边，可马上就滑了下来，"在树枝上我抓不住，我得坐在叶子上。"

于是它落在了叶子上。知了必须转转身子才能看到这位陌生的客人。"噢，你看起来可一点儿也不好看。"知了有些不太礼貌地评价道，但这就是它对萤火虫的第一印象。

"知了，你可真直率！"萤火虫笑着说，"我知道自己很不显眼，不那么漂亮。我很小，又是棕色，形状奇怪又柔弱。只有一边飞一边闪着光的时候，才显得出我特别的魅力。有些人在晚上会害怕，但当我一闪一闪地飞着，他们就会忘记恐惧。我给了夜晚特别的魔力。我是个光之舞者。"

"哎呀，光之舞者，多伟大的词呀！你夸张了吧！"

"不，没有。一名舞者在一个地方跳舞，就让这个地方充满了优美的动作。我也是这样做的。黑夜的无形通过我们的光而成了有形。

我们总是成群结队地飞舞和闪亮。有时候人们会认为，是天上的星座落下来了。"

"啊，那现在其他的那些萤火虫呢？我怎么从来没看到你们呢？"知了有点儿挑衅地问。

萤火虫先是想了一会儿，接着伤心地说："我来自云南，那是西部的山区。在那儿我们成百上千地飞，成百上千的！你能想象，那有多么美吗？但现在人们流行把我们作为浪漫的礼物送给女孩和被人爱慕的女士，而且已经有这样的生意人。他们在几天前为了七夕节而捉住了我。我被当成礼物送了出去，并且被观察了整整一个晚上。然后，他们让我从阳台上飞走了。也许是对我厌倦了，也许他们认为我会很高兴被放走，也许他们在那一刻许了愿，也想要自由地在天空中飞一次，从24层楼上。我很高兴，我活下来了。就因为这种新的庆祝时尚，我现在才在这儿孑然一身。谁知道我的朋友和亲戚们现在在哪儿，又怎么样呢，因为他们不仅仅只捉住了我。"

"我明白了。"知了说。它确实能够理解，因为数百年人们都习以为常了，抓住蟋蟀和知了，把它们关在小笼子里，享受它们的歌声和音调。如今人们的兴趣已经向别的方向变化了，总有新的时尚很快出现，带来快乐和痛苦，然后很快又消失了。

知了认为人类并不都是坏的，只是沉迷于享乐并且短视，也就是说，他们没有想到可能产生的不良后果。但它现在也不想和这只孤单的萤火虫讨论这个问题。这类有关人类的聪明和愚笨的话题还是让那些每天在这个公园里的学生和教授们去谈论吧，总是这样的。"人"看来是人类最感兴趣的话题，至少是在这个公园里。

"我们还是有共同点的，亲爱的萤火虫。我也最喜欢和许多亲朋好友一起唱歌。我喜欢五十只知了或者是一百五十只一起唱。那才是真正的声音，是几乎没人能演奏出来的高音阶的小提琴乐曲。但我们奏乐时，都只待在原地，只能被听见，而不会被看见，这让我很开心。这刚好跟你相反。你取悦的是眼睛，我取悦的是耳朵。

我觉得，我们的音乐对耳朵来说是一种享受。但每个人看到的都不一样，不，我是说，每个人听到的都不一样。对此，那些学生们都应该对耳朵和眼睛重新思考一下。我们看起来像树皮，所以人们几乎认不出我们，我觉得这很好。我有时就等着有人从旁边过时，突然开始叫。人们有时会吓一跳，然后用眼睛来寻找我。大部分都是白费劲。只有很少数人会发现我！这样我们就又有了一个共同点，我们的外表都不起眼，但都有着神奇的大影响。"

萤火虫有些沉默了。刚才的激动让它觉得有点累了。

知了继续说道："萤火虫，你为什么偏爱夜晚呢？既然你那么喜欢光，为什么不在白天飞呢？白天的一切都更加丰富多彩。喂，萤火虫？你睡着了吗？"

"不，不，我只是想起了云南的山区。白天飞？那样就看不见我的光啦！我就成了所有鸟的美餐了，又软又好吃。"

"好吃？你怎么知道的？你吃过萤火虫？"知了开玩笑地问。它觉得，它必须给这只孤单的萤火虫鼓鼓劲儿。

"如果你是昆虫中的荔枝的话，那我们就是坚果。我们有更硬的外壳。"

"那么你会躲着鸟儿吗？"萤火虫问道。

"我估计，它们对我有所敬畏。因为没有任何鸟和任何人能够像我们一样唱出那么高的声音。我们是当中最好的。在鸟的世界里，唱得好是非常重要的。"

对此，萤火虫无话可说。它不像知了那样见多识广。它热爱它的山岭和那完全不同的星空。那些星星，对它来说就是所有发光物的国王和英雄，是萤火虫们的祖先。

"知了，你这么聪明、这么有经验，你总在这儿聆听大学生们的谈话，那你也知道一些有关星星的事吗？星星是萤火虫的祖先吗？那些大学生们为此讨论过吗？"萤火虫想要知道，它为这个想法兴奋了起来。

知了没有回答,却说道:"看那儿!这么晚了还有一对年轻人来公园!让我们来看看,他们会不会坐在我们下面的长椅上。"那个青年和他的女朋友就坐在了长椅上。他们似乎在恋爱。他们周围的气氛美好又亲密。

"飞吧,萤火虫!去干活吧!今天晚上你还能再跳一支舞,让一切显得更美丽。"不用对萤火虫说第二遍,它马上就一闪一闪地按8字形在两个人的四周飞了起来。

正像它们期待的反应那样,尤其是这女孩非常兴奋。

"这就像事先预订好的似的。是你把它带来,刚刚放飞的?"女孩高兴地喊道。

她的男朋友犹豫了一会儿,在想是不是应该让她继续这样认为,但马上就鼓起勇气告诉她自己根本就没有这个主意。女孩沉默了一小会儿,观察着萤火虫的舞蹈。

"美极了。"女孩脱口而出,向长椅上的男孩身边靠近了些。

男孩小心地将手臂放在女孩身后的长椅上,眼睛追随着萤火虫的飞舞和光芒,吟起他最喜爱的诗人李白的一首小诗:"雨打灯难灭,风吹色更明。若非天上去，定作月边星。"

萤火虫继续飞着，越来越小。看起来，它越飞越高了，不一会儿就再也看不见了。

"真了不起。"知了说。

它说的也许是那首诗，或者是男孩的朗诵，或者是萤火虫的舞蹈，又或者是那星空。

萤火虫与月光

橡树、芦苇和雨

ZIRAN DE GUSHI

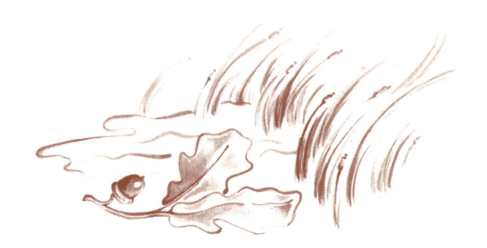

在一座不算太高的山里,有一片美丽的绿意盎然的平地。平地上有一汪长着芦苇的小湖。很高的山上是没有芦苇的,因为那里通常很冷,所有的植物都长得非常低矮。而在这儿,山不算太高,大树和灌木得以生长。一棵小橡树伫立在离湖不远的山坡上,那儿有一条小路通向低处的草地。

在这样中等高度的山上,尤其在夏天和秋天,常常会迎来暴风骤雨。风和雨是一对好朋友,它们喜欢一起喧闹嬉戏。

风觉得把这个世界弄得乱七八糟是件非常有趣的事。它喜欢晃动大树和灌木,让树莓、水果、坚果、树叶纷纷地掉落下来。有时候它还会把灌木捉弄一番,就好像有的孩子喜欢把别人的头发搞得乱糟糟的一样。

当它很狂暴或者恼怒的时候,它还会折断树枝或者刮倒山谷花园里大的花卉和豆架。而雨大多数时候要更为友好一些。它愿意保持生命的活力，受到园丁和农民们的热烈欢迎。

有一天，一个旅行者来到小湖边休息。在吃完了午饭，并且还给湖和小橡树画了一幅漂亮的铅笔画之后，他一边唱歌，一边继续赶路。歌中的最后一句这样唱道："……愚蠢的人儿，既不躲闪，也不让步。"

旅行者走后，芦苇对小橡树说："橡树，那首歌是说你呢。"

"说我？我可没听出来。"

"是啊，你很愚蠢。在刮风的时候你既不躲闪，也不向风让步。"

"我为什么要那样呢，芦苇？我对自己现在的样子非常满意，从来也不想变得像你这么细！甚至连一只土拨鼠或狐狸都能把你折断，它们对我却束手无策。"

"如果有大的动物或人要折断我，我当然无法抵抗。如果有人想把你砍倒，他也做得到。有些力量是没有谁能抵抗的。"

"不过，连风都能把你折断，"橡树说，"没有什么风、什么恶劣的天气能够把我打倒，甚至闪电也只能烧焦我身体的一部分。但你却太脆弱、太细了。"

"不，橡树。每个春天，我都会重新生长。因为我会机灵地摆动、弯折，没有风能够伤害到我。那个旅行者也明白这一点。他的歌里唱的就是这个真理。那些从不向别人让步的固执的人，是很愚蠢的。他们认为自己了不起，是不可战胜的，但却总是让大家伤心、生气。养山羊的农夫拉金，就是那样蠢，只因为他女儿所爱的人害怕山羊，拉金就不喜欢他，并且不允许自己的女儿和她爱的人结婚，如今他们三个人都很伤心。"

"我没有反对莉莎和保罗结婚啊。"橡树说。

"跟这个没有关系。你不会让步，就是很愚蠢的。"

"我最后说一次，你说得不对。现在让我安静点儿吧。马上要起风了，你还是小心点吧，我可不在乎。在所有的树当中，我有最厚实、最强壮的树皮。木雕工匠们对此有许多话可说，没有哪个树的皮剥起来会这么困难。"

风狂野地呼啸而来。它摇晃着芦苇，可看起来像是在寻开心。为了避开风的劲力，芦苇有时候几乎倒伏在湖面上。

偷听到了橡树和芦苇的对话，风想要折下几根橡树枝，给橡树一点儿教训："让你看看我到底有多强大，比你还强大！"

然而，风使尽了全身的力气，也没能做到。

在山谷的秋天里，雨没什么要事可做，它看见了这一切，于是对风说:"风,我来帮你,给这个骄傲的橡树一点颜色看看,让它谦虚一点。"它开始在橡树的身上和周围下起倾盆大雨来。

"我今天精力充沛,还没有下过雨呢。"它一个小时接一个小时地将雨水倾泻下来,就连风也早就喘不过气来了。

橡树脚下的土地越来越软,草皮被冲裂了,小石子和泥土随着不断汇聚的小水流一起滚走了。"哗啦"一声,小橡树终于撑不住,一下子翻倒在地上。雨和风吓坏了,赶紧悄悄地溜走了。

再看看小橡树和芦苇。橡树的一根树枝砸到了湖面上,压断了几根芦苇。现在,它们两个都不说话了。芦苇心里面本想说它早就预料到会这样,不过还是忍住了,因为那棵原本很骄傲的如今却倒在地上的橡树,看起来很伤心。它再也站不起来了。就算有人过来,也没法把它像一个倾倒的豆架一样扶起来。

"现在我少了一个邻居和朋友了。"芦苇这么想着。

看起来还翠绿、健康的橡树轻轻地呻吟着:"这就是我的命。人们会把我砍成小段,拿去烧火或送到木匠那里去。你还得再等上几年,这里才会再长出小橡树来。那是我的后代。它们会很柔韧,像你一样灵活。那时候你们两个会相处得很好的。"

天鹅和鱼

ZIRAN DE GUSHI

两只天鹅带着它们的两个孩子生活在一个美丽的湖里。

湖里还生活着许多鱼儿。多数鱼儿都属于一个非常大的鱼家族，是一大群鱼。因为天鹅安静地在水面滑翔，也不以鱼儿为食，所以，它们和鱼儿保持着朋友的关系。在阳光灿烂的日子里，小鱼儿就喜欢到岸边暖和的浅水里游玩，那里也是天鹅喜欢栖息的地方。

有一条小鱼儿特别有好奇心，有一天，它向两个年长的天鹅说话了："天鹅啊，我羡慕你们，因为你们会飞。你们每天都可以飞去别的地方，认识一个新的湖，吃别的水草。我感到很奇怪，你们还总是留在这里。我多么想有一天也去外面的世界旅行啊，但这是不可能的。"

"为什么不可能呢？"天鹅问道，"有一条河从这个湖里流出去，甚至通向了大海，你可以走这条路呀。"

鱼儿回答："我不会独自走的。我在这里和我们的鱼群一起生活。

鱼群不想去冒险，据老鱼们所说，那条河的水流快而湍急，而且，海里的水非常咸。在海里我们这些淡水鱼是无法生活的，我们忍受不了咸水。"

"哦，原来如此，"天鹅回答道，"我们天鹅也不喜欢咸水。鱼儿，你说说，你能够叫出你的鱼群里那么多鱼的名字吗？"

"不能，太多了。大多数相像得让我们很容易搞错。许多是我的兄弟姐妹。我有上百个兄弟姐妹，它们都像我一样大，颜色也和我的一样。"

"但是，你肯定认识你的父母吧？"天鹅想知道这个问题。

"不，我不认识它们。我们鱼类的成长是非常独立自主的，父母不需要照顾我们。它们不必教我们游泳和找东西吃，我们从一开始就会这些。你们的孩子呢？天鹅，它们太亲近你们了，几个星期都不离开你们的身边。它们是害怕吗？"

"不，鱼儿，所有的小鸟在生命的开始时期都需要不少帮助和保护。父母必须给它们带回合适的食物，并给它们示范，它们应该怎样飞翔和游泳。因为喂养和教育的工作都很繁重，所以我们鸟类只有很少的孩子，常常只有两到五个。"

"哦，不过在我看来，鸟的孩子是比较娇惯的。"

"不，鱼儿。它们需要这些保护。它们遇到危险时不能很快逃走，不像你们那样可以很快游开，藏起来。如果危险到来，我们必须要用我们的生命去保护它们。一个发怒的天鹅会变得非常危险。我们的翅膀非常强壮，可以很有力量地打击敌人。"

"你们的孩子听话吗？它们愿意跟你们学吗？"鱼儿想知道这些。因为它自己不需要学习，它天生就会正确地游泳和觅食。

"所有的鸟类孩子都非常仔细地观察它们的父母。鸣禽教孩子准确地像父母那样唱歌。以后它们可能会有所改变……但是，也有鸟类没有歌声，只会呱呱地叫，声音不好听。它们的美丽表现在绚丽的羽毛或者特别的体型上。"

"哦，是这样啊。你们是这个湖里最美丽的，你和你的太太！"

这个赞美使天鹅非常开心，它出于骄傲将自己的翅膀伸展开来并摇动着，长长的颈子伸向前面。

"如果这个湖没有你们，简直不可想象，"鱼儿继续说，"你们在这里生活多久了？"

"并不是很久，还没有那条黑红白相间的锦鲤那么久。当我们来的时候，它已经在这里了。我们究竟在这里有多久，我也不很清楚。游去问问它吧。"

鱼儿听了,觉得这是个好主意,不过,年老而身体硕大的锦鲤有时看起来非常严肃,不爱说话。"我现在去找找它,问它有关在这个湖里居住的历史。也许,它刚好心情好呢。再见,天鹅。"

"再见,鱼儿!"

苍蝇和马蜂

ZIRAN DE GUSHI

苍蝇和马蜂在一个绿色的碗边见面了,碗里有一些剩下的甜牛奶。

马蜂对苍蝇说:"苍蝇,我非常忙,让我先来吧。我马上就要离开这里,你肯定有更多的时间。"

苍蝇问:"你为什么这么忙呢?"它敬畏地看着马蜂,十分乐意地站到了一边。

马蜂总是带着一种武器,那是它身上的刺。它答道:"我正在建造我们的公共房屋——马蜂窝。它会是一个漂亮的圆形建筑,里面的房间都一样大。如果我吃饱了,就要立即飞去采集木头纤维,继续工作。"

"哦,这些事情我一点儿都不了解,"苍蝇回答,"在你们的房屋里有多少伙伴?是和平地住在一起吗?"

"当然哪！"马蜂回答，"每只马蜂都有自己的任务，还有非常详细的工作计划，互不打扰。我是一个建筑工。"

苍蝇羡慕地说："如果你能邀请我去参观一下，那我就太高兴了。我总是孤独地飞来飞去，只是偶尔会在什么地方碰到别的苍蝇，比如在一堆放了很久的食物残渣上，或者在肉铺的一块肉上。"

马蜂可不能答应它："噢，很遗憾，我不能邀请你去。我们不容忍异类。这甚至是很危险的，别的马蜂会赶你走，如果你不立即走开，还会弄死你的。"

"哦，那我不去了。我们苍蝇在这方面更友好。我们也常常站在别的动物身上，比如猪啊牛啊什么的。如果它们出汗了或者身上有什么脏东西，我们就喜欢那样。我们不危险，很友好，从来不刺别人。"

对此，马蜂回答："但是，那些牛啊、猪啊、马啊都不是很喜欢你们，它们要把你们赶走。"

"对，只是在我们把它们弄得痒痒的时候。"

马蜂仔细看了看苍蝇，然后说："对不起，苍蝇，但是我发现，你的腿看起来实在是太脏了，而且闻起来也不对劲。我们马蜂非常看重清洁和一个好看的外貌。"

"我刚从一个垃圾桶过来,那里有一些好吃的东西!但是,如果我吃饱了,就会休息,然后彻底地清洁我的腿。我们苍蝇就喜欢享受生活,对于外在的东西不是那么重视。我们的生命非常短暂,比你们的短暂。你们可以活到好几年,而我们有的只能活几天,或者几个星期。因此,我们享受每一天,也不修建什么房屋。但是,嘘!我看见了一个非常大的影子,也许是一个人。快走,人类可不喜欢我们,尽管我们不会伤害他们。"

苍蝇先飞走了。然后,马蜂也飞走了。苍蝇在离开时,还友好地向马蜂说了声再见。

梅花鹿与獾

ZIRAN DE GUSHI

许多在城里长大的人，都没有在大自然里见过一只鹿或一只獾。不过，几乎每一个人都知道鹿，因为它在欧洲被称为"森林之王"，常常出现在画里。獾比较起来就没有这么出名了。它的腿很短，肚子很大，没有角。最主要的是，它只是在黑暗中活动，因此，人们很少看到它。如果没有一些美丽的黑白画像，人们是不可能认识它的。多数獾都有白色条纹，在头部或者在背上。

人们在自然环境中也很难看到鹿，因为它小心谨慎。它常常把自己隐藏在树林里，漫游者在几米外从它身边走过，也不会注意到它。但是，鹿却会很快地发现陌生人。獾和鹿都是独行者。它们都不愿意让同类打扰属于自己的地盘，只有家人才能够在一定时间内受到容忍。通常，獾和鹿也不会相互打扰，因为獾的窝和通道都在地下，只是在夜晚出来觅食。而鹿在夜晚却睡觉了，喜欢在日出与日落的时间出没。

在中国西部的一个美丽山林里，住着一只梅花鹿。它年纪已经不小了，头上长着一对壮丽的角。每年鹿角脱落之后，又会长出更美的新角。因为鹿角很沉重，所以鹿在林中昂首阔步时，总是把头直立着，抬得高高的。当它们要平衡头上的鹿角时，几乎都是这样的。

附近村子的动物爱好者为森林里的动物做了一个食物槽，定时给它们带来饲料和一些吃剩的食物，特别是在寒冷的冬日里大地被冰冻的时候。那对所有动物来说都是一段艰难的日子。有的孩子给动物们带来一点水果、蔬菜，然后，躲在树后观察动物。鸟儿、松鼠和狍子容易见到，梅花鹿却很难见到，因为它非常谨慎，人们一般只能看到它的脚印。

在一个非常寒冷的日子，黄昏时分，梅花鹿和獾在食物槽前相遇了。它们都没有在意对方。不过，獾吃东西时发出很大的"啪嗒啪嗒"声，这使高贵的梅花鹿感到不愉快。不过，獾的不友好是出了名的，所以鹿可不想开始和这个情绪不好的家伙说话。

很快，槽里的食物几乎都被吃完了，只剩下一块苹果。獾和梅花鹿对视着。獾会谦让森林之王吗？不，它是不会的。如果是食物，獾会用生命去争夺的。然而，突然来了只小山鼠，利用了这个机会，在鹿和獾对视的时候，把那块苹果偷走了。然后，它就很快地钻进地洞，藏起来了。

獾气愤得全身发抖，摇晃着冲到地洞前。我们必须要说它是摇晃着，因为獾不可能有一种优美或者几乎是平常的走路方式，原因是它的腿很短，身体又那么肥胖。

"你在哪里，强盗！我要抓住你！"獾愤怒地大吼道。

它使劲儿把泥土挖出来，深入泥洞，把它的长嘴钻入地下，怒气冲冲地嘟囔着："你会成为我的饭后甜点！你不是我肚子里的第一只老鼠！"

"我知道，"老鼠说，它这时已经爬到临近的一棵树上，"你的肚子不仅熟悉苹果和老鼠，还可以容纳整个世界，虫子啊，蜗牛啊，花菜啊，还有面包、蛋糕和甲虫。"

"你等着，我很快就会抓到你。我就在这里待着，等你从树上下来。你总是要下来的。最晚等到猫头鹰或者猛兽发现了你，然后要抓你。"被激怒了的獾威胁道。

梅花鹿不喜欢在饭桌边听到这些粗野而不悦耳的声音，它想离开，可是，小老鼠在树上害怕地从一根树枝跳到另一根树枝，使梅花鹿产生了同情心。

"坐上来！"梅花鹿对它说。梅花鹿走到树枝下，把角伸向小老鼠。

"什么，我应该怎么做？我不明白，梅花鹿。"小老鼠用急速而口吃的声音说。

"跳到我的角上，我们离开这个地方。走远了，我就让你下来，然后你自己挖个新的地洞。"

小老鼠对这个建议吃惊不小。不过，它还是要试一试。它跳到梅花鹿的两只分开的角柱上，紧紧抓住，好像抓着一棵树。这样，它们就走到黑暗的森林中去了。

"它们叫你森林之王，这真是千真万确！你宽宏大量，虽然你强壮而高大，但你只需要蘑菇、坚果和青草作为食物。你又是如此豪爽，你的角从来不用来对付弱小者，从来不无缘无故地使用它，只是当其他的鹿纠缠你时，才用来对付它们。"老鼠说。

可以和梅花鹿说话，这让它感到很自豪。

"小老鼠，你也是一个小小的国王，精通生存艺术。你生命的每一分钟都必须保持警惕。无论在天上还是地下，鸟类、狐狸、猫儿、獾和许多别的动物，到处都可能有你的敌人在窥视你。我把你放在小溪的那一边。"梅花鹿趟过了一条穿流在森林里草地上的小溪，小心翼翼地让老鼠"啪嗒"一声落在草地上。

"谢谢，我的国王！"老鼠喊道，然后一下子就消失了。

蛤蟆与壁虎

ZIRAN DE GUSHI

有一家人，他们的客厅里有一个巨大的饲养箱，一只蛤蟆与一只壁虎共同生活在这里。饲养箱看起来像是一个水族缸，不过，里面没有水，而是装着泥土、沙子、石头和植物。

蛤蟆住在一个大石洞里，白天它常常在里面睡觉。壁虎则恰恰相反，不断地变换它的位置，飞快地掠过洞穴和植物，在沙地上可以看到它留下的脚印。如果它们口渴了，就在一个水罐里喝水，那个水罐看起来像是一个小水塘。每天，它们都会得到食物。另外，还总是会有一块甜美的果子挂在箱子上面。不过，那不是给壁虎或蛤蟆吃的，而是给苍蝇准备的。如果苍蝇叮在水果上面，蛤蟆或者壁虎就会悄悄接近并捕获它。

有一天，男主人正在往墙上钉钉子，准备挂一幅画。一不小心，铁锤掉下来，砸到了宠物箱的玻璃墙上，差点把玻璃打破。

"你看到了吗，壁虎？铁锤差一点儿就把玻璃墙打破了。如果玻璃破了,我们就可以很快地从这里跑掉!就自由了!"蛤蟆说。

"那么,我们用所有的四只脚呢,还是至少用三只?"壁虎回答道。

"你这是什么意思?"蛤蟆惊奇地想知道。

"一块碎玻璃片或者铁锤会让我们受伤甚至死亡。"壁虎不动声色地解释。

"原来如此,"蛤蟆做沉思状,"那么,因为没有发生什么,你就感到高兴啰?你难道不向往自由,希望到处奔跑和发现新鲜事物吗?"

"单方面来讲我也想,"壁虎说,"但是,我还是喜欢这里的安全。我们每天不是能得到足够的食物吗?孩子们也喜欢我们,用他们的大眼睛观察我们,并不时地用新鲜的植物和不同的石头装饰我们的饲养箱。如果去了外面,那些猫儿会抓我的。很多猫都喜欢吃壁虎,肯定也喜欢吃你。"

"喜欢吃我的猫儿肯定不多。我太胖了,而且皮肤黏黏糊糊的,很无趣。我动作缓慢而懒散,猫儿是不感兴趣的。不过,肯定也有危险,比如,快速行驶的汽车,还有扔石头的孩子!"蛤蟆解释道。

"对于这些我反倒不害怕。我动作迅速，可以很快就能藏起来。"壁虎说。

蛤蟆和壁虎沉默了一会儿，静静地待在那里。然后，它们又谈到如果它们自由了，会做些什么，怎样生活。

壁虎首先开始谈自己的想法："我会在第一时间爬到阳台上，顺着屋墙爬下去。然后，我会找一个能晒到太阳的地方，让自己真正暖和一下。因为，如果没有外面的温度，我们是不可能真正暖和的。我们壁虎喜欢太阳！你也喜欢吗，蛤蟆？"

"不！看看我的皮肤吧，不是这么干燥，也不像你那样长满鳞甲。它很薄又湿润，像丝绸一样柔软。"

"但是，它也是拱起的、凹凸不平的，可不像丝绸那样漂亮。"

"你又不了解什么是丝绸，壁虎！"蛤蟆嘲讽道。

"错！有一次我爬到了女主人的袖子上，感觉是非常奇妙的。那种布料会发光！不过很遗憾，她害怕地尖叫起来，粗鲁地把我抖了下来。让我掉在小水塘里，咦——！"

"那不是咦——！你这个干巴巴的家伙，如果没有水会渴死的。"蛤蟆责备壁虎，"我喜欢水和潮湿。我想在雨中站一站，就是有时会噼噼啪啪地打在窗户上的那种雨。"

"那就让危险的闪电击中你吧。"壁虎打断蛤蟆的话。事实上，壁虎不喜欢打雷和闪电。

"有谁听说一个小蛤蟆被闪电击中过吗？"蛤蟆生气地回敬道。

"也许闪电没有击中蛤蟆，但是，击中了一棵树。那棵树会压死蛤蟆。"壁虎固执地说。

"噢，壁虎，你总是这样操心，不要这样讨厌了！"

对此，壁虎回答道："我的生命比你的更短暂，在外面我们壁虎有很多敌人。我们的血液里流淌的是恐怖，为了幸存下来总是小心谨慎。蛤蟆总是淡定自如。它们只有在夜晚出来，那时很少有人走动。然后，它们只会在临近的地方探索。如果你自由了，你会去哪里？"

"我会去找一个堆放旧建材的地方，那里有石头洞穴和缝隙，或者一面石墙。在那儿我可以生活许多年。"

"这听起来真是无聊，"壁虎认为，"如果那样，你还不如就待在这里，这里也可以满足你了。"

"是的，我本来也是如此认为，只是这儿没有雨。"

"哎，雨！"突然一只小蚂蚁发话了，它在饲养箱的上面边缘爬着。

"下来吧，来我们这儿做客！"壁虎叫道。

"热烈欢迎你，下来吧！"蛤蟆也叫道。

"不，谢谢，我知道，你们想吃我。我们蚂蚁既不愚蠢也不轻信别人。"

"那你就待在那里别动吧，告诉我们你对自由、太阳和下雨的看法。"蛤蟆并没有生气，反而这样建议。

"可惜没有时间。我现在要去厨房看看，调查那里的情况，然后向我蚂蚁国里的伙伴报告外面一切有价值的信息。"

"你要报告什么？"壁虎带着批评询问。

"是不是还有剩余的食物、香肠粒或者蛋糕碎什么的，以及白糖罐或者米罐是否开着。如果厨房没有收拾好或者很脏，我就会带一些朋友来把一切都收拾好。"蚂蚁解释道。

"现在我明白了！你们也可以来帮助我们收拾收拾。我们也有许多剩余的食物掉在四周。"狡猾的壁虎说。

"不要相信它，"蛤蟆说，"最好还是去厨房吧。"

于是，蚂蚁很快地爬走了，它不想和这两个饲养箱居民浪费时间。

母鸡与蚯蚓

ZIRAN DE GUSHI

清晨，一条蚯蚓从地下爬出来，为大雨之后的潮湿而感到欢喜。到处都是小水洼，它在里面泡着澡，并随心所欲地蜷曲着。在泥土里它不能像这样自由地翻来转去，而是得花费力气钻动。让庄稼地、草地以及花园里的泥土松软而透气是它的工作，也是它的毕生使命。

蚯蚓欢快地在柔软潮湿的稀泥里嬉闹，然后在里面睡了一觉，或者说是让自己一动不动地躺着。它没有觉察到，乌云消散了，太阳又开始让水洼和道路慢慢变得干燥起来。最后，蚯蚓终于感觉到了照在它细嫩的皮肤上的阳光。

"哦，我感觉到了热辣辣的阳光！哪儿有树荫呀？我身下的泥土硬得钻不进去了。"焦急的蚯蚓自言自语。

蚯蚓是大地的宠儿。因为大部分时间生活在黑暗中，所以它没有眼睛。大自然只是尽可能俭省地装备了这个泥土工。

在蚯蚓住的院子里，还生活着一些母鸡。一只母鸡正在向蚯蚓走来，看见它正在努力爬动，还咕哝着："我应该向哪个方向爬呢？"

"是你在说话吗，蚯蚓？"母鸡问道。

"是啊，你是谁呢？"

"我是院子里最年轻的母鸡。"

"什么是母鸡呢？"毫无生活经验的蚯蚓问道。

"母鸡是最美丽的生物，有着发亮的羽毛，头上顶着有趣的摇摆着的红冠子。母鸡既不用匍匐前进，也不像所有四脚动物那样走动，或者用四条纤细的腿儿爬行。它用两条腿走路，还可以飞。"

"那么，你是一只鸟儿吗？"蚯蚓小心地问道。

"是的，我是一只鸡，也是一只鸟。"

"好母鸡，饶了我吧，让我活着，不要吃我！"蚯蚓请求道，它已经有好多朋友都被饥饿的鸟儿吃掉了。有的在离它不远的地方被鸟儿用喙从地上叼走了。

"我不会吃你的，我是一只家鸡，不是肉食动物。而且，你对我来说太肥了，又湿又滑，我不喜欢。我喜欢吃干燥的食物，比如谷粒、燕麦片、大米和玉米等。这些东西我们都有足够的储备。"

"你们是从植物上把这些谷物啄下来呢,还是人类送给你们吃?"蚯蚓想知道,现在它放心了,因为它暂时感觉不到危险。

"都不是。是我们用自己的劳动挣来的,亲爱的蚯蚓。我们每天下蛋,给人类提供营养。有时,我们还可以孵蛋,让我们的孩子从里面钻出来。人类还给我们提供鸡棚,让我们在里面过夜,以免受到野兽的伤害。"母鸡解释道。

突然,蚯蚓又感觉到自己的皮肤越来越干,感到发紧,"母鸡,请你带我离开这坚硬的路面和火热的太阳,我必须尽快去阴凉的地里。"蚯蚓请母鸡帮它。

于是,母鸡小心地用嘴巴叼起蚯蚓,将它带到一棵树干旁边的树荫下,小心地放在一块青苔上。

"哦,这里多么柔软和潮湿啊,太舒服了。"蚯蚓在地上打着滚儿,高兴地说,"不过,现在,我必须找到一条通往地下的路。在苔藓上,我没法钻下去。它长得是这样紧密,布满了密密麻麻的根,而且味道也不好,酸酸的。"

"你究竟喜欢吃什么呢?你的食物到底是什么呢,蚯蚓?"感到好奇的母鸡问道。

"我吃泥土,还有食物的残渣,还有腐烂了的蔬菜和植物。我吃这些东西，然后又排出可以让土地变得肥沃的物质。母鸡，我也像你那样是有用的。我在地里钻来钻去，翻松泥土，使泥土透气，这有利于植物细小的根茎生长。我们有许多许多蚯蚓为这件事工作。如果只有一条蚯蚓工作，也是不足为道的。但是，遗憾的是，人类却不像对你们那样对我们表示感谢，比如，他们就不给我们提供食物。"蚯蚓发牢骚地说。

"蚯蚓，这样说就太幼稚可笑了。为什么人类应该喂养你们呢？没有哪种动物像你们那样有那么多可吃的，总是有，而且到处都是！"母鸡表示反对。

"那么，他们更应该关注我们呀。他们踩我们，用铁锹挖我们，或者开车压我们，对此，他们丝毫不表示同情。城里人甚至不知道我们的存在。这还情有可原，因为他们没有注意到我们。但是，花园的主人应该更加小心，并对我们更感激啊！这是我的想法。"蚯蚓的情绪已经非常激动。

它们谈着话，没有察觉到一只小猫悄悄地走了过来。它还不饿，只不过有些无聊。它一下子就跳到蚯蚓身边，用它的爪子抓住蚯蚓。母鸡刚开始吓得跑开了，随后却又走了回来。因为，它为蚯蚓刚才的话感到震撼，不愿意丢下勤劳的泥土工不管。它也认识这只小猫，便要求它不要打扰蚯蚓。小猫却与之争夺，不肯松开。因为母鸡想从小猫的爪下夺过蚯蚓，就用嘴巴叼住了蚯蚓的另一端，小猫却不松开爪子。

结果，可怜的蚯蚓被撕成两段。

"哦，不！"母鸡尖叫着，感到悲哀。这个结局使小猫放弃了愚蠢的游戏，悄悄地溜走了。母鸡一声不吭地看着断开的蚯蚓。

然而，母鸡突然听到了蚯蚓微弱的声音："母鸡，谢谢你的善良与热心。你只是为了帮助我。我没有死。这段长的我还会继续活下去，我会痊愈并继续生长。不要担心。不过，现在我真的要赶快钻进泥土里了。这上面对我来说太危险了。哎，如果都像你那样友善就好了，母鸡。再见，也许下次下雨时再见！"

母鸡一边沉思，一边看着蚯蚓消失在树下的地里，为自己是母鸡而不是蚯蚓感到高兴。

尖嘴狗、青蛙与蟑螂

ZIRAN DE GUSHI

"来吧,小狗,走!"老爷爷对一条白色的小尖嘴狗说,"我们去池塘享受清晨的宁静,一会儿那些小学生回来了,又会吵吵闹闹。"

老爷爷和小狗住在一幢楼房的一楼,楼房里住着好几家人。楼房带着一个大花园,里面长着各种树木,还有一个池塘。和喜欢安静的老爷爷相反,小狗喜欢孩子们的嬉闹和叫嚷。它经常在自己家那个被围起来的阳台上看孩子们做游戏。它多么希望自己也可以和他们一起到处奔跑啊。

孩子们的叫声和笑声不会打扰小狗,正如小狗的叫声不会让孩子讨厌一样。在孩子和小狗之间有一些共同的地方,因此,孩子和小狗也有一些共同的"敌人"——一些年纪大的居民,他们常常希望保持安静。

小尖嘴狗不是一个安静的居民。如果楼上别的居民离开大楼,或者从它的阳台边走过，它常常会狂吠。有时它因为好感而叫，每当有人跟它友好地说话或者开玩笑时，它都很高兴。而冲着一些它不喜欢的人发出的叫声，那确实就是一种咒骂了。如果谁认真听，就会知道狗的吠叫的区别。

尖嘴狗对于气味非常敏感，所有的狗都是如此。它不喜欢住在二楼的那个小伙子，他的发胶带着强烈的薄荷和柠檬味。而住在四楼的胖女人它也不喜欢，她的香水味不好闻，而且味儿太强烈了，直到她从楼道走到大门口的灌木丛那里时，香水味还会在空中弥漫好几分钟。

也许不仅仅是香水，还有那女人的态度，听见它叫，女人就会狠狠地叱责它。住在顶楼的那位男人就不同了，他穿的外套可能有一年没洗了，发出一种特别的味道。不过，他很友好，喜欢停下来和小狗说几句好听的话。当小狗用两条腿小跑时，他会对它的这种艺术表演表示赞美。

在池塘边，老爷爷喜欢坐在一张长木椅上。池塘里生活着金鱼和青蛙。一些蚊虫和蜻蜓在上空盘旋，它们因为池塘里的水而欢欣鼓舞，而青蛙却因为蚊虫而满心欢畅。因为老爷爷不是那么喜欢说话，又常常拿出一本小小的古书来看，于是，小狗有一天就和青蛙说话了。

"你好，青蛙，告诉我，你在这个池塘里生活了多长时间了？都经历过什么事情呀？"

"从会跳和呱呱叫的时候，我就住在这里了。幸运的是，我还没有经历过很多事情，因为我喜欢池塘里和平而宁静的生活。有时候，会有一只皮球掉进水里，有一次甚至一个小孩也掉下来了，不过很快就被拎着衣领拉上去了。"青蛙回答道。

"我们在这里只住了半年。"小尖嘴狗说。

"我知道，你来了以后，这里就不再安静了。你的狂吠到处都可以听到！"

"你是想说我太吵吗？"小尖嘴狗说，它感到自己受到了伤害，因为"狂吠"可不是一个好词儿。"你们青蛙也是这样吵的。你们的呱呱声让我们一些居民在夜里睡不好觉，你们也不轮换着叫，总是一起叫，声音又单调，只有呱呱呱。"

"我觉得我们的晨曲和晚歌都是这么美好！很浪漫。你想一想，没有我们的叫声，那月光下的院子会是什么样子？简直不可想象！而且，人类把我们看作是幸运物，常常用我们的形象制作玩具和吊坠，如果他们不喜欢我们，会这样吗？"青蛙为自己辩护。

"你们两个都有道理！"突然，有一个细微的声音从地上的一片树叶下发出来，那里藏着一只蟑螂，在听它们谈话。

它把头和触须伸出来说："我们厨房蟑螂是这样和平、友好的生物。我原以为，我们也可以是人类的幸运物。然而，人类却不仅不这样看，反而鄙视我们。我们蟑螂非常慷慨，将所有东西分享给大家。可是，人类尽管那么富有，却什么也不分给我们，甚至连最陈旧的厨房垃圾也不让我们享用。无论他们在哪里看到我们，都要打我们，把我们消灭掉。因此，我们学会了像闪电那样快地奔跑，这样他们就抓不到我们了。我相信，我们是世界上跑得最快的昆虫了。比蜘蛛快得多，甚至可以与壁虎媲美。"蟑螂看起来非常友善。

"是谁在说话呢？"青蛙想知道，它看不到蟑螂在哪里。

"这幢大楼里的一个居民，它最好不要露面，"小尖嘴狗认为，"我推测，老爷爷肯定不喜欢蟑螂。"

然而，蟑螂却想要向青蛙展现自己。它从地上的树叶下走出来，在池塘边上爬动。老人立刻就发现了它。他趁蟑螂不注意，举起手杖对准小家伙，想把它捣成肉泥。如果不是小狗及时把拐杖咬住的话，他差一点就成功了。

蟑螂马上逃走了，可老爷爷却发怒了："你在干什么，小狗？你是想玩还是想打架？放开我的拐杖！"他狠狠地将拐杖在地上敲打了一下，摆脱了小狗，生气地站起来，朝家里走去。

"你跟着来！"他命令小狗，小尖嘴狗学习过怎样听从主人的话。尽管它的叫声有点大，但它不是一条野狗，而是一条具有良好教养的宠物狗。青蛙叫了两声，表示再见，并尽可能叫得有意思些。

回到了家里的阳台上，小狗又饶有兴致地观察起院子里的动静来。

"如果你是在找我的话，那我在这里呢。"从小狗的背上突然传来一个微弱的声音。蟑螂跳下地来："谢谢你，小狗。你救了我的命！我想表示我对你的感谢。但是，我能为你做什么呢？我这么弱小，没有力气给你搬来一块香肠或者一根骨头。其他还有什么可以让尖嘴狗快活的呢？有了，我叫楼上的几个朋友下来，给你搔搔脖子吧。你觉得怎么样？"

小狗被感动了，不过，它拒绝了这个友好的建议。像许多人一样，它害怕蟑螂肮脏的脚，那是在下水道和垃圾桶里爬来爬去的脚。

"是不愿意吧，看得出来！"蟑螂叫道，像一道闪电一样突然消失了。

狼、小羊和蚂蚱

ZIRAN DE GUSHI

一只小羊和它的家人们一起生活在乡下,它充满了冒险的想法,但它妈妈和阿姨们的最高信条就是始终待在羊群旁边。

"不要离开羊群超过五只羊的距离。这个世界是很危险的,只有在大的群体里我们才会强大。这儿有饿狼、饥肠辘辘的狐狸,还有不认识的饿狗。"它们说。

小羊只顺从了一会儿,但如此慢地按照老羊们的步伐走过草地,对它来说太无聊了。它们能轮换吃草的牧场只有三个,那些山岭、峡谷和森林是不能去的。但在想象中,被禁止的事情往往会显得比现实中的样子更美妙、更有趣。

有一天,小羊偷偷出发,前往峡谷。那条明亮、清澈的小溪就是从那儿流到平原上来的。是的,那条小溪!它踏在浅色的石头上,发出多么快乐的噼啪声。在小山崖下,它悄悄地一边笑一边自言自语。不知名的蝴蝶在半空中飞舞,偶尔会倒映在路边小水塘那平静的水面上，小羊对此赞叹不已。它啃着漂亮的花丛，喝着清凉的溪水，感到甜美极了。

一条小鱼儿疾游而过，小羊冲它咩咩叫，可小鱼儿已经急匆匆游到前面去了。答复小羊的是一个低沉、沙哑的声音："这么孤独吗？到这儿来，过来陪陪我！"

"你是谁？"小羊有点儿不安地问道，因为没发现是谁在说话。它探寻地转过身来，瞥见一只灰色动物的身影，躺在树荫下，比牧羊犬瘦不少，但个头差不多。

"我叫图罗，是个山民。"因为不想吓着这只无知的小羊，它没有说出自己的大名"狼"。

"图罗，你看起来这么瘦，是病了吗？我能帮你点儿什么吗？你为什么这样躺着？你还能走吗？"

"当然。"狼回答，站起身来，伸了伸腰。它深深地吸了口气，让空气填满了胸和肚子，看起来更强壮些了。但接着，它很快又躺下了，"我只是背上有个地方有点儿痛。可惜我看不见它在哪儿。你可以帮帮忙，看一下那儿怎么了吗？"

这只无知、友好的小羊走向狼，看了看，但没发现有什么特别，只看到了干枯、灰色、乱蓬蓬的皮毛。"你可以用你的小蹄子稍稍按摩一下那个地方,这样也许疼痛就能缓解了,我就又能更好地活动了。"灰家伙说道。

小羊答应了,但还没开始用蹄子按下去,就听到一个细细尖尖的声音从小溪那边传了过来:"救命,救救我!"小羊停了下来,四周看了看。那声音听起来像是来自一只蚂蚱,它正仰面躺在小溪中间的石头上,哀求着,四肢颤动。

小羊觉得这呼救声正是冲着它来的,它跳了过去,蹚过溪水,打量着蚂蚱。"我能怎么帮你呢?我怎么带你走,你这个细长腿?"它问道。

蚂蚱翻过身,生气地盯着小羊说:"我是一只蚂蚱。我能跳一米来远,我自己就能救自己。我并不是那么无助。我的叫声只是个计谋,好让你离开那只狼。你不明白吗?你不能去给一只狼按摩!"

"哪只狼?那是图罗,一条狗。"

"哎呀!你多傻呀,小羊。跟我一起到小溪的另一边去。那只狼老了,它想要过来可没那么快。"于是,小羊和蚂蚱去了小溪的另一边。

狼用细长的黄褐色的眼睛不动声色地盯着它们的一举一动。尽管在漫长的一生里经历了太多的事情,但这还是让它很生气。它的牙齿几乎都掉光了，剩下的也不好用了。所以，捕食小羊、撕开皮毛、咬碎骨头都已经不可能了。

如今，它住在一棵树下，树上有一个大大的鹰巢。巢中刚刚有了小鹰，它们经常争抢老鹰猎回的食物，所以不时会有一块新鲜的肉从树上掉下来，成为它的食物。入秋后，当鹰们离巢而去，它就靠伏击放松了警惕的老鼠或吃蘑菇来果腹。这是一份并不体面的狼的生活。

"喂，狼，你的狼群、你的家呢？"蚂蚱喊了过去，它现在才发现，这只狼又老又弱。

"你都想象得出来，讨厌的蚂蚱，它们早就跑远了。"

"好吧，它们把你给扔这儿了，正和我想的一样。这就是你们狼之间的集体意识。你们真是残忍，只有强者才能生存！谁厉害，谁就能得到尊重。"蚂蚱突然责备道。

"如果你再大一点儿，我一定过去拧住你的耳朵，你这个无耻的家伙！可你太小了，我都不知道你的耳朵在哪儿。"狼说。

"你们干吗吵架？我一点儿都不理解你们！"小羊说话了。

"狼又坏又不合群。"

"但它没有伤害我。"

"那只是因为它很虚弱,确实是这样。谁知道它有没有吃过你的奶奶呢?"蚂蚱坚持着自己的观点。

"知道吗?狼和羊不一样,这你还得学着点儿。学着观察,你就会明白了。你们有群体意识,和平相处,互相依靠,共同生活。寒冷时互相取暖,分享食物,团结在一起。你们吃草,又用粪便给牧场供肥。看看狼是怎么狩猎的吧。它们经常会为动物的尸体争来抢去、互相撕咬,年幼体弱的都得等着,直到身强力壮的吃饱了才行!"

小羊听到这些很难过,但也被蚂蚱话里的见识和勇气所感动。

"那你呢,蚂蚱?你吃什么?你的群体、你的家呢?"

"我吃叶子和草,但我需要的不多。我尝试着演奏音乐并让空中充满音乐,羊群应该能听得到。听众越多就越好。我需要一片开阔的草地和认可我的听众。我并不需要家庭和群体,数量太多、靠得太近只会互相干扰。你现在能发现我有多聪明吧。我自给自足,又享受自由。这就是为什么我也这么愿意在空中蹦来跳去。慢慢地爬、拖着腿走,这让别的动物去做吧,对我来说太无聊、太愚蠢了。这听起来非常虚荣自负,我姨妈们会这样说的。"

"那你没有朋友吗？"

"有，我的同伴，其他的蚂蚱，我也很愿意听它们唱歌。我像喜欢我自己的叫声一样喜欢它们的。"蚂蚱轻轻地叫了一声，然后使劲一跳，就看不见了。

小羊现在非常想念它的家人，踏上了回家的路。它还向狼简短地打了个招呼，毕竟老狼没有伤害自己。后来，小羊偶尔还会想一想，不知是否所有的狼都会对"胜者为王"的生活规则满意呢？

"啊，你在这儿呀！终于找到你了，我们都担心死了！"羊群中的几只羊咩咩叫着，向小羊跑来，"来我们中间吧，来这儿，在这茂盛的、甜丝丝的苜蓿地里吃个饱！"

现在，那只认真地担任着守望者和保护者职责的牧羊犬终于放心了。每当羊群中走失了一只羊，它都能马上觉察得到。但是，它不可以为了去寻找一只不知道跑到哪儿去的羊，而放弃看管整个羊群。

玉石、卵石和砖石

ZIRAN DE GUSHI

有一天,一块雕琢成青蛙样子的玉石从工人的项链上掉了下来,落在一块红褐色的砖石旁边,工人没有察觉到。那块砖石是建筑队剩下的,孤零零地躺在新修好的房屋旁边。

砖石对躺在自己身边的玉石青蛙感到惊奇,它叫道:"嗨,那是什么呀?青蛙总是光滑的、柔软而湿漉漉的。这样坚硬、干燥的青蛙,我还从来没有见过。"

"我不是青蛙,我是一块玉石,一块贵重的、价值不菲的玉石!"绿玉石用一种骄傲的口气说道。

"你强调你价值不菲,难道我们就都没有价值了吗?我是一块砖石,我为此而感到自豪。我常常想我也是非常有价值的。人们用我来修建房屋、桥梁、院墙、尖塔、医院、工厂和学校……"砖石讲述道。

"但是,我比你更有价值,因为像你一样的砖石成千上万,数不胜数，而我们作为首饰却没有这么多。越稀有的东西越有价值。"玉石认为。

突然，一块白色而圆形的卵石发话了，它就在附近的地方："我可以参加你们的谈话吗？我认为，有的东西虽然稀有，却也没有价值。稀有并不足以代表一个特别的价值。"

"那么，你是否可以讲得更清楚些呢？"砖石问道。

"好的。比如，一个土豆有时也会长成心形或者老鼠的形状，这是稀有的。或者，一把奇形怪状的用木头雕刻的调羹，这也是独一无二的。我相信，人类会如此看重玉石，肯定另有原因。"

卵石继续说。

"比起许多别的石头和首饰来，他们为玉石付很多钱。是因为玉石是比较透明的，可以让光线穿过。玉石吸收了光线，并熠熠生辉，产生了一种美丽的光泽。它也喜欢水。它身上蕴藏着水分，于是露出光泽。"

"我也许不像玉石那样漂亮，但是，我有着相似的特征。我也吸收微弱的光线，看起来也好像是透明的。我为此而感到自豪。我也喜欢水，虽然石头和水也是矛盾的，但是，我喜欢待在水里，并快乐地发出光泽。"

卵石静静地思考了一阵子，又补充道："当我看着你，就知道你与我们完全不同，砖石。你干燥、粗糙，又黑乎乎的。光线和水看起来都不是你的朋友。"

砖石对这番话感到惊讶。它总是自我感觉良好，从来没有思考过关于自己的问题。

不过，它稍微考虑了一下，说："我想，你是对的，卵石。我看起来不透明，没有光泽，而且粗糙。这也是事实，我的朋友是火，而不是水。在烧制过程中，火给了我的坚硬和形状，使我可以好好地为人类服务。现在，我不再需要火了，但是，火也不会使我受到损伤。我不太喜欢水，如果房屋的墙潮湿，不是一件好事情，会长出霉菌和苔藓，让人烦恼。但是，我原来也不是这样坚硬和粗糙的。在我年轻的时候，还没有被烧制时，我是潮湿而富有光泽的，那时我还是泥土。"

现在，玉石又说话了："我相信，是因为我奇特的形状，使我成为我们三个中最有价值的东西。你们是不可以用来制作小巧的首饰或者物件的。"

"我不同意这种说法。你肯定对这个世界还不是太了解，因为你多数时间都待在首饰盒里，或者藏在衬衣下面。没有烧制过的陶土，好像我还没有经受过火的洗礼之前那样，还没有形状，可以被制作成最美最大的艺术品。这是雕塑家和艺术家的工作。英雄、国王或观音的塑像，还有花瓶，以及充满艺术气息的茶壶，都可以用陶土制作。我们陶土年轻时最具有柔软性，可以制作任何东西！"

"够了，砖石，"玉石态度和缓地说，"我也看到了你和卵石的价值和美丽。想一想，其实我们都有相似的地方。我们三个都很坚固，都可以长久地生活，寿命比好几代人加起来都还长，我们都可以发出清丽的声音。在北京的故宫里，有一种玉石音乐演奏，可以演奏出美好的音乐。而且，那里也有用陶土烧制的钟。另外，用玉石或陶土制作的大盘子也可以发出声音。"

卵石激动地插话："是的，我们卵石也有自己的声音。如果敲击我们，就可以听到非常柔和清亮的声音。许多石头都可以有不同的乐音。"

这时，走来了一个孩子。他停在这些石头旁边，仔细看着，并捡了起来，自言自语道："这块砖石我拿去给爷爷修补花园的围墙。他一定会很开心。这块卵石很漂亮，颜色和形状都适合我的石头收藏。而且，它如此光滑，拿在手上很舒服。至于这块玉石青蛙，我最好还是把它留在这里，失主肯定还会回工地上来寻找。让我把它放在屋子的围墙上，这样更容易看到。"

放好玉石后，孩子就高兴地回家了。

草儿与玫瑰

ZIRAN DE GUSHI

在一座花园里，有一座漂亮的屋子。在屋子的南墙边，长着一丛茂盛的、开着橘黄色花朵的玫瑰。它的枝蔓大多沿墙向上攀爬，透过屋子的大窗户，好奇地朝里面张望。不过，有一条花枝却对大花园更感兴趣，它离开南墙，往远方生长。

在这条花枝上，长着五个玫瑰花苞，把花枝沉甸甸地压向地面。花儿次第开放，也变得越来越大、越来越重，以至于这条花枝已经快碰到那些长得较高的夏草。夏草们咯咯地笑着，趁机给垂得最低的玫瑰花挠痒痒。

玫瑰对它们发出了抗议："离我远点！我不要碰到你们这种东西！"

"你所说的'你们这种东西'是什么意思？"草儿问。

玫瑰花还没来得及开口，一只小蚜虫抢先答道："它看不起你。有可能因为你们长得实在太多了，也有可能是因为你们的颜色太单调，不是绿色，就是土黄色。"

"没错！"玫瑰开口了，"你们在这里到处繁衍，可是半点也没有装点花园。我真希望主人能把你们统统除掉。"

草儿感到了玫瑰的敌意，心里想：玫瑰的确漂亮，可是说话太让人不舒服了。

正在这时，天突然变黑了，一场风暴骤然而至。大风把那些没有固定住的东西吹得到处乱飞，猛烈地晃动着灌木丛和树冠。突然，它卷起了这根突出在外的玫瑰花枝，把它折断了。玫瑰花枝重重地摔在草地上。

"欢迎来和我们做伴！"草儿们有点幸灾乐祸地说。玫瑰却沉默了。

"'满招损'，这可是人类常说的格言啊。"一只刚刚经过这里的蜗牛说道。它还盼着下雨呢，因为它喜欢到处湿湿的。

"这句话是什么意思？"读书不多的草儿问道。

"我想，它的意思是，那些自我感觉太好的玫瑰，总有一天会摔个大跟头的。所以，当它们胡扯的时候，我们不用生气。只要多点耐心，说不定啥时候，它们就栽了。"

蜗牛解释了一番。

"嗯，你看，现在摔倒在这里的这位，我可要好好研究一下。"蜗牛边说边嗅了嗅躺在地上的玫瑰，朝它身上爬了过去。

"这花儿肯定很好吃，尤其是在它开始凋谢的时候。"

"快滚！蜗牛！不要把你那粘糊糊的东西涂到我身上，太恶心了。你还是去吃那些草吧。"

"草儿可没有你有意思，它们一点也不香。我喜欢香的和臭的东西，比如草莓啦、烂梨啦，或者一块开始腐烂的瓜啦，都不错。它们黏黏滑滑的，就像我一样。草儿都太干净了，当它们老了以后，还会变得又干又硬，我可不喜欢。"蜗牛喋喋不休。

这时，草儿觉得自己得说几句了："蜗牛，你不喜欢我们，可是有很多别的动物喜欢我们啊，比如奶牛、兔子、山羊和绵羊。"

"是啊，它们都很喜欢吃你们。"蜗牛坏坏地说道，然后转向玫瑰，问它为什么躺在地上。

"我也不知道，来得太突然了。我觉得是大风干的吧。这下子全完了。本来我让自己弯着身子，这样人们就更容易被我所吸引，说不定还会把我剪了去，插在花瓶里。那样屋子里肯定很美，可现在全结束了。"

"谁若是太骄傲,觉得自己比别人重要,就会变得僵硬而易碎。我们草儿很普通,茎也很细。我对自己是一根不起眼的草一点儿也没意见,觉得这样挺好。"一株草儿说道。它长得很高,顶着一个穗子,在风里有些滑稽地舞动着。

这时候,屋子的主人出现了。他发现了地上被折断的玫瑰,就顺手捡了起来。正当他准备进屋时,停下脚步,端详着那些长得高高的草儿,心想,其实这些草儿也很好看,它们跟这朵盛开的玫瑰正好相映成趣。他剪了一把草,把它们与玫瑰和几枝白色的矢车菊一起插在了一个花瓶中。

草儿可没想到事情会发展成这样。这是一种荣耀吗?可是它现在没有在阳光下、在风中摇曳的自由了。

不过,当它们被一起插在一个高高的、美丽的花瓶当中,放在桌子上时,整个房间都为此亮了起来。它们每一个都又惊又喜。

当天,主人的一个朋友到访,看到了不同形态的花草如何在花瓶中互相添彩。

"华丽和纤柔互相映衬,流光溢彩的花朵与细细直直、精神矍铄的草叶相得益彰。真是太妙了!"他感叹说。

玫瑰和草儿都沉默着,思考着这位朋友的感叹。

"那么我呢？我呢？你怎么不说说我呀？我难道不是这一杰作的点睛之笔吗？"趴在玫瑰上的小蚜虫叫嚷着。

草儿笑了，很高兴地想着幸亏它不够多汁。要不然，被小蚜虫用力咬几下可就惨了。

雪松、橙子树与樱桃树

ZIRAN DE GUSHI

很久以前,在大山的森林里,生长着许多野生的树和灌木,它们的种子是多年前被风吹到那里去的。传说有一个看不见的绿精灵,是植物们非常伟大的保护者,专门负责树和灌木的生长。

如今,则是许多森林工作者和园丁在照管着这些树和灌木。他们将树木成排成行地栽种,以便今后容易砍伐或收获。不过,这样看起来就有些人为的因素,甚至枯燥无味,并不像在森林里那样生气勃勃、多姿多彩。

例如,在公园和庭院里,植物就被非常美丽地规划种植了起来。这样的公园常常经过精心的设计,各式各样的植物都展示在这里,供人们观赏。

于是,在一个公园里,一棵高大的雪松和一棵橙子树并排出现了。雪松是一种针叶树,其树叶细小而坚硬,像一根针,又像圣诞树。这两棵树都常常因为它们美丽的姿彩而受到游客赞叹。雪松高大而挺拔，焕发出强悍的力量；橙子树则婀娜多姿、美丽动人，叶片发出深绿色的光彩，引人注目。

橙子树的心里好久以来就存有一个问题：究竟谁是公园里最美丽的树？它的花芬芳动人，因此，它感到非常自负。

"雪松，你知道吗？我可以用来做按摩油，我芬芳的油可以混合成非常昂贵而天然的香水。我的花朵也可以做成非常奇妙的茶叶，用来镇静安神。我是如此受人喜爱！我香甜的果实闻名全球！"橙子树非常自恋地说。

"我也受人喜爱，气味也很芬芳。昨天还有一位女游客说，我的气味使她想到一种护肤油。而且，人们还用雪松来制作线香，销路也是非常好的。你在这里不是唯一重要的树。"雪松说。

"但是，也有雪松木块，用来放在衣物里，因为蠹虫讨厌这种味道。你看，不是谁都喜欢你的味道。"橙子树不服气。

"可是，蠹虫不喜欢是一件好事啊！"雪松辩解，"橙子树，你想惹我生气吗？还是你太无聊了，要找我吵架？"

"不，我只是希望你不要因为自己高大挺拔，就自认为非常重要。因为，高大和美根本就挨不上边儿！"橙子树说。

雪松认为橙子树的话是无稽之谈，而且很不友好。不过，它不想因此引起口角。它本来还可以说，雪松的木材非常贵重、供不应求。特别是在古代，人们用雪松来修建房屋和庙宇，因为雪松木可以经受成百上千年的风雨。但是，高大的雪松宁可保持沉默。

这时，不远处的一棵樱桃树插话了："你们在谈论谁是最受人喜欢的树？太可笑了。你们应该扪心自问，是什么树、什么花枝在中国和日本被画得最多。现在，你们知道答案了吗？是樱花枝！这就说明了一切，不是吗？画家和艺术爱好者都最喜欢我们。"

另外两棵树对此思考了一会儿，却都未置可否。

雪松心里想："虽然果树会结出漂亮的、香甜可口的水果，个性可一点儿都不可爱，不管怎么说，它们都太自负了，也太饶舌了。"然后，它又想是不是也有很多雪松和其他针叶树像果树那样常常出现在画家的笔下。

"孩子们喜欢画果树，但是，年长的艺术家特别是古代的人，却喜欢描绘带有瀑布和松柏的山岭。但是，如果我现在说这些，这两棵果树肯定又会一起反对我，并表现出什么都知道的样子。"雪松暗暗地想道。

"除此之外，樱桃树一年里也只有寥寥几周才开花结果，看起来好看；而相当多的时间它都光秃秃的，就像现在这样。这样说来，还是橙子树好看些，它不会年年落叶。不过，我最好还是保持沉默，不要打扰它们的自娱自乐吧。"

这时，突然来了一群小鸟，叽叽喳喳地在公园里飞来飞去。它们停在一段墙头上，东张西望，似乎在讨论着它们应该飞到哪一棵树上去。

菊花、辣椒与荨麻

ZIRAN DE GUSHI

在一座花园里，生长着一丛开着黄花的菊花、一棵辣椒树和一簇荨麻，它们三个是和谐相处的邻居。一个园丁照管着这个花园和里面的植物。他不仅仅要保证它们有足够的水分，还要注意它们是否能有足够的阳光和生长空间。

在菊花和辣椒上，园丁花的时间更多一些。他用小菊花来制作保健茶，还用小小的尖嘴椒来做调料。他还用它们装饰屋子：菊花摆在起居室里，火红的辣椒干就用线串起来挂在厨房。只有荨麻既不能用作装饰，也不能用来制作调味品或茶。也只能如此了，因为园丁不知道，也没有人告诉过他，荨麻具有非常好的疗效，比茶和蔬菜都更有效果。如果把一块奶酪或者鱼肉包在新鲜的荨麻叶里，它们就会长时间保持新鲜，这就是荨麻的作用。

关于荨麻叶的营养价值，有两种蝴蝶特别清楚，那就是色彩斑斓的孔雀蛱蝶和娇小的红棕色蝶，它们的前身——毛毛虫就几乎只吃荨麻叶。尽管园丁不知道这些，他还是让荨麻在自己的园子里生长。他只是有一种感觉,这种植物无论如何都要在他的园子里活下来。

当初,他尝试着把荨麻拔起来除掉,但它又长起来了。于是,园丁就让它成为花园里的一个居民。不过,园丁将它生长的空间限制起来,一旦荨麻长过界,园丁就把它的枝条剪断。荨麻很喜欢蔓延生长,并不会有所克制。它成长得迅速有力,从来没有感觉到对别人造成了负担和压力。然而园丁细心地关注着,通过修剪和护理让园子保持和平。

有一天,在这三个朋友——菊花、辣椒和荨麻——之间开展了一场对话。

"我很高兴,园丁修好了这个栅栏,山羊们再也进不来了。上个星期,它们把我所有的花朵都吃光了。太令我生气了!为什么它们不咬你们呢?"菊花问道。

"它们也咬了我一口,之后就再也不咬了。我太辣了,把它们辣得火飘飘的,眼泪都辣出来了。现在它们知道了,火红色就像火一样危险!"辣椒解释道。

"但是,樱桃也是那样红,却不辣呀。"荨麻谈自己的看法。

"它们是圆圆的,而我的形状却是又长又尖,那就是一种警告。"

"荨麻,虽然你是绿色的,你的味道也会是辣的或者是苦的吗?究竟绿色是什么味道呢?"菊花现在想知道这个问题,它觉得思考颜色是一件有趣的事。

"多数绿色都有好味道,"荨麻回答,"但是,也有的绿色植物是苦的,或者酸的,也有甜的。我非常美味,不过,我不喜欢别人来采摘我。我很开心几乎没有人知道我的味道这么好。我的叶子边上有一种细微的毛,如果谁碰到了就会感到火辣辣的。人类不喜欢这样,他们碰到了我时,总是会大喊大叫。遗憾的是一些毛毛虫却不在乎这些。它们在我的叶片上咬出一个个的洞,我觉得这样不好——"荨麻向另外两个讲述道,它还没有把话讲完,就已经有一条这样的毛毛虫爬了过来。

菊花对毛毛虫说:"喂,毛毛虫,看起来你正朝荨麻爬去,还是试一试别的东西吧,去尝尝那边红色的辣椒,看起来是很可口的喔,或者,去那边的土豆地里试一试。无论如何,别再把我们朋友的叶子咬个洞了。"

毛毛虫停了下来,向三个朋友做了个简短的报告:"我看到了,辣椒的表皮光滑发亮,对我的牙齿来说会太硬了。为什么要去试呢?我觉得土豆叶没有荨麻叶的味道好。另外,土豆地那边正有一群土豆瓢虫,我很高兴它们还不知道荨麻叶的味道和营养是多么好。"

"你是怎么知道我有营养的呢?"荨麻想知道为什么毛毛虫会选

择自己。

"我问过我的一个亲戚,为什么我们总是吃同一种植物,而不去试一试别的。它告诉我,这是孔雀蛱蝶的一个传统。这可是一个优良的传统。它还说,在自然界里存在着一种充满意义的规则。荨麻从土地里获取了像铁元素这样的非常好的物质。黑色土壤中这充满力量的元素和太阳的明亮光线在荨麻叶上产生了光合作用,叶片就成了营养丰富的食物。为什么我们要放弃对自己有益的植物呢?阳光是怎样变成叶片中的绿色?又如何通过毛毛虫的肠胃?毛毛虫如何变成有翅膀的蝴蝶,在这个世界上大放光彩?这难道不是一个奇妙的秘密吗?"

"你会成为一只蝴蝶吗?"辣椒感到惊讶。

"那可真是与众不同!"

突然,一道黑影和急促扑腾的翅膀从天而降,一只小鸟抓住了肥胖的毛毛虫,享用了一顿丰盛的午餐。

"噢,现在它成不了蝴蝶了!"辣椒树感到遗憾。

"别担心,朋友。还有足够的别的蝴蝶。现在我已经感觉到,有三条毛毛虫从另一面爬到我的身上了。"荨麻说。

"太好了!"菊花认为。它和所有花一样,都喜欢蝴蝶。

平底铁锅和竹篱笆

ZIRAN DE GUSHI

在中国西部的一座山脚下，有一所孤零零的石房子。它很小，只有两个房间、一个羊圈和一片用竹篱笆围起来的小菜园。每年夏天，一个老牧羊人和他的几只羊就在这儿落脚；冬天，他就离开了这儿。他从不锁门，所有的东西都原样摆着。只有动物们会跟随他下到山谷里去。他也不怕被偷。小偷们之所以是小偷，都因为贪图舒适，而山区里交通不便，生活并不舒适。

可是，有一年夏天，老牧羊人却没来，也许是山里的生活对他来说太辛苦了。房子和里面的物件都等待着。它们觉得自己已经被遗忘了，也有点多余了。外面砌起的灶台上放着一口平底铁锅，它担心自己会生褐色的锈斑。院外的竹篱笆已经发白了，但倒还坚固牢靠。

为了打发无聊的时间，同时也怕被遗忘了，它们俩开始聊了起来。

"如果每天有人用我，我就会闪闪发亮，看起来很漂亮。我们的主人也很喜欢这样。他喜欢用细沙把我们打磨得更干净、更光亮。太阳也经常表达它的赞许，阳光照在我银光闪闪的皮肤上，熠熠生辉。"

平底铁锅起劲儿地说着。

"经常使用而产生的光泽，也会在犁、斧子、锤子、铁砧板、刻刀和菜刀上出现，我们铁具都是一家子。我们勤劳肯干，但也需要人们的力气。我是这个铁家族里被用得最多也最和气的一员了。"

"你好，平底锅，你听说过谦虚这种美德吗？"竹篱笆问道。

"你为什么会这么说？我说得没错。假如人们每天吃不到热的熟食，他们也没有力气举起斧子、锤子和犁。"平底锅反驳道。

一阵沉默后，平底锅指出，竹篱笆看起来有些发白，肯定只能熬过三个冬天了。

"没错，就是这样。我生来就不是雪松或橡木，那样的话我也许能支撑一百年甚至更长时间，就会被当作顶梁柱用在宫殿和神庙上了。那可真是个至高无上的使命！但这份荣耀不归我所有。我安于为人们服务，防止那些贪吃的动物们来偷吃人们的蔬菜，它们本来也能满足于吃草的。作为竹子，我们的优势就是我们的柔韧性。

我们用途广泛，我们也很勤奋，只要几年的嫩竹期一过，我们马上就可以被用来做成这样或那样的工具。但今年我显得多余了，这让我既迷惘又难过。我想主人了，他曾经每天都会把我的小门打开又关上。"

这忧伤的腔调感动了平底锅，因此它想找些友好的话来安慰竹篱笆。

"每天同一时间，总会有一只小鸟落在第七根篱笆桩上。它既不落在屋顶上，也不落在大石头上。它只在你的篱笆桩上唱歌。还有你投下的影子！你那么漂亮，编得整整齐齐，夜晚和清晨，你都在地上投下美妙的影子，而且几乎每天都有点儿变化。不管怎么说，影子总是神秘莫测的，孩子们和树叶都爱和它玩，有时它也会让那些孤独的旅行者或小鸟感到害怕。有些影子比它本来的东西还要大，那样的话，一只蛾看起来就像一只蝙蝠。"

"哦，想象力真丰富。"竹篱笆笑道。

"我在房间里的烛光下就看见过。"平底锅解释着。

"行了，平底锅。你是好意。谢谢你对地上那些图案的赞美之辞。谁都乐意偶尔被关注。有时连我自己都会对那些图案感到惊讶。"

过了一会儿，竹篱笆继续说："主人上次带来一个红色塑料小桶，你到底怎么看？"

"一个奇怪的小家伙，很轻但又很结实，它不那么耐用。我觉得，说实话，有点儿难看。它没给我留下特别深刻的印象。"平底锅说。

"你为什么会这么说？"竹篱笆想知道。

"它在阳光下放了很长时间，红色都褪成了斑斑点点的发白的粉红色了。有一次在我刚做完饭还很烫的时候，主人把它紧挨着我搁着，一碰到我，桶上马上就有了一个洞。洞不圆，带着个奇怪的熔化的边儿。如果你挨着很烫的我，你身上就不会发生这种情况。你顶多就会有一个很小的疤，你的工作并不会受影响。可从实际的用处来说，那个桶马上就变得毫无用处了。我觉得这样一个塑料桶就是不完美的人造东西。另外，主人也是这么说的。"

"为什么是不完美的人造东西？"

"哎哟，人们都总是想更快、更便宜、更简单地做出东西来！"

"哦，你原来是从经验中知道的，不是吗？"竹篱笆取笑道。因为它们都是不谙世事的"山里人"。

"不，我确实不知道。桶上有了个洞，而且还发出很难闻的——确切地说——臭味之后，我就听主人这么说的。"

现在它们都沉默了，陷入了思考和回忆。

有一天中午，来了两个徒步旅行者，一个小伙子和他的妹妹。他们向小房子走去，惊奇地打量着它，打开房门走了进去。

"肯定就是这个了，叔叔的房子。"平底锅和竹篱笆听到这两个年轻人说。

他们开始布置起来，铺开两卷睡垫，拿出背包里的东西。有鸡蛋、蔬菜、大米、小蛋糕、蜡烛、手电筒、防晒霜、书和笔。好些东西都从来没在这所房子里出现过。平底锅和竹篱笆感到很兴奋。

"希望他们还让我立在这儿。"竹篱笆担心地想着。

"这些年轻人会做饭吗？"平底锅寻思道。

"一口平底铁锅，小宇！看呀。哦，它好沉啊，是手工打的呢。"两个年轻人好奇地打量着平底铁锅。"我一只手几乎都拿不住。"女孩说。

"就是这样的！他们只想要轻松舒服，正像主人说过的那样。"平底铁锅想着。

"让我来听一听。"小伙子说。他拎起拴在锅把洞里的一根绳子，让锅摇晃起来，还用指关节在锅上敲来敲去。

这弄得平底锅头昏脑涨,"啊,哎呀!"它大声叫起来。

"呀,听,它的声音!我就是这样想的!我喜欢这声音。铁,而且是这样漂亮的拱形。它肯定也经常在火上加热,就能发出好听的音色。我要把它当作锣来用。它的声音会传出去很远的。"小伙子开心地说道。

"我喜欢铁,"他继续对他的妹妹说着,"它是这样一种材料,它从地里挖出来,又将土地里的物质聚合在一起,有分量,又给予人类力量和健康,因为它也流淌在我们的血液里。"

平底铁锅几乎都要被这些话带来的自豪与感激所熔化了。小姑娘把她汗湿的汗衫挂在竹篱笆上晾着。如果竹篱笆的竹竿里也流着血液的话,它肯定就该脸红了。

"如果你有了一面锣,那我就要拔一根竹子给自己做一支笛子。"妹妹笑着对哥哥说,"看呀,这篱笆编得多整齐、多漂亮呀!不知道是不是叔叔自己编的呢?"

小伙子走进小房子,看看是否还有其他用来做饭的家伙什儿,再收拾收拾。所以,他们没有听见,一只小鸟正站在竹篱笆上歌唱。这次,它落在第五根篱笆上,因为第七根上晾着汗衫。

方李邦琴北京大学人文学科文库出版基金赞助

北京大学人文学科文库 | 北大外国语言学研究丛书

语义—语用接口上的二语习得和加工研究

Second Language Acquisition and Processing at the Semantics-Pragmatics Interface

冯硕 著

图书在版编目 (CIP) 数据

语义—语用接口上的二语习得和加工研究 / 冯硕著. —北京：北京大学出版社，2024.4
（北京大学人文学科文库. 北大外国语言学研究丛书）
ISBN 978-7-301-35043-0

Ⅰ. ①语… Ⅱ. ①冯… Ⅲ. ①第二语言–语言学习–研究 Ⅳ. ① H003

中国国家版本馆 CIP 数据核字 (2024) 第 096170 号

书　　　名	语义—语用接口上的二语习得和加工研究 YUYI–YUYONG JIEKOU SHANG DE ER-YU XIDE HE JIAGONG YANJIU
著作责任者	冯　硕　著
责 任 编 辑	郝妮娜
标 准 书 号	ISBN 978-7-301-35043-0
出 版 发 行	北京大学出版社
地　　　址	北京市海淀区成府路 205 号　100871
网　　　址	http://www.pup.cn　　新浪微博：@ 北京大学出版社
电 子 邮 箱	编辑部 pupwaiwen@pup.cn　　总编室 zpup@pup.cn
电　　　话	邮购部 010-62752015　发行部 010-62750672 编辑部 010-62759634
印　刷　者	北京中科印刷有限公司
经　销　者	新华书店
	650 毫米 ×980 毫米　16 开本　19.5 印张　310 千字 2024 年 4 月第 1 版　2024 年 4 月第 1 次印刷
定　　　价	76.00 元

未经许可，不得以任何方式复制或抄袭本书之部分或全部内容。
版权所有，侵权必究
举报电话：010-62752024　电子邮箱：fd@pup.cn
图书如有印装质量问题，请与出版部联系，电话：010-62756370

总 序

袁行霈

人文学科是北京大学的传统优势学科。早在京师大学堂建立之初,就设立了经学科、文学科,预科学生必须在五种外语中选修一种。京师大学堂于1912年改为现名,1917年,蔡元培先生出任北京大学校长,他"循思想自由原则,取兼容并包主义",促进了思想解放和学术繁荣。1921年北大成立了四个全校性的研究所,下设自然科学、社会科学、国学和外国文学四门,人文学科仍然居于重要地位,广受社会的关注。这个传统一直沿袭下来。中华人民共和国成立后,1952年北京大学与清华大学、燕京大学三校的文、理科合并为现在的北京大学,大师云集,人文荟萃,成果斐然。改革开放后,北京大学的历史翻开了新的一页。

近十几年来,人文学科在学科建设、人才培养、师资队伍建设、教学科研等各方面改善了条件,取得了显著成绩。北大的人文学科门类齐全,在国内整体上居于优势地位,在世界上也占有引人瞩目的地位,相继出版了《中华文明史》《世界文明史》《世界现代化历程》《中国儒学史》《中国美学通史》《欧洲文学史》等高水平的著作,并主持了许多重大的考古项目,这些成果发挥着引领学术前进的作用。目前北大还承担着《儒藏》《中华文明探源》

《北京大学藏西汉竹书》的整理与研究工作,以及《新编新注十三经》等重要项目。

与此同时,我们也清醒地看到,北大人文学科整体的绝对优势正在减弱,有的学科只具备了相对优势;有的成果规模优势明显,高度优势还有待提升。北大出了许多成果,但还要出思想,要产生影响人类命运和前途的思想理论。我们距离理想的目标还有相当长的距离,需要人文学科的老师和同学们加倍努力。

我曾经说过,与自然科学或社会科学相比,人文学科的成果难以直接转化为生产力,给社会带来财富,人们或以为无用。其实,人文学科力求揭示人生的意义和价值,塑造理想的人格,指点人生趋向完美的境地。它能丰富人的精神,美化人的心灵,提升人的品德,协调人和自然的关系以及人和人的关系,促使人把自己掌握的知识和技术用到造福于人类的正道上来,这是人文无用之大用!试想,如果我们的心灵中没有诗意,我们的记忆中没有历史,我们的思考中没有哲理,我们的生活将成为什么样子?国家的强盛与否,将来不仅要看经济实力、国防实力,也要看国民的精神世界是否丰富,活得充实不充实,愉快不愉快,自在不自在,美不美。

一个民族,如果从根本上丧失了对人文学科的热情,丧失了对人文精神的追求和坚守,这个民族就丧失了进步的精神源泉。文化是一个民族的标志,是一个民族的根,在经济全球化的大趋势中,拥有几千年文化传统的中华民族,必须自觉维护自己的根,并以开放的态度吸取世界上其他民族的优秀文化,以跟上世界的潮流。站在这样的高度看待人文学科,我们深感责任之重大与紧迫。

北大人文学科的老师们蕴藏着巨大的潜力和创造性。我相信,只要使老师们的潜力充分发挥出来,北大人文学科便能克服种种障碍,在国内外开辟出一片新天地。

人文学科的研究主要是著书立说,以个体撰写著作为一大特点。除了需要协同研究的集体大项目外,我们还希望为教师独立探索,撰写、出版专著搭建平台,形成既具个体思想,又汇聚集体智慧的系列研究成果。

为此,北京大学人文学部决定编辑出版"北京大学人文学科文库",旨在汇集新时代北大人文学科的优秀成果,弘扬北大人文学科的学术传统,展示北大人文学科的整体实力和研究特色,为推动北大世界一流大学建设、促进人文学术发展做出贡献。

我们需要努力营造宽松的学术环境、浓厚的研究气氛。既要提倡教师根据国家的需要选择研究课题,集中人力物力进行研究,也鼓励教师按照自己的兴趣自由地选择课题。鼓励自由选题是"北京大学人文学科文库"的一个特点。

我们不可满足于泛泛的议论,也不可追求热闹,而应沉潜下来,认真钻研,将切实的成果贡献给社会。学术质量是"北京大学人文学科文库"的一大追求。文库的撰稿者会力求通过自己潜心研究、多年积累而成的优秀成果,来展示自己的学术水平。

我们要保持优良的学风,进一步突出北大的个性与特色。北大人要有大志气、大眼光、大手笔、大格局、大气象,做一些符合北大地位的事,做一些开风气之先的事。北大不能随波逐流,不能甘于平庸,不能跟在别人后面小打小闹。北大的学者要有与北大相称的气质、气节、气派、气势、气宇、气度、气韵和气象。北大的学者要致力于弘扬民族精神和时代精神,以提升国民的人文素质为己任。而承担这样的使命,首先要有谦逊的态度,向人民群众学习,向兄弟院校学习。切不可妄自尊大,目空一切。这也是"北京大学人文学科文库"力求展现的北大的人文素质。

这个文库目前有以下17套丛书:

"北大中国文学研究丛书"

"北大中国语言学研究丛书"

"北大比较文学与世界文学研究丛书"

"北大中国史研究丛书"

"北大世界史研究丛书"

"北大考古学研究丛书"

"北大马克思主义哲学研究丛书"

"北大中国哲学研究丛书"
"北大外国哲学研究丛书"
"北大东方文学研究丛书"
"北大欧美文学研究丛书"
"北大外国语言学研究丛书"
"北大艺术学研究丛书"
"北大对外汉语研究丛书"
"北大古典学研究丛书"
"北大人文学古今融通研究丛书"
"北大人文跨学科研究丛书"

这17套丛书仅收入学术新作,涵盖了北大人文学科的多个领域,它们的推出有利于读者整体了解当下北大人文学者的科研动态、学术实力和研究特色。这一文库将持续编辑出版,我们相信通过老中青学者的不断努力,其影响会越来越大,并将对北大人文学科的建设和北大创建世界一流大学起到积极作用,进而引起国际学术界的瞩目。

丛书序言

北京大学外语学科的历史最早可以追溯到1862年成立的京师同文馆,经过150多年的锤炼与磨砺,已经成长为中国综合性大学中拥有最多语言资源的外语学科,共有20个招生语种专业、50余个教学和研究语种。与此同时,北大外语学科不断努力开拓学术前沿,从最初以语言教学、文学作品翻译为重点,到今天语言教育与学术研究并重,具有鲜明的传统和特色,在外国语言文学研究领域独树一帜、成果卓著。

尤其是从20世纪80年代起,语言学作为一门独立学科开始与文学研究逐渐分野。一批研究外国语言学的专家和学者汇集北大,胡壮麟、祝畹瑾、王逢鑫在英语学界引领前沿、桃李天下,田宝齐、龚人放、吴贻翼在俄语学界潜心致学、泽被后学,陈信德、安炳浩、汪大年、潘德鼎在东方语言学界著书立说、薪火相传。全国很多院校的外语专业和学科的建立发展都与北大外语学科的支持密不可分,有着深厚的血缘、学缘之渊源。

进入21世纪,世界范围内语言学研究取得了迅猛的发展,这要求从事外国语言学研究的学者必须摆脱以往研究的局限性,重新定位自己研究的使命、目标和意义。植根于北京大学百年造就的深厚学术传统,北大外语学科无论是从历史传承还是从当前实力而言,都有能力在外国语言学研究领域守正创新,不断取得有价值的新进展。

我们认为,在进行外国语言学研究时,只有融入目的意识、本土意识、问题意识和创新意识，才会最终形成具有突破性、原创性意义的研究成果。

在强调研究创新的同时也需要看到，引进介绍国外先进的语言学成果仍是十分必要的，可以弥补我国语言学界研究中存在的理论来源不足的缺陷。尤其是引进那些被屏蔽在欧美语言学理论体系之外的其他国家的语言学理论成果，其中有很多有别于西方学者的认识和看法、有关语言学研究的独到见解和独特方法，对语言学研究的发展极具价值。借此可以充实国内语言学研究的理论和方法，拓宽语言学理论研究的视野，活跃并推动语言学研究的多元化发展。

运用国内外先进的语言学成果，对作为外语的目的语进行深入的研究，研究中要注意将基于具体语言的语言学研究与普通语言学研究相结合，外国语言学研究与中国语言学研究相结合，互为借鉴、互为补充。

瞄准国际语言学研究的前沿，运用国内外先进的语言学成果，充分利用中国本土的语言条件进行研究，将有助于推进汉语和少数民族语言的研究，同时为世界语言学研究提供重要补充和支撑。

2016年春，为弘扬北京大学人文研究的学术传统、促进人文学科的深入发展，北京大学人文学部开始着手建设"北京大学人文学科文库"，"北大外国语言学研究丛书"成为其中一套丛书，这让从事外国语言学研究的北大学者感到十分振奋。这是一个开放的外国语言学学术高地和研究平台，重积累、求创新、促发展，将汇聚北大外语学科从事语言学研究的学术骨干力量，努力奉献代表北大水平、具有学术引领作用的创新性研究成果，加强与国际国内同行的交流，展示北大外语学科的整体实力和研究特色，为拓展和深化当代外国语言学研究、推动中国语言学研究做出自己的贡献。我们将努力把本套丛书打造成为体现北大外语学科独特的学术个性和卓越的学术贡献的标志性品牌。

本套丛书的研究和出版得到了北京大学、北京大学外国语学院以及北京大学出版社的大力支持，在此表示衷心的感谢和诚挚的敬意。

宁 琦 高一虹
2016年7月

前　言

"Interface",被译为接口或界面:语言中存在众多独立又相互关联的模块(包括语义、句法、语用等),这些模块之间相互链接且构成多个接口。Sorace及其同事用接口这一概念来解释二语在发展过程中存在的诸多困难,比如母语迁移(transfer)和僵化(fossilization)等,并提出了"接口假说"(Interface Hypothesis; Sorace & Filiaci, 2006; Sorace, 2011)。"接口假说"区分内接口(internal interfaces)与外接口(external interfaces),其中句法与其他语言系统内部的接口为内接口,如句法—语义,句法—形态等;语言与语言系统外的其他认知系统的接口为外接口,如句法—语用(或语篇),语义—语用等。"接口假说"的主要主张是二语者能够完全习得处在内接口上的语言知识,却很难习得外接口上的语言知识,其主要原因是语言与非语言层面的信息加工和匹配需要更多的认知资源。不过,学术界对此存在争议,有的学者支持外接口难以习得的观点(Montrul, 2004; Tsimpli et al., 2004; Rothman et al., 2010),有的学者则反对此观点(Iverson et al., 2008; Ivanov, 2009; Slabakova & Ivanov, 2011)。"接口假说"对于二语习得研究领域的发展意义重大,它把习得与语言认知结合在一起,强调使用复杂的心理语言学研究方法进行实证实验,不仅仅从语言学角度来解释二语习得,更是从语言加工的角度来解释语言知识的习得(常辉,

2014)。然而，接口视角下的二语习得研究仍面临很多问题。比如，接口相关的二语习得研究绝大多数只关注某一种或几种语言现象，存在明显的局限性；研究方法不够合理，缺少使用在线或实时测试的研究等。

本书共分为五章。第一章介绍"接口假说"的基本内容，回顾一系列支持和不支持该假说的实证研究。"接口假说"的一个重要观点是比起内接口处的习得难度，外接口处的习得存在更加长久和难以克服的困难，二语者表现出更加明显的对错交替和不定性。因此，本书以及本章更加关注外接口上二语者的习得情况。本章的第三节详细讨论造成外接口处存在习得难度的原因。第四节提出对当前"接口假说"相关研究的几点思考。

第二章聚焦语义—语用接口上两类会话含义的习得和加工研究。第一类会话含义为等级含义。等级含义为语义—语用接口上最受瞩目的语用推导类型，一语习得领域对其研究的时间长、研究角度全面、研究方法丰富，已取得非常丰硕的研究成果。本章第一节介绍相关核心概念。第二节讨论等级含义的推导机制和一语习得领域的研究发现。第三节讨论等级含义的多样性。第四节关注第二类会话含义，即特设含义。第五节回顾有关等级含义的二语习得实证研究。虽然二语习得领域有关等级含义的研究尚在起步阶段，不过目前的研究发现为未来的研究提供了重要的启示和借鉴。第六节汇报五项实证研究。第一项研究从语用容忍度的视角出发，研究汉语为母语的英语学习者在母语（汉语）和二语（英语）中对信息不足语句的容忍度是否存在差异，是否与两个语言的母语者存在差别。第二项研究关注记忆负荷效应如何影响等级含义的理解和加工。第三项研究探讨二语者的口音如何影响母语者对信息不足语句的理解。第四项研究为一项有关等级含义的多接口研究，涉及句法形态—语义—语用接口，探讨的是韩语中否定结构下等级含义的推导。因涉及韩语中不同助词的使用，所以此语言现象呈现出多接口的模式。第五项研究关注的是二语者对特设含义的习得情况。本章汇报的五项研究中已有四项发表。第一项实证研究的部分研究成果发表于《语言科学》第 23 卷第 1 期，标题为"语用容忍度视角下一语和二语等级含义的加工"。第二项实证研究结果发表于《语言学研究》第33辑,标题为"二语等级含义加工中的记忆负荷效应"。第三项实证研究发表于 *Frontiers in Psychology*,标题为"Chinese comprehenders' interpretation of underinformativeness in L1 and L2 accented speech narratives"。第五项实证研究来自发表在 *Linguistic Approaches to Bilingualism* 上的论文,标题为"L2 tolerance of pragmatic violations of informativeness: evidence from ad hoc implicatures and contrastive inference",在本章中仅汇报文中有关特设含义的部分。

第三章关注语义—语用接口上预设的习得情况。第一节介绍有关预设的核心概念。本章重点关注预设在否定结构中的理解,以及在预设消除后,被试如何进行局部调节。预设的否定和消除将在第二节做详细讨论,并且讨论一语习得中有关预设的推导和消除的研究发现。本章的另一个关注点是不同类型的预设触发语如何影响预设的理解,所以,第三节详细讨论此问题。值得注意的是本章的预设和第二章的等级含义并不是毫无关系的两类语言现象,它们之间的关系错综复杂。因此,第四节涉及预设和等级含义之间关系的讨论。第五节介绍汉语中的预设。第六节汇报有关预设的三项实证研究。第一项研究关注二语者有关预设触发语"stop"的生成和消除。第二项研究聚焦二语者如何在线加工不同类型的预设触发语。第三项研究将预设和等级含义放在一起,探讨二语者生成和消除这两类语用推导的相同和不同。其中,第一项和第二项实证研究结果均发表于 *Second Language Research*,标题分别为"The computation and suspension of presuppositions by L1-Mandarin Chinese L2-English speakers"和"Online processing and offline judgments of different types of presupposition triggers by second language speakers"。第三项实证研究在《现代外语》2021年第44期发表。

第四章探讨指称表达的习得和加工研究。本章第一节和第二节分别介绍指称表达的核心概念和指称表达中信息量的问题。本章着重关注信息过量的指称表达如何影响理解,因此第三节针对此问题展开讨论。一直以来,指称表达在二语习得领域受到了广泛的关注,第四节聚焦二语习得研究中有关回指释义和"语用原则违反假说"的研究。第五节汇报本课题组一项有关指称表达的研究。该实证研究来自前文提到的发表在 *Linguistic Approaches to Bilingualism* 上的论文。在本章中汇报有关指称表达的研究结果。

第五章关注等级形容词的习得和加工。等级形容词虽然属于等级含义类型的一种，但因其语义、形态和推导方面的特殊性，本书将其单独作为一章呈现。本章第一节介绍等级形容词的核心概念。第二节讨论一语习得中等级形容词的理解。第三节聚焦等级形容词的特征，即否定语义加强及其极性不对称性。另外，本节进一步讨论两个影响这一特性的因素（等级形容词的形态和面子理论）。第四节介绍等级形容词和等级含义之间的关系。第五节汇报一项有关中国英语学习者对等级形容词的习得研究，详细讨论形容词的形态和面子理论如何影响等级形容词的理解。本文发表于《外国语》第 47 卷第 1 期。

过去的二语习得研究大多关注内接口上单一语言现象的习得，语用推导研究主要关注英语考试中的听力理解能力，对二语者语用推导能力认识较为片面；且研究上较多采用离线实验方法。本书的研究针对上述情况，在研究方法上创新，采用测量二语者实时加工语言的研究方法；在研究内容上创新，探究了语义—语用这一外接口上的多种语言现象，并聚焦我国学生的二语加工情况。本书的研究多角度多层次地分析了二语者在语义—语用接口上的语言加工情况，动态展示了二语者在语言加工时对信息的敏感度和对不同类型信息的整合能力，是对二语者语用推导能力认识的突破。此外，本书的研究也旨在进一步完善二语习得研究领域的理论基础，为二语语义—语用研究提供新视角、新思路和新方法。

目 录

第一章 "接口假说"视角下的二语习得研究 ………… 1
  1.1 "接口假说"的内容 ……………………………… 1
  1.2 "接口假说"的实证研究 ………………………… 4
  1.3 外接口处存在习得难度的原因 ………………… 12
  1.4 对"接口假说"的思考 …………………………… 15

第二章 会话含义的习得和加工研究 ………………… 18
  2.1 核心概念 ………………………………………… 18
  2.2 等级含义的推导机制 …………………………… 23
  2.3 不同类型的等级含义 …………………………… 36
  2.4 特设含义 ………………………………………… 43
  2.5 二语习得中等级含义的推导 …………………… 48
  2.6 实证研究报告 …………………………………… 58

第三章 预设的习得和加工研究 ……………………… 135
  3.1 核心概念 ………………………………………… 135
  3.2 预设的否定和消除 ……………………………… 138
  3.3 不同类型的预设触发语 ………………………… 144
  3.4 预设与等级含义 ………………………………… 152
  3.5 汉语中的预设 …………………………………… 154
  3.6 实证研究报告 …………………………………… 157

第四章 指称表达的习得和加工研究 ········· 195
4.1 核心概念 ········· 195
4.2 指称表达中的信息量 ········· 197
4.3 信息过量的指称表达 ········· 200
4.4 二语习得中的指称表达研究 ········· 204
4.5 实证研究报告 ········· 212

第五章 等级形容词的习得和加工研究 ········· 221
5.1 核心概念 ········· 221
5.2 一语习得中等级形容词的理解 ········· 224
5.3 否定语义加强及其极性不对称性 ········· 229
5.4 等级形容词与等级含义 ········· 237
5.5 实证研究报告 ········· 239

参考文献 ········· 253

第一章 "接口假说"视角下的二语习得研究

1.1 "接口假说"的内容

二语习得领域一个重要的问题是二语者能否完全习得目标语。如果不能完全习得,那么目标语系统中的哪些方面是二语学习难以习得甚至最终也无法习得的?普遍语法(Universal Grammar)框架下的二语习得研究在早期发展阶段主要关注普遍语法的可及性、二语句法知识和重置参数(parameter setting)等问题。其中,中介语的句法习得问题颇受瞩目,争论的主要焦点在于二语者在习得目标语的过程中能否像母语者一样受到来自普遍语法的制约。然而,随着语言系统模块化架构的出现,研究的重点开始转向通过整合语法内部的各种模块(比如句法、形态、语义等)和语法外部领域(语义—概念系统和发声—感觉系统)来解释习得中的现象。如要输出语法正确且语用恰当的语言,语法内部和外部领域的跨模块化整合是十分重要的。这种整合的复杂性可能会给二语者带来一定挑战。不少研究表明达到最终水平(ultimate attainment)的二语者仍然存在中介语可变性(variability)、残存的对错交替(residual optionality)、母语迁移(L1 transfer)和僵化(fossilization)等现象,且这些现象多发生在语言的接口处(interface)。

"接口"或"界面"(interface)这一术语在语言学和其他学科中早已存在。在生成语法理论中,Chomsky(1995)提出的"接口"连接两大语言表征形式,即逻辑形式(Logical Form, LF)和语音形式(Phonetic Form, PF),它们连接狭义句法(narrow syntax)系统和非语言认知系统。具体来说,逻辑形式连接着大脑中的语义—概念系统,语音形式连接着发声—感觉系统。Chomsky 在原则与参数理论(Principle and Parameter)中指出核心运算系统(句法)与其他语言模块之间存在接口。在后期的研究中(Chomsky,2001,2008),他进一步提到语言的抽象运算系统(语法)由句法、语义、形态、音系模块组成,语言运算系统与语义—概念系统和发声—感觉系统之间存在接口,即逻辑形式和语音形式。此外,因为这些接口是普遍语法所赋予的语法知识的一部分,在一语中可及,所以学习者不需要刻意习得。Ramchand 和 Reiss(2007)提到"接口"可以狭义地解释为语言内部模块之间的连接,或广义上的语言与其他认知系统之间的连接。

"接口"这一概念有时指不同的表征层次(levels of representation),而有时被看作是语言模块之间的映射关系(mapping)。例如,Jackendoff(2002)认为 Chomsky 只把 LF 和 PF 视作接口的做法过于简单。Jackendoff 的语言心理模块论认为语言系统是一个"平行构建"(parallel architecture),由一系列同时运行的众多模块(比如音系结构、句法结构和概念结构)组成,这些结构之间通过接口规则(interface rules)进行匹配并连接在一起。Reinhart(2006)保留了句法作为运算系统的核心地位,与其他独立的认知系统(比如语境、推导、概念系统等)相互连接,形成接口。

在二语习得领域,有关"接口"的研究集中体现在"接口假说"的提出、印证和发展上。"接口假说"(Interface Hypothesis)最早由 Sorace 和 Filiaci(2006)提出。他们认为狭义的句法结构(narrow syntactic properties)在第二语言习得中是可以完全被习得的,但是涉及句法和其他认知系统接口的结构可能无法被二语者完全习得,甚至对于处于最终水平阶段的二语者仍较为困难。另外,接口分为内接口(internal interfaces)和外接口(external interfaces)。其中句法与其他语言系统内部的接口为内接口,如句法—语义、句法—形态等;语言与语言系统外的其他认知系统的接口为外接口,如句法—语用(或语篇)、语义—语用等。针对二语者在外接口上存在较大习得困难这一问题,早期的"接口假说"认为这可能是由于中介语中句法表征的缺失(representational deficits)或者是二语者整合和加工多种类型信息的资源不足(Sorace,2004,2005;Sorace & Filiaci,2006)。最新的"接口假说"(Sorace,2011,2012)更加支持后一种解释,提出二语者较难习得外接口上的语言知识的主要原因在于语言与非语言层面的信息加工和匹配需要更多的认知资源,二语者在这方面不及母语者。

"接口假说"强调了不同语言层次之间的集成与映射的困难。该假说最初提出是为了解决两类接口下二语习得的问题,目前,该假设也被扩展到解释一语习得和一语磨蚀(L1 attrition)。正如前文提到,二语者在习得过程中普遍存在对错交替现象,具体表现为语法系统中的同一结构存在多种变体。这种现象不仅存在于二语语法系统中,也存在于一语语法系统中(Tsimpli et al.,2004;Belletti et al.,2007;Wilson et al.,2009)。然而,与一语习得不同,二语习得中的对错交替现象还存在几个突出的特点。第一,母语迁移是二语习得中对错交替现象的重要来源。第二,二语习得中的对错交替现象也存在于高水平学习者中,而且在二语习得的最终水平阶段也可以观察到。

1.2 "接口假说"的实证研究

1.2.1 支持"接口假说"的研究

有不少实证研究的结果支持"接口假说",这些研究大多关注代词的指代问题。Sorace 和 Filiaci(2006)考察了接近母语者水平的、母语为英语的意大利语学习者习得意大利语代词性主语的情况。在意大利语中,话题语境下(语篇中出现已知话题),可以使用零主语(即主语代词脱落);在焦点语境中(新话题出现或与其他句中信息进行对比),要使用显性主语(即主语代词不能脱落)。而在英语中,无论是话题语境还是焦点语境,主语都不能是零主语。该研究发现,二语者在应当使用零主语的地方使用了显性主语,出现语用不恰当的情况,零主语的使用较为随意,出现对错交替的表现。这表明二语者成功习得了句法知识,但是对于显性主语具有转换话题功能的语用知识仍然缺乏认识。即使是接近母语者水平的二语者也无法全面掌握话题和焦点的语篇限制,句法—语篇接口成为二语者学习过程中持续存在的难点。相似的研究结果也出现在 Belletti 等(2007)、Tsimpli 等(2004)、Montrul(2004)和 Castro(2012)等的研究中。

Valenzuela(2006)研究了母语为英语的高水平西班牙语学习者黏着词左移位(clitic left-dislocation,CLLD)和话题化(topicalization)的习得情况,该习得任务也主要集中在句法—语篇接口上。词素重叠(clitic doubling)指一个直接或间接宾语名词短语(话题)可以和一个也同样指称此直接或间接宾语的黏着词(clitic)同时出现在一个句子中的现象。西班牙语通过词素重叠来表达话题,而英语使用对比左移位(contrastive left dislocation,CLD)的方式,不存在指称宾语的黏着词重叠现象。例如,在英语例子(1)中,被话题化的宾语"these shoes"移动到句子的最左边,原位置存在一个空回指算子(null anaphoric operator),而在西班牙语例子(2)中,原直接宾语的位置上添加了一个黏着词"lo"。

(1) These shoes, I bought in Madrid Op. (CLD)
(2) Estos   zapatos,   lo   vi   en   Madrid. (CLLD)
    these   shoes   CL   I-bought   in   Madrid.
    'These shoes, I bought in Madrid.'
(3) a. El   libro,   lo   leí.
       the   book   CL   I-read.
       'The book, I read.
    b. Un   libro,   leí.
       a   book   I-read.
       'A book, I read.'

(Valenzuela, 2006, p. 4)

此外,特指性(specificity)在西班牙语话题化标记中很重要。只有特指的、话题化的名词才能够使用黏着词,如例(3a)所示。而非特指的、话题化的名词则不能使用黏着词,如(3b)。然而在英语中,无论话题化名词的特指性如何,句子结构并没有表现出任何差异。Valenzuela 发现,接近母语者水平的高水平二语者习得了西班牙语中句法对黏着词左移位结构的限制。然而,他们在习得特指性的语用限制上仍然存在问题。

"接口假说"区分了内接口和外接口,认为外接口上的语言信息比内接口的语言信息给二语者带来的习得困难更大。以上两个研究只关注了外接口,而 Tsimpli 和 Sorace(2006)同时考察了内接口和外接口上的习得情况。他们关注的是母语为俄语的希腊语学习者在内接口(句法—语义接口)和外接口(句法—语篇接口)上有关焦点(focus)的习得。句法—语义的内接口关注焦点和话题化结构中黏着词的使用。希腊语允许在焦点(4a)和话题化(4b)句中使用宾语前置(object-fronting; Tsimpli, 1995, 1998 等;Alexiadou, 1999)。

(4) a. TON PETRO$_i$ sinandise e_i i adhelfi mu.
       the-acc Petro met-3s the-non sister my.

'It was Petro that my sister met.'
b. Ton Petro$_i$ ton$_i$-sinandise i adhelfi mu.
the-acc Petro him-met-3s the-nom sister my.
'Petro, my sister met him.'

(Tsimpli & Sorace, 2006, p. 3)

然而,焦点和话题化涉及不同的句法结构,只有话题化需要宾语黏着词和黏着词左移位。希腊语中的焦点结构(比如"It was Petro that my sister met")与黏着词左移位的不同之处在于前者需要动词提升(verb-raising)。与希腊语不同,俄语中的焦点结构不需要特殊的句法结构。句法—语篇的外接口关注显性主语代词的使用,它在希腊语中受到语篇因素(即对比主题)的制约,在俄语中则没有语篇标记。结果发现,在句法—语义接口上,不同外语水平的、母语为俄语的希腊语学习者的表现和母语者类似,即在焦点句中正确使用动词提升,而在话题化的句子中不进行动词提升。但是,二语者对限制希腊语中显性主语代词出现的语篇因素不敏感,甚至高水平的二语者也会过度使用希腊语中的显性主语代词。这些结果表明,内接口上的习得可以达到接近母语者的水平,但是外接口仍然给二语者带来挑战。

Sorace 等(2009)和 Serratrice 等(2009)同样发现二语者在习得焦点和话题化结构上存在不同程度的困难。这两项研究证实,外接口的句法—语篇接口(如零主语和显性主语代词)和内接口的句法—语义接口(如特指和泛指名词短语)给双语儿童带来了不同程度的挑战。此外,这些研究还关注了母语和目标语之间的差别对习得的影响。实验中有两种语言组合:一种组合是母语为西班牙语、二语为意大利语。这两种语言都是零主语语言,在零主语和显性主语代词的使用上完全重合,其分布受到话题转移(topic shift)的语篇语用约束(句法—语篇接口)。例如在例(5a)中,零主语可以出现是因为主语不变,仍然是 Gianni;而例(5b)中,主语从 Gianni 变成了 Paolo,所以必须使用显性主语代词。另一种组合是母语为英语、二语为意大利语,这两种语言在零主语和显性主语代词的使用上仅存在部分重合。如例(6)中,无论两个句子中的话题是否有所改变,显性主语代词在英语中必须出现。结果发现英语—意大利语和西班牙语—意大利语的双语儿童在不存在话题转移的语境中,选择显性代词的比例更高。值得注意的是西班牙语—意大利语儿童在没有话题转移的语境中始终难以选择语用上更为合适的空回指(null anaphor),这证实了无论语言之间存在全部重合还是部分重合,加工两种语言都会产生相关的加工成本。

(5) 意大利语:

 a. Mentre Gianni mangia, ϕ (Gianni) parla al telefono. (相同话题)

 'While Gianni eats, talks on the phone.'

 b. Mentre Gianni mangia, lui (Paolo) parla al telefono. (不同话题)

 'While Gianni eats, he talks on the phone.'

(6) 英语:

 a. While John is eating, he (John) is talking on the phone. (相同话题)

 b. While John is eating, he (Paul) is talking on the phone. (不同话题)

  另一个涉及句法—语义的内接口的现象来自意大利语复数名词定冠词的习得情况。在复数名词定冠词的使用上,意大利语与西班牙语完全重合,而两种语言与英语存在差别,仅有部分重合。作主语时,意大利语复数名词无论是泛指还是特指都有定冠词,见例(7a)—(7b);而英语只有在特指时才出现定冠词,没有定冠词则是泛指,见例(8a)—(8b)。Sorace 和 Serratrice 发现西班牙语—意大利语双语儿童能够在所有的意大利语语境中准确地拒绝空主语,接受带有定冠词的主语。然而,英语—意大利语的双语儿童,尤其是生活在英国的儿童,在意大利语的泛指语境中,更容易接受不符合语法的、无定冠词的名词短语。以上结果表明,在由语法内部语义特征控制的句法结构中,每个语言特定的参数(parameter)起决定性作用,与非句法接口的整合不存在关系。综上所述,Sorace 等和 Serratrice 等的研究结果表明,句法—语篇接口不会受到不同语言组合的影响,而句法—语义接口则受到语言组合的影响。无论是二语者、双语习得者或者母语磨蚀者在习得句法—语用接口上的知识时都存在问题,而且不受母语迁移的影响。而句法—语义接口上的知识能够被二语者最终习得,且过程中还表现出母语迁移的影响。

(7) 意大利语:

    a. Gli squali sono animali pericolosi.(泛指)

       'The sharks are animals dangerous.'

    b. Gli squali allŌacquario sono piuttosto piccoli.(特指)

       'The sharks at the aquarium are rather small.'

(8) 英语:

    a. Sharks are dangerous animals.(泛指)

    b. The sharks at the aquarium are rather small.(特指)

除了上述研究外,另有不少关注句法—语义接口的实验也有相似的发现。比如 Anderson(2008)和 Rothman 等(2010)通过分别研究二语法语和二语西班牙语学习者习得名词前后的形容词修饰语发现,对于名词前后的形容词带来的细微语义差别,高水平的二语者表现出了敏感性。这两项研究的结果表明句法—语义接口上的知识最终能够被二语者习得。

1.2.2 不支持"接口假说"的研究

尽管不少研究支持"接口假说",仍有不少研究发现二语者能够在外接口上表现出接近母语者的表现(尤其是高水平的二语者),这对"接口假说"提出了挑战(Rothman,2007,2009;Ivanov,2009,2012;Iverson et al., 2008; Kraš, 2008; Slabakova & Ivanov, 2011; L. Zhao, 2012; Slabakova et al., 2012; Yuan & Dugarova, 2012)。Rothman(2009)关注母语为英语的西班牙语学习者习得西班牙语的零主语和显性主语的情况,包括零主语的句法知识和分布限制的语用知识。Rothman 发现,高水平二语者的表现与母语者的表现相同,而中级水平的二语者仅表现出句法知识的习得,但是没有成功习得限制零主语和显性主语条件的语用知识。

Ivanov(2012)关注的是母语为英语的保加利亚语学习者在句法—语篇接口上的习得情况。与西班牙语相似,保加利亚语中也存在词素重叠现象,允许一个句子同时存在宾语和黏着词。例如,在例(1)中,Ivan 是直接宾语,与其黏着词"go"出现在同一个句子中。此外,例(1)中的 Ivan 移位到句首被话题化。所以,在保加利亚语的话题化句子中,词素重叠是强制性的,但是焦点句子中则不能出现词素重叠。

(1) Ivan　　go　　　　　　　　vidja　　Maria.
　　Ivan　　him-CL. ACC. masc.　see-3p. sg　Maria.
　　'Maria saw Ivan.'

(Ivanov, 2012, p.350)

高水平的保加利亚语学习者在话题化句子中接受词素重叠,但是在焦点句子中拒绝词素重叠,这说明他们成功习得了这一外接口上的语言现象。而中级水平的学习者在话题化的语境中仍然不接受词素重叠。这表明中级学习者仍然没有意识到话题化语境对词素重叠的要求,并且仍然受到明显的母语迁移影响。

Destruel 和 Donaldson(2017)的研究结果同样挑战了"接口假说"。他们研究母语为英语的法语学习者在句法—语用接口上对法语 *c'est* 强调句的习得。*c'est* 强调句的语用推导含义带有穷尽性(exhaustivity)。例如,当听到例(2)时,听者推导出只有 John 吃了三明治,语境中没有其他人吃了三明治。

(2) C'est Jean qui a mang'e un sandwich.
"It's John who ate a sandwich."

(Destruel & Donaldson, 2017, p.703)

法语中的 *c'est* 强调句是焦点句中常用的结构,而英语中的 it 分裂句(it-cleft)为有标记的(marked)结构,一般需要显著的语用条件(例如对比的语境)来激活。Destruel 和 Donaldson 发现,高水平二语者在理解法语 *c'est* 强调句时达到了母语者的水平。低水平二语者无法得到穷尽性的理解(没有考虑语篇中的信息),表现出偏离母语者的倾向,中级水平二语者表现出一种初步类似母语者的理解偏好,但在统计意义上与母语者仍存在显著差异。

L. Zhao(2012)关注母语为英语的汉语学习者习得汉语内嵌句中零主语和显性主语的情况。以例(3)—(6)为例,在限定从句(finite clause)的主语和及物动词后的宾语位置上,汉语允许零主语和显性主语,而在英语中,这类位置上只允许出现显性主语。

(3) John$_i$ says that *e/he$_{i/j}$ likes Tom.
(4) John$_i$ says that Tom likes *e/him$_{i/j}$.
(5) Xiao Zhang$_i$ shuo $e_{i/j}$/ta$_{i/j}$ xihuan Lao Wang.
 Xiao Zhang say he like Lao Wang
 'Xiao Zhang says that *e/he likes Lao Wang.'
(6) Xiao Zhang$_i$ shuo Lao Wang xihuan $e_{*i/j}$/ta$_{i/j}$.
 Xiao Zhang say Lao Wang like him
 'Xiao Zhang says that Lao Wang likes *e/him.'

(L. Zhao, 2012, p.171)

汉语中显性代词的习得涉及词汇—句法接口和句法—语义接口(Tsoulas & Gil, 2011),不涉及任何语篇信息,属于内接口。而零主语的理解则涉及句法知识和语篇中的话题,属于句法—语篇的外接口。该实验采用图片判断任务,图片类型包括两类,即话题不同和话题相同。在话题不同的图片中,有一位叫老鲁的爷爷在看电视中的足球比赛,一个叫毛毛的小朋友说"鲁爷爷喜欢看足球",需要被试判断的句子是"毛毛说(他)喜欢看足球"。在话题相同的图片中,一位年轻人小毛和老鲁对话,老鲁说"我喜欢看足球",需要被试判断的句子是"老鲁说(他)喜欢看足球"。中高级和高级水平的汉语学习者参加了实验。研究结果发现被试可以正确解读内嵌句中零主语的所指,但是只有高水平的学习者能够理解内嵌句中零主语指代的是主句主语之外的人,并且还能够正确拒绝内嵌句中零主语用来指代主句主语的情况。这说明外接口上的语言结构比内接口上的习得难度要大,但是并非如"接口假说"所言,外接口上的语言结构不能最终被二语者习得,只是习得成功的时间可能会晚一些。

句子的意义受到语用因素的影响,因此在研究二语习得的过程中,对句子的理解不能单纯从语义的角度入手,也应当关注语义—语用接口。这个接口也是本书关注的接口。本书将在后面的章节中详细介绍此接口上不同语言现象的二语习得研究。以下仅做简要介绍。在对语义—语用接口的研究中,最受中外学者关注的是等级含义(scalar implicatures)。等级含义指的是可以按照信息强弱或者语义的力度排成语义等级关系的一些词语(Horn,1972;Grice,1975),比如＜some, all＞,＜never, rarely, sometimes, often, always＞。以＜some, all＞这一对为例,例(7)可以有(8a)和(8b)两种理解,但是只有(8a)语用上更加恰当。因为强等级项"all"蕴含弱等级项"some",反之则不成立。Grice 的会话准则要求说者需要提供当前话语所需的足够信息。如果(8b)为实际情况而说者表达了(7),则语句(7)没有提供足够的信息。

(7) Some students passed the exam.
(8) a. Not all students passed the exam.
  b. All students passed the exam.

Slabakova(2010)和一系列后续研究(Miller et al., 2016;Snape & Hosoi, 2018;Feng & Cho, 2019)发现二语者可以成功生成等级含义,

但是二语者存在一定程度上的语用偏好,即一部分研究发现二语者更易生成等级含义,而不容易获得逻辑语义解读。除了等级含义之外,本书还将讨论语义—语用接口上的预设(presuppositions)、指称表达(referential expressions)和等级形容词(gradable adjectives)的二语习得问题。

1.3 外接口处存在习得难度的原因

"接口假说"需要解释的一个重要问题是为什么外接口处的习得存在对错交替现象和习得困难。针对这一问题,学界存在两个主流的解释,分别为知识表征缺乏(representational account)和加工资源不足(processing resources account)。知识表征缺乏的观点认为二语习得中残存的对错交替现象来源于母语和二语中不同的语法结构或者参数设置。如果某一句法结构在母语中不存在明确的接口条件,但是在二语中存在接口,那么二语者在学习二语时也无法完全习得这一接口。比如,上文中提到的 Sorace 和 Faliaci(2006)的研究,与意大利语母语者相比,接近母语者水平的英语学习者受到母语的影响,将显性代词的使用范围错误地扩大。具体来说,意大利语母语者在零代词和[−话题转移]之间,以及显性代词和[＋话题转移]之间有一对一的映射关系,然而接近母语者水平的英语学习者将显性代词也错误地映射到[−话题转移]上,他们本质上把显性的意大利语代词当作英语中的非重读弱代词。然而,值得注意的是"接口假说"认为母语迁移并不是外接口上习得困难的最根本原因,母语者和二语者之间的差异源于双语加工(bilingualism)本身的特点。Sorace 提出这一观点的根据是,即使母语和二语的结构非常相似(因此可以预期正向母语迁移),二语者仍然表现出与母语者不一样的回答,特别是在受到语篇影响的零主语或显性主语分布的习得方面(Bini,1993;Lozano,2006;Margaza & Bel,2006)。Roberts 等(2008)的研究关注土耳其语(零主词语言)和德语(非零主语语言)学习者在荷兰语(非零主语语言)代词歧义消解(ambiguous pronoun resolution)方面的在线

(online)和离线(offline)表现。与德语母语者相比,土耳其母语者在离线任务中更常选择句外的词作为歧义代词的先行词。因此,他们表现出母语迁移的影响。然而,在在线任务中,以土耳其语和德语为母语的高水平二语者都表现出不同于母语者的行为,这表明依靠语境加工歧义代词是困难的,即使学习者的母语(例如本研究中的德语)可以为二语者提供学习上的优势。

实际上,母语迁移对接口上的二语习得的影响非常复杂。尤其是当某一种语言结构在两种语言中存在重合时,母语迁移的影响更加明显。比如,语言 A 在 X 语境下使用 X 结构,在 Y 语境下使用 Y 结构,而语言 B 在 X 和 Y 语境下都使用 X 结构。在这种情况下,两种语言之间重合的是 X 语境下使用 X 结构。跨语言的影响会是在语言 A 中的 Y 语境下(不恰当地)过度使用 X 结构(Döpke, 1998;Hulk & Müller, 2000)。比如,Yuan(2012)关注了英语母语者习得汉语"到底"疑问句的情况。两种语言在此类疑问句的语法上存在部分重合。汉语中的"到底"和英语中的"the hell"都可以用在带有"什么"(what)疑问句中,但是两种语言也存在多项差别:比如在英语中,"the hell"无法与"which"(哪一个)搭配;英语的这类疑问是反义疑问句,不需要回答等。结果发现,英语母语者可以一定程度上克服母语迁移带来的影响,但是仍会因为受到母语影响而对汉语疑问句存在理解偏差。

加工资源理论认为,加工资源的差异,而非语言之间知识表征的差异,是导致二语者出现对错交替的原因。对于内接口,接口上信息的映射仅发生在语言系统中;而外接口上存在一个语言系统外的领域,因此,外接口的加工不仅涉及句法知识和语言外认知系统的知识,还涉及二语者整合这两类知识的能力。加工资源理论认为加工需要整合这两类知识的结构比仅需要加工语言系统内部知识的成本要高,需要消耗更多的加工资源。再加上双语者在加工非母语的语言时可用的加工资源就比母语者要少,加工外接口上的信息超出了二语者可用的加工资源,导致外接口上加工多种信息的效率降低。所以,根据这一理论,二语者在零主语语言中过度使用显性主语代词可能是因为使用默认的、无标记形式可以起到缓解超负荷加工带来的压力。Hopp(2007，2009)对德语攀升结构(scrambling)的研究明确指出,接近母语者水平的二语者完全能够在知识表征层面上习得成功,但是他们在接口上整合不同类型的信息时仍然存在困难,这种整合在在线加工中的难度更大。Hopp 测试了高级和接近母语者水平的二语者,结果发现只有高级二语者在屈折形态方面存在习得问题,并且在二语在线加工中不利用形态信息进行加工。但是,接近母语者水平的二语者则表现出和母语者完全一样的加工模式。也就是说,接口上的习得难度问题可能是由尽量节省加工资源的节约策略带来的,而不是接口本身带来的。母语者和高水平的二语者之间在知识表征上没有显著的差别,但二语者加工效率的降低可能会导致他们在任务中与母语者表现不同。该现象在加工认知资源负荷较高的任务中更为明显。更加复杂的任务同样也会影响母语者的加工,所以这进一步表明母语者和二语者之间在语言加工上没有质的差异。Sorace(2011，2012)同样支持加工资源的解释,并提出加工的困难受到了实时整合信息所需的认知资源的限制。

语言输入(input)也会影响接口上信息加工的准确性和速度。语言输入量上的减少可能会导致二语者在沟通中整合不同类型的信息的机会急剧减少,因此可能导致加工这类信息的能力减弱、效率降低。除了语言输入量上的差异,二语者接受的语言输入也可能与典型的单语环境中的输入在质上有所不同。特别是当二语者居住在使用自己母语的国家或地区时,他们可能在与其他二语者交流时才会使用第二语言。此外,他们或许会与受到母语侵蚀(attrition)影响的母语者互动,而这些母语者也同样会使用不地道的表达。因此,语言输入中存在的对错交替或许也提高了这些二语者出现对错交替的可能性。在 Slabakova(2015)的研究中,西班牙语中的黏着词左移位(CLLD)应当要比英语中的话题化更容易习得,这是因为口语语料库显示,黏着词左移位在口语中的使用频度远高于话题化。实验结果发现,母语为西班牙语的英语学习者在面对英语中符合和不符合语法的话题化句子时无法做出区别。Slabakova 认为这是由于话题化在英语中出现的频率非常低。Slabakova 发现只有当母语迁移对二语习得出现消极影响或语言输入中的信息不明确时,句法—语篇接口上的语言结构才会出现"接口假说"预测的习得的困难。

1.4 对"接口假说"的思考

"接口假说"对于二语习得研究领域的发展意义重大,它把习得与语言认知结合在一起,注重运用更加复杂的心理语言学研究方法进行实证研究,不仅从语言学角度来解释二语习得,更是从语言加工的角度来解释语言知识的习得(常辉,2014)。然而,接口视角下的二语习得研究仍面临一些问题。

第一,接口上的二语研究广度存在明显的局限性。首先,无论是内接口还是外接口,绝大多数研究都只关注某一种语言现象。正如前文回顾的既往研究所示,内接口的研究经常关注的是句法—语义接口上名词短语的类指和特指问题,外接口的研究主要探究句法—语篇接口上的零主语、显性主语和黏着词的问题,对除此之外的其他接口现象的研究仍然不足。其次,学界对于二语者在除了句法—语篇外,其他外接口上的认识不够全面。绝大多数讨论"接口假说"的研究主要集中在句法—语篇接口上,且结果并不一致。一些研究证实了二语者在这个接口上存在持续的对错交替现象(如 Sorace,2011,2016),但其他研究则通过展示二语者与母语者相似的表现来挑战这一假说(如 Destruel & Donaldson,2017;Ivanov,2012;Slabakova,2015;Ozcelik,2018)。自 Slabakova(2010)有关等级含义的研究以来,语义—语用接口上的语言知识(例如等级含义和预设)在近十年来引起了学者的关注。关于等级含义和预设的研究结果表明,二语者能够成功生成等级词"some"的语用推导和生成预设(Slabakova,2010;Miller et al.,2016;Snape & Hosoi,2018)。本书重点关注语义—语用接口上不同语言结构的二语习得情况。

第二,"接口假说"不应当只关注二语者的最终水平状态和接近母语者水平的二语者。Sorace(2011)认为,"接口假说"仅适用于最终水平的二语者。因此,外语水平(proficiency)不会在习得中发挥重要的作用。然而,White(2011)对 Sorace 的这一观点提出了质疑:为什么最终水平的二语者会出现外接口上的习得困难,而中间阶段的二语者不会出现习得困难。White 指出,调查整个学习过程中句法—语篇接口上的习得有助于学者确定"接口假说"提出的外接口上的习得困难是否是永久的。事实上,既往研究表明,句法—语篇接口上的困难会影响中级二语者(如 Hertel,2003;Pladevall Ballester, 2010),且处于不同水平的二语者在句法—语篇接口上存在的问题的确比单纯习得句法知识存在的问题更大(Belletti & Leonini, 2004;Lozano, 2006)。

第三,无论是内接口还是外接口,"接口假说"仅关注两个接口上的习得,忽略了涉及多个接口的语言知识的习得。White(2011)认为所有位于句法—语篇接口上的语言信息都给二语者带来了习得困难的说法是有问题的。习得困难来自特定的语言结构,或者是属于某一种语言的,而不是某一外接口上所有的结构都存在困难。句法—语篇接口上常见的黏着词左移位其实涉及句法、语义和语篇这三个接口。涉及的接口越多,习得的困难就越大。另外,值得注意的是针对同一种语言结构,考察其具体的用法也会涉及不同的接口。比如,德语中的攀升结构包含了很多接口类型,比如格和语序问题涉及句法—形态接口,攀升结构下的不定指理解涉及句法—语义接口,攀升结构的信息结构涉及句法—语篇接口。Hopp(2007,2010)提出,二语者表现出的差异可归因于运算的复杂性(computational complexity)。即使二语者已经习得了攀升结构,但是与攀升结构相关的、接口上信息的加工会出现运算困难,导致二语者仍然出现与母语者不同的表现。

第四,验证"接口假说"的研究方法不够合理,缺少使用在线或实时测试的研究(常辉,2014;赵珺,2016;O'Grady, 2011;Laleko & Polinsky, 2016;Leal et al., 2017;Leal & Hoot, 2022)。在验证"接口假说"的当

前版本时(Sorace,2011,2012),离线、不限时的判断任务可能不是最合适的研究方法,因为它们提供给被试太多使用元知识来修改答案的机会,从而掩盖在第一次遇到实验刺激时加工效率低下的问题,因而实验结果只能反映出语言知识的表征情况。有关二语者如何在外接口上整合不同类型的信息的实证研究证据较为有限,因为很少有研究使用可以探究二语者实时加工的实验方法。心理语言学实验比传统的离线任务更能反映知识自动整合和加工的过程(Jiang,2007;Jegerski,2014)。要想真正了解二语者在接口上的语言在线匹配和认知能力的高低,我们需更多采用在线测试以获得二语者的实时语言加工的信息。

第二章 会话含义的习得和加工研究

2.1 核心概念

人类交流的一个标志是能够推导话语的字面意义和逻辑意义以外的含义。推导①是"根据一个或一些判断得出另一个判断的思维过程"(金岳霖,1979),而语用推导是"对会话含义的领会过程,是一种推理过程,但有别于(形式)逻辑推理"(徐盛恒,1991)。句子含义的丰富程度是通过语义和语用过程实现的。语义过程是指理解句子的字面意义,或语言编码意义如何组合成特定话语的核心意义(Kearns,2011)。语用过程则是指丰富、延伸和推导字面意义的过程,以理解说话者的话语意图(Birner,2013)。例如,如果有人问你"你昨天去健身房了吗?",你的回答是"我忙着写作业呢。"语义过程提供了这句回答中每个成分的字面意义(例如"我"是主语,指说话人),组合在一起形成的一个解读是昨天说话人在忙着写作业。值得注意的是这句话似乎没有直接回答这个问题。然而,语用过程发挥交际功能,使句子含义更加语境化和具体化,这要求听者不能按照句子的

---

① 推理与推导的差别本书不做特别区分。有关两者的讨论,见毛眺源(2022)。

字面意义来理解,而是要推导出其中的含义(implicatures)。所以这句回答的真正含义是我昨天没有去健身房,很大程度上是因为我昨天在忙着写作业。含义受制于语境和说话人的交际意图,是一种隐含的语用信息,属于弦外之音、言外之意。

在交际中,当听者仅理解语句的语义或字面含义时,沟通往往并不成功,听者需要能够推导出说者隐含的真正含义。交际中的双方如何从"明说"(what is said)到"暗含"(what is implicated)吸引了语言学、语言哲学和心理语言学研究者的关注。著名语言哲学家 H. P. Grice(1975,1989)提出了一套有关言语交际、包含四条准则的基本原则——合作原则(Cooperative Principle),即会话参与者要保持着合作的态度,共同为谈话的方向和目的做出贡献。在言语交际中,参与对话的双方总是相互合作的,希望双方能相互理解对方的话语并进行配合。即使在人们可能认为对话者显然不合作的情况下(比如在激烈辩论中不妥协的一方),事实上他们仍然是合作的。例如,他们不会偏离辩论主题,或他们通过提供可以理解的论点来促进讨论。不合作的行为可能是对无关话题发表评论或不予回应。

合作原则包括四条准则(maxim):
(1) 质的准则(Quality Maxim):
  a. 不要说自知是虚假的话语;
  b. 不要说缺乏足够证据的话语。
(2) 量的准则(Quantity Maxim):
  a. 所说的话语应当提供当前交际所需要的信息;
  b. 所说的话语不应提供当前交际以外的额外信息。
(3) 关系准则(Relevant Maxim):
  所说的话应当是相关的。
(4) 方式准则(Manner Maxim):
  a. 避免晦涩;
  b. 避免歧义;

c. 简练(避免啰嗦);

d. 有条理。

以上的合作原则是有关人际交际的总原则,听者要不断理解说者的交流目的和动机。然而,在实际交流中我们不难发现人们并不都严格遵守该原则。合作原则中四条准则的重要性在于,基于它们可以生成含义。根据 Grice 对"含义"一词的注释,含义与字面意义形成对比,它是非字面意义,是说者的一种交际意图。说者违背合作原则中的某一条或多条准则是含义产生的一种方式和途径。比如量的准则要求说者需要提供符合当下会话条件的充足的信息量。当听者假设说者遵循合作原则的情况下,如果说者提供了一个弱命题,听者会认为说者已经提供了足够的信息量;这是因为如果信息更充足的强命题更恰当,那么说者本着合作原则应当会提供强命题,而不是弱命题。说者没有提供强命题说明他或许已经知道这个强命题是错误的,或者是他不知道强命题是否正确。例如,

(1) a. Some students passed the exam.
    b. Not all students passed the exam.
    c. All students passed the exam.

听到(1a)后,听者常常将说者的意思理解为(1b),即"部分学生但不是所有学生都通过了考试"。该推导过程与上文提到的过程类似:如果说者认为所有的学生都通过了考试,并且本着合作的原则来交流,那么说者应当说出一个信息量更大的句子,即(1c)中的"All students passed the exam"。因此,说者选择"some"表明说者不认为"所有的学生都通过了考试"是真的。如果(1a)在"所有学生都通过考试"的情况下表达,则这句话在逻辑上是可行的,但在语用上是不合理的,因为它没有提供当前会话条件下足够的信息量,因此违反了合作原则中量的准则。会话含义(conversational implicatures)是说者在违背合作原则中的某一条或多条准则的基础上而产生的;听者不只是理解语句的字面意思,还需要付出一

定的努力来进行语用推导。

这个例子中的等级表达(scalar expression)"some"是从＜some，all＞等级上产生等级含义(scalar implicatures)的一个例子。荷恩等级(Horn Scale)是指可以按照信息强弱或者语义力度排成语义等级关系的一些词语，比如＜some, all＞，＜never, rarely, sometimes, often, always＞(Horn，1972；Grice，1975)。Horn 在 Grice 的合作原则和 Zipf 的省力原则(the least effort；Zipf，1949)的基础上进一步提出会话含义推导的两个原则(Horn，1984，1988，1989)。Horn 认为 Grice 的会话原则可以归结为两个方面：从满足听话人的理解需求的角度来说，Grice 的量的准则的第一个次则要求说话人"所说的话语应当提供当前交际所需要的信息"，属于 Zipf 的"听话人经济原则"(auditor's economy)；从满足说话人倾向于减少损耗和简化表达的角度来说，Grice 的其余准则要求说话人在满足交际目标的基础上使用更为省力和简洁的言语表达，符合 Zipf 的"说话人经济原则"(speaker's economy)。因此，Horn 将 Grice 提出的会话含义准则精简为两大原则，即数量原则(Quantity Principle)和关系原则(Relation Principle)。在等级含义理论中，等级含义的产生基于某一个语言序列或等级，排列越靠后的词语提供的信息量和语义力度越大，属于等级序列中的强项；排列越靠前的词语提供的信息量和语义力度越小，为弱项。荷恩等级为某一等级词提供信息强度不等的备选义(alternative readings)，这些备选义对于理解语用推导具有重要意义。一般来说，信息强等级词蕴含信息弱等级词，弱等级词可以表达出否定强等级词的含义。以＜never, rarely, sometimes, often, always＞为例，强等级词"always"蕴含弱等级词"sometimes"，"sometimes"的使用隐含着对"always"的否定。

Grice 把会话含义分为两种：一般性会话含义和特殊性会话含义。一般性会话含义(generalized conversational implicatures)是不需要依赖特殊语境就可以推导出来的会话含义，它是与某一语言形式有关的含义。比如例(2)的一般性会话含义是"这栋房子不是我自己的"，这个含义来自不定冠词"a"的使用。例(1a)的含义是"一些学生没有通过考试",其含义来自＜some,all＞这一等级。

(2) I walked into a house.
～ The house was not my house.

(Levinson,1983,p.126)

与一般性会话含义不同的是特殊性会话含义(particularized conversational implicatures),是从语境中推导出来的隐含意义,对语境的依赖性极强。也就是说,听者需要依赖特殊的语境才能够正确理解说者的话语所传递的交流意图。比如,例(3)中的会话含义"或许狗吃了烤牛肉"出现在一个非常特殊的会话语境中,该语境要求交际双方对这只狗非常熟悉(尤其是它喜欢吃烤牛肉的事实)。例(4)中,王先生答非所问,忽略了李小姐的问题。王先生的回答可能隐含的特殊含义是王先生不想评论老板的情况,因此转移话题;或者是他注意到周围有其他人,不想因为别人听到而影响自己未来的发展等。

(3) The dog is looking very happy.
～ Perhaps the dog has eaten the roast beef.

(Levinson,1983,p.126)

(4) 李小姐:经理最近怎么啦,老爱发脾气。
王先生:走,咱们喝咖啡去。

(何自然、冉永平,2009,p.81)

与基于准则的会话含义不同,规约含义(conventional implicatures)属于非真值条件推导,不是通过合作原则和准则产生的,而是来自特定词项的规约特征(比如英语中的"because""yet""and""but"等,汉语中的"总是""然而""因此""因为"等)。这些词语或结构在任何条件下都表达出相同的隐含意义,不需要考虑特定的语境因素,人们凭直觉可以理解,不属于语用意义。例如,例(5a)和(5b)中的"and"和"but"的真值条件相同,即他贫穷和诚实都为真,但是(5b)中的"but"体现出了不同的规约含义,即

"but"连接的第二部分是出乎意料的。人们通常认为人穷就不诚实,但(5b)则说虽然他穷,但是诚实。规约含义与非规约含义的区别还体现在规约含义具有不可取消性,而非规约含义具有可取消性等特点(参阅3.2)。

(5) a. He is poor and honest.
　　b. He is poor but honest.

2.2　等级含义的推导机制

在等级含义理论中,等级＜some, all＞中的弱等级词"some"有两个解读,即下限解读(lower-bounded reading)和上限解读(upper-bounded reading),见图1。下限解读为逻辑解读"some and possibly all",该解读中"some"只有下限,但没有上限,"some"和"all"可以并存。其推导过程与逻辑衍推或断言等同:如果有一个命题"All elephants have trunks"为真,那么从逻辑上来衍推命题"Some elephants have trunks"也为真。上限解读为语用解读"some but not all",该上限解读排除了最大值,在等级的上端增加了一个额外的边界,所以"some"和"all"之间是互斥关系。这个解读通过语用推导生成。正如前文提到的,当说者使用了弱等级词"some",听者在假设说者遵循合作原则和量的准则的前提下会认为说者因为某些原因(不知道或不确定)无法使用强等级词"all"。所以,听者通过语用推导得出"some"的解读是"some but not all"。逻辑解读在信息量上要弱于语用解读。例如,对于"Some X are Y"中 X 和 Y 的关系,逻辑解读蕴含四种可能性:X 是 Y 的一个子集;Y 是 X 的一个子集;X 和 Y 存在交集;X 和 Y 相同。语用解读的信息量更大,只蕴含两种可能(X 是 Y 的一个子集、X 和 Y 存在交集),大大缩小了描述事件的可能性范围。

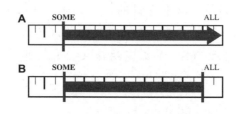

图 1　等级项"some"的两个解读

(A 代表"some"的下限/逻辑解读,B 代表"some"的上限/语用解读;
引自 Huang & Snedeker,2009a,p. 378)

等级含义具有以下五个特征(这些特征同样适用于其他类型的会话含义):可取消性(cancellability)、可推导性(calculability)、不可分离性(non-detachability)、非规约性(non-conventionality)和不确定性(indeterminary)(Levinson,1983)。其中,等级含义的可取消性是最重要的特征,同时也在实证研究中受到广泛关注,以下做详细讨论。可取消性指在含有等级表达的语句上增加一些附加条件后,会话含义是可以被消除的。说者可以添加一个分句表明或暗示自己要消除原有话语的语用含义,或者语境中存在一些信息可以导致原有话语的语用含义被消除。比如,例(1)中"some"的等级含义"some but not all"可以被(1)中的第二句话消除。同理,在例(2)中,"all"在否定的情况下其等级含义("not all but some")也可以被(2)中的第二句话消除。值得注意的是消除等级含义在肯定和否定语境下都可以完成。

(1) Some cashiers are friendly. In fact, all of them are.
(2) Not all cashiers are friendly. In fact, none of them are.

如图 1 所示,"some"可以有两种解读,即逻辑解读"some and possibly all"和语用解读"some but not all"。学界对生成这两种解读的速度和认知成本有不同的观点和看法,主要包含主张等级含义自动生成的"默认论"和依赖语境信息进行推导的"语境驱动论"。此外,近年来由 Degen 和 Tanenhaus(2015)提出的"基于制约"的等级含义加工模型也倍受关注。以下将讨论这三类主要观点,并在 2.2.4 中讨论相关实证研究。

2.2.1 默认论

默认论或缺省观(the default view)(Levinson,1983,1991,2000;Chierchia,2004)认为推导等级含义是自动的,是"缺省解读"(default interpretation),不需要依赖于特殊语境就能够生成;只有当语境需要时,等级含义才会消除。回想一下 2.1 中的例(1a)"Some students passed the exam"。当说话者使用了较弱的"some",表明使用较强的"all"将导致命题为假。Levinson 认为,能够触发等级含义的等级词项高频率地出现在交际中,其所蕴含的等级含义(语用解读)早已"词汇化"(lexicalized),成为词语本身的词汇意义。等级词本身的词汇意义决定了等级含义的推导,无需考虑语境。所以,等级含义即时激活的特点可以加速信息的传递,使有意图的信息交流能够更有效率。当出现不能推导出等级含义的情况时,等级含义才会被消除。比如,在例(1)中推导出"some"的语用解读显得较不合理。Breheny 等(2006)将例(1)这样的语境称为下限语境(lower-bound context),因为在这种语境中"some"的下限解读更为合理。实际上,这种语境与"讨论中的问题"(question under discussion,QUD)(Roberts,2004)密不可分,下文将做详细讨论。

(1) Speaker A: Is there any evidence against them?
    Speaker B: Some of their documents are forgeries.
                                    (Levinson,2000,p.51)

2.2.2 语境驱动论

与默认论持不同观点的是语境驱动论(the context-driven view),具有代表性的是由后格赖斯学者提出的关联理论(Relevance theory;Sperber & Wilson,1986/1995;Carston,2006)。他们认为等级含义的推导与语境有关,受到语境的驱动:只有当语境和等级含义相"关联"(relevance)时,等级含义才会被推导出来。说者的目的是给听者提供字面义与隐含义在某个语境中的"关联",听者根据这种"关联"信息来理解和加工会话含义。人类的认知倾向于追求关联最大化(Wilson & Sperber, 2004),因为它可以帮助交际双方关注具有最大关联性期望的话语。此外,关联是一个程度问题,即衡量话语的相关联程度以及需要多少加工资源的程度。话语的关联性越强,需要的加工资源就越少。对于这个以语境为主导的框架而言,极为重要的是在确定话语的关联性以及生成语用推导时,听者必须考虑语境因素。以 2.1 中的例(1)为例[见本节的例(1)]。对于例(1a)中的"some",信息量较少的"some and possibly all"[(1c)中]可能足以满足理解这句话的需要。如果听者发现"some and possibly all"无法满足,则需要调用更多的认知资源来生成(1b)中信息量更大的"some but not all"。因此,语用推导在认知上是费力的,并且仅在需要满足语境时才生成。

(1) a. Some students passed the exam.
    b. Not all students passed the exam.
    c. All students passed the exam.

总之,关联理论认为,等级含义只有在和语境有关联性的条件下才会进行推导加工,而且推导等级含义是需要额外认知资源的。相对来说,生成逻辑解读耗用的认知资源较少,因为在无关语境中不会对等级含义进行加工,因而不需要消除等级含义来生成逻辑解读。而默认论认为等级含义的推导是默认的,不需要听者付出额外的认知加工努力。更重要的是,默认论观点下消除等级含义要在激活等级含义后再消除,需要听者投入额外的认知加工努力,比关联理论直接生成逻辑含义要多一步。这两个理论对加工带有等级含义的句子的过程做出了截然不同的预测,如表 1 所示。

表1 默认论和关联理论对等级含义的解读和所需加工时间的预测
(Noveck & Sperber, 2007; Slabakova, 2010)

Interpretation of the scalar item	Default approach (neo-Gricean; Integrative account)	Non-default approach (post-Gricean; Relevance theory account)
Literal/logical	default enrichment + context-sensitive cancellation, *more difficult* hence slower	no enrichment, *easier* hence faster
Enriched/pragmatic	default enrichment, *easier* hence faster	context-sensitive enrichment, *more difficult* hence slower

2.2.3 "基于制约"的模型

Degen 和 Tanenhaus(2015)提出了一个新的基于语境驱动的框架，即"基于制约"(constraint-based)的等级含义加工模型。该模型有以下重要特征。第一，听者快速整合多个来自不同信息源的信息。第二，听者产生多种类型的预期，包括话语的声学/语音特征、句法结构、指称域和潜在的说者意图。第三，听者能够根据不同的说者和不同的场景快速调整预期。与默认论和关联理论假设某些信息(如逻辑含义或语用含义)自动生成不同，"基于制约"的模型认为所有信息同时被加工，并不存在某一种信息优先加工的情况。生成等级含义的速度和概率依赖于语境的支持(Degen & Tanenhaus, 2019)。换句话说，受强大语境信息支持的推导将被较为快速和轻松地加工。重要的语境因素包括"讨论中的问题"(Roberts, 2004)、世界知识(world knowledge)、说话者的属性等(Degen & Tanenhaus, 2019)。前文提到"讨论中的问题"是指话语中的关键问题，并且期望得到相关的回答。Roberts(2004,2012)提出"some"的等级含义"some but not all"的生成取决于是否与当下的"讨论中的问题"相关。例(1)和(2)给出了语境如何影响等级含义生成的例子。如例(1)中,当"all"不存在于"讨论中的问题"中,而"any"出现在量词的位置上时,生成等级含义的必要性就不那么明确了。在例(2)中,"all"的出现明确地表示"not all"的语用解读在这个语境下是极其相关的。"all"指的是作为一个整体的全部工人,当回答的是"some of them are"时,听者可以比较明确地理解这里的"some"指的是子集"not all"。也就是说带有量词"all"的"讨论中的问题"有助于等级含义的生成。

(1) 下限 QUD

　　Speaker A：Is there <u>any</u> evidence against them?

　　Speaker B：Some of their documents are forgeries.

(2) 上限 QUD

　　Speaker A：Are <u>all</u> the workers here happy with their jobs?

　　Speaker B：Some of them are.

2.2.4　一语习得中等级含义的推导

在一语习得的研究中,等级含义是语义—语用接口上受到广泛关注的领域,其中又以研究儿童习得等级含义为主(Chierchia et al., 2001; Noveck, 2001; Papafragou & Musolino, 2003; Bott & Noveck, 2004; Feeney et al., 2004; Guasti et al., 2005; Breheny et al., 2006; Sedivy, 2007; Huang & Snedeker, 2009a, 2009b; Bergen & Grodner, 2012; Bott et al., 2012; Foppolo et al., 2012)。总体来说,不少研究发现学龄前儿童与成人生成等级含义的比例差别很大,儿童比成人更多生成逻辑语义解读。第一个系统研究儿童等级含义的实证研究是 Noveck(2001)。该项研究关注 8—10 岁的法语儿童对法语 *certains*(some)和 *tous*(all)的理解。实验采用经典的二元判断任务(binary judgment task),被试需

要回答他们同意还是不同意"Some giraffes have long necks"（英语翻译来自法语实验材料）。实验预测是年龄越大的儿童被试应该越倾向于不同意这句话，因为他们已经习得了"some"的语用解读"some but not all"。实验对象包括以法语为母语的成年人、8岁和10岁的儿童。结果表明，儿童在拒绝类似"Some stores are made of bubbles"的句子和接受类似"Some birds live in cages"的句子上没有任何问题。这意味着，当语句理解需要生成等级含义时，儿童可以生成"some"的语用解读"some but not all"。但是，儿童与成年人在理解信息不足的句子（比如"Some giraffes have long necks"）时出现差异。Noveck发现，儿童更容易接受这样信息不足的句子，这表明儿童更多生成"some"的逻辑语义解读，而成年人更常生成的是语用解读，从而更频繁地拒绝这句话。

Feeney等（2004）的第一个实验采用与Noveck（2001）一样的实验设计，但报告了不同的结果。与Noveck的发现不同，Feeney等发现英语为母语的儿童和成年人生成等级含义的比例相似。Feeney等的第二个实验在丰富的语境中呈现实验句（而不是孤立地呈现实验句），并且假设在这种丰富的语境下，儿童对等级含义的敏感性应当增加。实验二的丰富语境的设计如下：一个女孩正在吃掉部分或全部糖果，且女孩的行为很大程度上是被禁止的（不能偷吃糖）。因此，当女孩的妈妈问她"Charlotte, what have you been doing with the sweets?"时，她非常想隐瞒真相。女孩的回答是"I've eaten some of/all the sweets"。儿童被试的主要任务是评估女孩的陈述是真或是假。实验结果印证了先前的假设。实验结果发现儿童接受这类信息不足的句子的比例仅为21%，远远低于无语境的第一个实验中的66%。Feeney等认为，当存在支持语用推导的语境时，儿童对等级含义变得更加敏感且能像成人一样生成语用解读。

儿童在推导等级含义上的困难引起了学界的注意，研究者们提出了不同的理论来解释这一习得困难。"加工理论"（processing accounts）(Chierchia et al., 2001; Reinhart, 2004; Pouscoulous et al., 2007) 提出，儿童生成等级含义的比例较低并不是因为他们缺乏语用能力，而是因为他们缺乏加工和认知资源。从传统的 Grice 观点来看,当听到包含"some"的信息不足的句子时,听者需要加工资源来(1)生成句子的基本含义,(2)激活其他未提及的相关备选解读(例如,带有"all"的语句),(3)评估当前句子的信息量,(4)决定是否需要否定更强的陈述来获得"not all"的解读。Pouscoulous 等(2007)通过降低任务的复杂性来增加儿童可使用的加工资源。具体来说,他们在实验二和实验三中去掉了干扰项(distractors),并且让被试通过动作而非口头的语言判断来做出反应。此外,他们还通过使用更常见的且仅存在解读(existential reading)的等级项来降低生成等级含义的语言复杂性。结果表明,一旦减轻了加工负担,儿童拒绝信息不足的句子的比例就会增加。

与"加工理论"的观点相反,"词汇主义"(lexicalist accounts)(Guasti et al., 2005; Barner & Bachrach, 2010; Barner et al., 2011; Foppolo et al., 2012)认为有限的加工资源(以工作记忆、任务复杂性和其他加工资源限制的形式为主)不能解释儿童在推导等级含义方面的困难,因为儿童在其他领域体现出了成熟的语用能力。根据"词汇主义"的观点,尽管儿童可能知道"some"和"all"的含义,但他们仍然需要习得推导的前提条件,即将这两个词联系到同一等级上。这意味着,由于他们还没有将＜some, all＞这一等级词汇化,当听到一个带有"some"的语句时,儿童甚至不会试图寻找带有"all"的备选解读。Barner 等(2011)为"词汇主义"的说法提供了第一个实证证据。他们的实验设计同样包含经典的信息不足的句子。实验中的图片显示三种动物(一只猫、一只狗和一头牛)都在睡觉,儿童被试听到两个问题:"Are only some of the animals sleeping?"和"Are only the cat and the dog sleeping?"。研究结果发现,儿童对第一个问题仍然倾向于回答"是"。但是,他们对第二个问题的回答倾向于"否"。在第一个问题中,即使使用了"only",儿童对含有"some"的信息不足的问题仍然倾向于回答"是",但是他们却能够正确拒绝含有"only the cat and the dog"的句子。这说明当焦点元素"only"和语境中的相关备选信息(猫和狗)明确表达出来后,儿童能够进行语用推导。

所以,儿童无法成功推导出等级含义是因为他们无法获得某一等级上的相关备选信息,这支持了"词汇主义"的解释。

"语用理论"(pragmatic accounts)(Davies & Katsos,2010;Katsos & Smith,2010;Katsos & Bishop,2011)指出许多等级含义的习得研究在实验方法上存在问题,这些问题导致研究者从根本上误解了被试的语用能力。作为研究等级含义最广泛使用的研究设计,二元判断任务在一语和二语习得的研究中被普遍采用。这类二元判断任务要求被试为信息不足的语句做出二元判断("真/同意/可接受"或"假/不同意/不可接受")。比如,被试读到或听到"Some elephants have trunks"后,需要判断这句话为"真"或"假"。如果被试接受这句话或判断为"真",则证明他们生成了逻辑解读;反之,如果被试拒绝或者判断这句话为"假",则说明他们生成了语用解读。通过二元判断来研究语用解读的基本假设是:被试拒绝这种信息不足的句子是因为他们能够推导出等级含义,从而判断出该语句不恰当。然而,二元判断任务存在的一个重要问题是被试的选择受限(Sikos et al.,2019)。实际上,信息不足的句子并不完全正确或错误,而是在语用上不恰当。所以,在自然对话中,听者对信息不足的句子的回答往往可能是"是,但是……"或"不,但是……"。在二元判断任务中,回答"真"或"假"在很大程度上取决于这类不符合语用规则的句子是否可以被接受,或者是否严重到足以被完全拒绝。换句话说,二元判断任务迫使听者就句子的可接受性阈值的位置做出复杂的元语言判断,这不完全取决于被试理解生成等级含义的语用能力。因此,二元判断任务无法真正探究到听者等级含义推导的语用能力。相关实证研究证据也证明了这一点(Davies & Katsos,2010;Katsos & Bishop,2011)。例如,Katsos 和 Bishop (2011)的第一个实验采用了二元判断任务,被试需要根据故事中的信息,根据 Caveman 先生说的"The mouse picked up some of the carrots"做出二元判断("正确"或"错误"),见例(1)。

(1) Scenario: The experimenter, Mr. Caveman, and the participant watch a short animation in which a mouse, who likes vegetables,

picks up all of the carrots and none of the pumpkins in the display.
a. Experimenter to Mr. Caveman: What did the mouse pick up?
b. Mr. Caveman: The mouse picked up some of the carrots.
c. Experimenter to participant: Is that right?

故事中提到老鼠拿起了所有的胡萝卜,所以 Caveman 先生的话逻辑上是正确的,但是语用上是不恰当的,因为它违反了量的准则,是一个信息不足的句子。如果被试按逻辑理解这句话,他们会判断句子是"正确"。如果他们能够推导出语用解读,他们应该判断这个句子为"错误"。实验一发现儿童被试比成人被试更频繁地接受这句话,与前人的发现一致。Katsos 和 Bishop(2011)的第二个实验采用了三级判断任务(ternary judgment task),要求儿童被试根据 Cavemen 先生所说的话,从三个大小不同的草莓中选择一个来奖励 Cavemen 先生。结果发现,与在二元判断任务中儿童普遍接受信息不足句的表现不同,三级判断任务中的儿童并没有奖励给 Cavemen 先生最大的草莓,而是选择中等大小或最小的草莓。Katsos 和 Bishop(2011)发现一旦当回答从二元判断变成三级判断,儿童被试不再表现出以往二元判断任务中的倾向(即接受信息不足的句子),而是表现出和成人被试一样的语用容忍度(即信息不足的句子优于逻辑错误句但劣于逻辑和语用都正确的句子)。这意味着儿童具有和成人一样的信息敏感度;但是,儿童并不认为信息不足的句子严重到足以完全拒绝。相反,他们对信息不足的语句具有比成人更高的容忍度,所以儿童才会在二元判断任务中接受信息不足的句子。在该文中,Katsos 和 Bishop 将以上发现概括为"语用容忍度原则"(Pragmatic Tolerance Principle)。值得注意的是,二元判断任务本身存在的问题不仅影响儿童在等级含义推导中的表现,也影响具有成熟语用认知能力的成人(Sikos et al., 2019)。

有关成人母语者等级含义的研究主要集中在讨论等级含义的推导是否要耗费更多的认知资源上。不少研究发现推导等级含义需要耗费更多的认知资源(Noveck & Posada, 2003; Bott & Noveck, 2004; Breheny et al.，2006；Huang & Snedeker，2009a；Bergen & Grodner，2012）。例如，Bott 和 Noveck(2004)在他们的第一个实验中，通过测量"句子验证任务"(sentence-verification task)中被试的反应，研究以法语为母语的成年人对等级含义的推导。该任务包含信息不足(语用不恰当)的目标句，如例(2a)。这种信息不足的句子在生成语用解读[例(2b)]后为假，在生成逻辑语义解读(例(2c))的情况下为真。因此，如果被试生成了等级含义，他们会对(2a)中的陈述回答"假"，因为所有大象都是哺乳动物。如果被试回答"真"，这意味着被试生成了逻辑语义解读，将 some 解释为(2c)中的"some and possibly all"。

(2) a. Some elephants are mammals.
  b. Not all elephants are mammals.
  c. Possibly all elephants are mammals.

  此外，为了研究被试的反应速度，要求被试在两种不同的指令下对句子做出判断。在"逻辑"条件下，实验人员要求被试将"some"理解为"some and possibly all"，而在"语用"条件下，被试需要将"some"理解为"some but not all"。Bott 和 Noveck 的方法论基本原理是，如果语用解读是自动生成的(默认论)，那么在"逻辑"条件下正确的回答需要更长的时间。如果在"语用"条件下比在"逻辑"条件下提供正确回答的时间更长，则表明"some and possibly all"是自动生成的(关联理论)。研究结果支持关联理论。也就是说，被试在"语用"条件下评估信息不足的句子比在"逻辑"条件下需要更多的时间。这进一步表明，在加工过程中生成等级含义并非易事，等级含义的推导需要额外的认知资源(同见 Degen & Tanenhaus，2011；Bott et al.，2012)。

  另一项使用鼠标跟踪(mouse-tracking)的研究也有相似的发现。鼠标跟踪实验的典型设计是在屏幕的左上角和右上角放置两个选项，见图2。光标从屏幕底部的中央开始。在听到或看到一个句子后，被试移动光标点击左上角或右上角的答案。实验记录光标从屏幕底部到答案的轨迹。

如果被试对自己的答案比较确定,鼠标到目标答案的移动路径将会接近直线。相反,如果被试对答案的选择有困难或比较犹豫,他们的鼠标路径会偏离直线。通过使用鼠标跟踪方法,Tomlinson 等(2013)发现,当被试生成"some"的下限解读("some and possibly all")时,鼠标指向目标答案的路径更加接近直线。然而,对于"some"的上限解读("some but not all"),被试在转向上限解读的选项之前,先转向下限解读的选项。结果表明,生成上限解读可能存在两个步骤,但生成下限解读只存在一个步骤,生成下限解读更加自动。

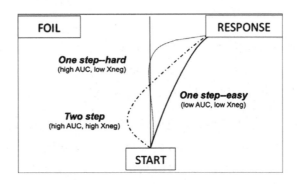

图 2 鼠标跟踪的实验设计

(Tomlinson et al., 2013, p. 22)

推导等级含义需要额外的认知资源的发现在许多使用了双任务范式(dual-task paradigm)的研究中再次得到印证(De Neys & Schaeken, 2007; Dieussaert et al., 2011; Marty & Chemla, 2013; Cho, 2020)。De Neys 和 Schaeken(2007)的研究首次使用双任务方法探究了等级含义计算中的记忆负荷效应。该研究的双任务分别是句子判断任务和点记忆任务,即被试在判断一句语用不适当的句子(比如"Some oaks are trees")是真或假时,同时还需要记住一个 3×3 矩阵中的图形(由 3 个或 4 个点组成)。一半的被试记忆简单的图形(3 个点全部是水平的或全部是垂直的),这种简单的图形对认知和记忆资源的负担最小;另一半的被试记忆复杂的图形(4个点且排列无规律),这对工作记忆的要求更高且在认知上比第一种情况更加费力。结果表明,在记忆负荷增加的情况下,被试选择语用解读的比例要低于在记忆负荷不增加的情况下的比例。从反应时间来看,被试在记忆负荷增加的情况下理解语用不适当句子的时间更久(与 Bott 和 Noveck(2004)的结果一致)。因此,De Neys 和 Schaeken(2007)认为等级含义的语用解读在认知和记忆上比逻辑解读要求更高。在 De Neys 和 Schaeken(2007)的基础上,Dieussaert 等(2011)研究了记忆负荷是否只影响低工作记忆的个体。他们发现认知负荷的程度和工作记忆容量之间存在相互作用。认知负荷的增加降低了生成语用解读的比例,这种效应与被试的工作记忆能力有关。

除以上研究方法外,具有高时间分辨率的研究方法能够为研究者呈现出有关等级含义加工更加精细的在线加工过程。以视觉情境范式眼动追踪方法(visual-world eye tracking)为例,被试在听到或读到实验材料时,眼动仪会记录他们对图片或物体的实时眼动过程。采用视觉情境范式眼动追踪方法的研究在有关等级含义的推导速度上呈现出不同的结果。一些学者发现,比起逻辑语义解读,语用解读的生成存在延迟(Huang & Snedeker,2009a,2011),而其他研究则发现语用解读不存在延迟(Grodner et al.,2010;Breheny et al.,2013;Degen & Tanenhaus,2015,2016;Sun & Breheny,2020)。

除了视觉情境范式眼动追踪方法之外,不少研究采用另一种间接的、高时间分辨率的研究方法,即事件相关电位(event-related potentials,ERPs),它可以测量和记录头皮上的电极活动(电压波动)(Noveck & Posada,2003;Nieuwland et al.,2010;Politzer-Ahles,2011;Hunt et al.,2013;Politzer-Ahles et al.,2013;Politzer-Ahles & Gwilliams,2015)。当呈现某个刺激时,大脑的某些区域会对这个刺激产生特定的反应,此时的脑电波被称为事件相关电位。在这种范式中,N400 是在语言加工相关的 ERPs 成分中广受关注的,它指的是在刺激材料中关键单词开始后 400ms 左右达到峰值的负电位。当单词更适合句子时,它的幅度会减小；意外的单词比预期的单词引出更大的 N400。例如，对于句子"John cut the ham with a knife"，当最后一个单词是"sweater"时会出现更明显的 N400 效应。因此，N400 经常被用来研究语义和词汇信息的加工。有关等级含义的 ERPs 研究主要集中在探讨信息不足的句子是否比语用和逻辑上都可接受的最优句子引发更大的 N400（Noveck & Posada，2003；Nieuwland et al.，2010；Hunt et al.，2013）。Noveck 和 Posada（2003）发现，与最优句子和逻辑错误的句子相比，信息不足的句子呈现出更平坦的 N400，这表明信息不足句子的加工几乎不涉及语义的整合。然而，也有研究发现信息不足的句子是否会引发明显的 N400 取决于外部因素，如个人语用能力和实验环境。Nieuwland 等（2010）发现，具有高语用能力的被试（以自闭症光谱量表中沟通分量表的结果为衡量标准，Autism-Spectrum Quotient Communication subscale；Baron-Cohen et al.，2001）在对信息不足句子的加工中表现出更明显的 N400。

2.3 不同类型的等级含义

2.3.1 直接等级含义和间接等级含义

前文中出现的等级含义大多是弱等级词表达出否定强等级词的含义，比如例（1）中听者听到"sometimes"后生成"not always"的解读，这类等级含义被称为直接等级含义（Direct Scalar Implicatures, DSI）。通过否定最强等级词推导出来的带有弱项的会话含义称为间接等级含义（Indirect Scalar Implicature, ISI），比如例（2a）中通过强等级词"always"的否定形式可推导出"not always but sometimes"。如前文所述，等级含义的一项基本特征是可消除性，即在一定语境下，直接和间接等级含义可以被消除从而形成逻辑语义含义，如例（1c）中的"sometimes and possibly always"和例（2c）中的"not always and possibly never"。

(1) a. Bob sometimes went to school.

b. Bob didn't always go to school.（DSI/语用解读）

　　c. Bob went to school at least once and possibly always.（逻辑语义解读）

(2) a. Bob didn't always go to school.

　　b. Bob sometimes went to school.（ISI/语用解读）

　　c. Bob failed to go to school at least once and possibly never.（逻辑语义解读）

　　虽然间接等级含义的生成与直接等级含义的生成是一样的,但是间接等级含义的句子中包含否定。否定形式的出现可能会在句子判断任务中产生重要的影响(Clark & Chase,1972;Carpenter & Just,1975)。因此,直接等级含义和间接等级含义虽然共享一个相似的生成机制,但是句子结构上的差别可能会在加工层面体现出不同的影响。Cremers 和 Chemla(2014)的实验一使用与 Bott 和 Noveck(2004)相似的句子判断任务,研究间接等级含义的生成机制并与直接等级含义的生成机制进行比较。在实验句中,例(3)是含有直接等级含义的句子,与 Bott 和 Noveck (2004)的句子一样。例(4)是含有间接等级含义的句子。然而,这类句子潜在的问题是语用解读与世界知识相违背。比如例(3)的语用解读是并非所有的大象都是哺乳动物("Not all elephants are mammals"),虽然被试可以生成语用解读,但是这个解读显然是不符合常理的,所以也许会影响被试的回答。因此,Cremers 和 Chemla 的实验中还包含了另外一类句子,见例(5)与例(6)。这些句子与(3)和(4)有相同的特点,即在逻辑解读下仍为真,在语用解读下仍为假。不同的是它们的语用解读并不违反世界知识和常识。实验收集了被试的回答和回答需要的时间。

(3) 直接等级含义: Some elephants are mammals.

(4) 间接等级含义: Not all elephants are reptiles.

(5) 直接等级含义: John-the-zoologist believes that some elephants are mammals.

(6) 间接等级含义：

    a. John-the-zoologist believes that not all elephants are reptiles.

    b. John-the-zoologist doesn't believe that all elephants are reptiles.

结果表明，被试生成直接等级含义和间接等级含义的比例不存在明显差别。从反应时间数据来看，对于直接等级含义，实验结果与 Bott 和 Noveck(2004)的结果一样，生成等级含义需要额外的认知努力[例(3)和例(5)之间无差别]。然而，间接等级含义的结果则显示生成带有否定结构的等级含义不需要额外的加工努力，反而是生成逻辑解读需要更长的时间。实验一的结果可能受到了其他因素的影响(比如控制题的设置、肯定和否定句中动物的名字和种类的影响)。实验二修改了实验设计，以避免出现实验一的问题。实验二中提供明确的背景信息，而不是要求被试依靠世界知识和常识做出判断。另外，实验二在实验开始前设置了一个训练阶段。被试在训练阶段会得到明确的指导，一半的被试被要求在理解句子时依据逻辑解读，另外一半被要求依据语用解读。研究结果表明，直接等级含义和间接等级含义的生成机制具有普遍的一致性：等级含义的推导机制和加工需要的认知成本是相似的。无论是哪种类型的等级含义，其生成都更加费力，需要更长的时间。

与 Cremers 和 Chemla(2014)的结果不同，其他研究发现成人和儿童母语者在这两类等级含义的推导上存在差别。Spector(2007)认为间接等级含义是强制生成的，而直接等级含义是非强制的。所以，生成直接等级含义比生成间接等级含义需要更多的认知努力，但是消除强制的间接等级含义比消除直接等级含义更难。Chemla(2009)和 Romoli(2012)则认为间接等级含义是预设(presuppositions)的一种。强等级词预设弱等级词，所以"sometimes"不是会话含义，而是"not always"的预设。比如，"John always drinks coffee"预设"John sometimes drinks coffee"。更重要的是，对语句进行否定时不会否定预设。例如，否定句"John does not always drink coffee"仍然预设"John sometimes drinks coffee"。本书将在第三章对等级含义和预设之间的关系做详细讨论。

2.3.2 等级含义的多样性

除了直接和间接等级含义的分类外,不同的词性(part of speech)也可以生成等级含义,例如形容词、连词、动词等,见表2。表2将等级词分为负等级词(negatively scalar)和正等级词(positively scalar)。对于正等级词,以"some"为例,其推导出的等级含义"not all"是带有否定的负命题(negative proposition);负等级词"not all"的等级含义"some"是肯定的正命题(positive proposition)。

表 2　不同类型的等级词(van Tiel et al., 2019)

等级词分类	正等级词	负等级词
形容词	<intelligent, brilliant> <warm, hot> <good, excellent>	<silly, ridiculous> <cool, cold> <bad, horrible>
副词	<possible, certain>	<improbably, impossible>
连词	<or, and>	
量词	<some, all>	<not all, none>
名词	<vehicle, car>	
动词	<like, love> <try, succeed>	<dislike, loathe> <cut down, quit>

有关等级含义的实证研究的一个突出特点是,大多数研究都关注同一等级上的等级含义表达,即<some, all>。只有少数研究调查了<or, and>(Noveck et al., 2002;Breheny et al., 2006;Chemla & Spector, 2011),<might, must>(Noveck, 2001)和<start, finish>(Papagragou & Musolino, 2003)。不少研究中的基本假设是<some, all>的等级含义的推导代表所有等级词项。然而,表2中许多等级含义词项的推导未曾在实验中得到过验证。直到 Doran 及其同事和 van Tiel 及其同事的研究出现(Baker et al., 2009;Doran et al., 2009, 2012;van Tiel et al., 2016,

2019),这一问题才得到了关注。van Tiel 等(2016)通过一系列实验研究了43组等级含义词项(包括形容词、动词、副词和量词)的等级含义推导情况。实验一中,被试阅读含有较弱等级项的句子。比如,"She is intelligent"中含有＜intelligent,brilliant＞这组等级表达中的"intelligent",被试需要判断能否从这些句子中推导出含有较强等级项的句子的真假(比如"She is not brilliant"是否正确)。结果表明,43组等级含义词项语用推导的比例上存在显著差异,从7对形容词(例如,＜content,happy＞＜small,tiny＞)的4%到96%的＜sometimes,always＞再到100%的＜cheap,free＞不等。

关于等级项之间推导的比例存在巨大差别的发现,van Tiel 等(2016)探讨了多种造成这种差别的因素,共分为两大类,即等级项的可获得性(availability of lexical scales)和同一等级上等级项的显著性(distinctness of scale members)。第一大类包括等级词项之间的关联强度(associative strength)、语法形式类别(grammatical class)、词频(word frequency)和语义相关性(semantics relatedness)。以下依次简要介绍这几个影响因素。

衡量词汇等级的一个最直接的指标是说者话语中的等级表达与其更强的等级词之间的关联强度。关联强度越大,说者越有可能考虑更强的等级词。比如,两个位于不同等级上的等级词"warm"(＜warm,hot＞)和"big"(＜big,enormous＞)。"Warm"和其强等级词"hot"之间的关联强度比"big"和"enormous"之间的更大,所以人们生成"warm"的等级含义比生成"big"的等级含义要更频繁。

语法形式类别涉及开放词类(open class)和封闭词类(closed class)之间的区别。封闭词类中每一类词的数量(如量词和助动词),比起开放词类词的数量(如形容词、副词和动词)要少很多。相应地,对于封闭词类来说,理解其等级含义需考虑的备选等级词要比开放词类少很多。因此,封闭词类的等级含义应当要比开放词类的等级含义更容易锁定等级项。

词频作为影响等级含义生成的因素,等级词的词频越高,其同一等级上的其他等级词就越容易获得,因而生成等级含义就越容易。比如,同样还是"warm"和"big"这两组等级词,比起"big"和"enormous",在使用"warm"的场景中联想到更符合语境的"hot"会更容易。在使用"enormous"更加贴切的语境中,说者仍然较少使用词频较低的"enormous"。

语义相关的词往往会出现在相似的语境中。比如,"warm"和"hot"常常与食物、天气、水和沙子等词一起出现,而"warm"和"stunning"却没有这样的共同搭配。已有研究证明经常出现在相同环境中的词语在词语识别任务中也存在相互联系(Landauer et al., 1998)。

第二大类"同一等级上等级项的显著性"包括语义距离(semantic distance)和有界性(boundedness)。

语义距离的概念来自 Horn(1972)。参考以下三句话,例(1a)隐含例(1c)的否定义("Not all of the senators voted against the bill"),而不是例(1b)的否定义("Not most of the senators voted against the bill"),这是因为(1b)的否定义逻辑上来说强于(1c)的否定义。所以,当听者推导出(1b)为假时,听者一般也会认为(1c)也为假。但是,反过来当听者推导出(1c)为假时,(1b)并不一定也为假。推导等级含义的比例与说者话语中使用的等级项和更强等级项之间的语义距离有关。

(1) a. Many of the senators voted against the bill.
　　b. Most of the senators voted against the bill.
　　c. All of the senators voted against the bill.

对比<cheap, free>和<content, happy>,两组等级词的一大区别是在<cheap, free>这组中,强等级词"free"表示等级词量化的等级上的一个终点,因为没有比"free"更加便宜的状态。但是,<content, happy>中的强等级词"happy"并不是高兴状态的最终点。所以,van Tiel 等(2016)将这些具有终端的等级词称为有界(bounded)表达,而像<content, happy>这样的为无界(non-bounded)表达。有界或无界取决于一组等级词中的强等级词是否是该等级上的终点(end point/terminal node)。

van Tiel等(2016)通过一系列实证研究探讨了这些因素对等级含义推导的影响。van Teil等研究中的实验三关注第一大类的影响因素,包括等级词项之间的关联强度、语法形式类别、词频和语义相关性。实验三采用句子完形填空任务(modified cloze task)。句子中的等级词用下画线来强调,被试需要列出三个他们认为合适的、能够替换有下画线的等级词的表达。比如,在"She is intelligent"中,"intelligent"被下画线标出,被试需要想出三个形容词能够替代"intelligent"。实验假设是关联强度越大的等级词,越有可能出现来替代下画线词。研究发现关联强度与等级含义生成的比例无关。当把等级词分为开放词类和封闭词类时,虽然封闭词类生成等级含义的比例(76%)比开放词类的比例(40%)要高,但是因为所有的封闭词类也都是有界的等级项,所以这里出现的高比例可能与另外一个因素(有界性)有关。另外,实验结果也发现词频(包括等级词的绝对频率和相对频率)和语义相关性也都对等级含义生成的比例无重要影响。

实验四关注第二大类"同一等级上等级项的显著性"(包括语义距离和有界性)对等级含义推导的影响。实验四的测试题目有两句话,分别包含一个强等级词和一个弱等级词,被试需要判断包含强等级词的句子比包含弱等级词的强度高多少。比如,测试题目呈现"She is intelligent"和"She is brilliant",被试需要在7级李克特量表上打分(1=同等强,7=很强)。结果显示除了<snug, tight>这对形容词外,被试对其他所有同一等级上的等级词都能有所区分。被试评分的平均分对等级含义生成的比例起到重要作用,这说明语义距离影响了等级含义的生成。关于等级词的有界或无界问题,当把实验一和实验二中使用的等级词按照有界和无界区分后,发现有界等级词(比如<cheap, free>)生成等级含义的比例远高于无界等级词(比如<some, most>)(62% vs. 25%)。这说明等级词的有无界对等级含义的生成起到重要的作用。

van Tiel等(2019)进一步研究了多组等级词在推导等级含义时认知成本上的差别。研究包括7组等级词(即<low, empty>,<scarce,

absent＞,＜or, and＞,＜might, must＞,＜some, all＞,＜most, all＞,＜try, succeed＞)。van Tiel等(2019)采用了De Neys和Schaeken(2007)的双任务研究范式,通过记忆块状矩阵的任务操纵记忆负荷,并将被试分为三组(无负荷、低负荷、高负荷)。结果表明,推导"might","some"和"most"的等级含义(而不是"low","scarce"和"try")受到了认知负荷增加的影响。研究者们试图用"等级性"(scalarity)的概念来解释该结果。根据等级性,等级含义表达分为正等级词(positive scalar words)和负等级词(negative scalar words),正/负等级词隐含不同类型的界限。正等级词,比如"some",具有下限解读,并且其等级含义"some but not all"带有负命题。而负等级词,比如"not all",具有上限解读,其等级含义"not all but some"的等级推导带有正命题。来自正等级词"some"的推导"not all"涉及对话语意义的否定,已有文献表明加工否定的信息是费力的(Moxey,2006;Geurts et al., 2010)。基于正等级词的语用推导在认知上比加工负等级词的推导要求更高。因此,与推导等级含义相关的认知成本取决于等级性的类型,所以并非所有等级词的语用推导都具有相同的推导模式。

2.4 特设含义

等级含义属于一般性会话含义(generalized conversational implicatures),而特设含义属于特殊性会话含义(particularized conversational implicatures),其推导来自于真实世界中的语境。例如,

(1) The bag with an apple is pretty.

假设语境中有两个袋子,一个装有一个苹果,另一个装有一个苹果和香蕉。例(1)意味着漂亮的袋子是只有一个苹果的袋子,不是同时有一个苹果和香蕉的袋子。特设含义和等级含义的一个相同点在于它们的推导过程相似。Grice提出的量的准则(Grice,1975)要求说者提供符合当下会话条件充足的信息量。如果例(2)中的说者遵循量的准则,使用相对较

弱的等级项"some",而不是更强的"all",这表明说者认为"I ate all of the cookies"是不正确的。假设说者想要表达的意思是我吃了所有的饼干,但表达出了(2a),从逻辑上说,(2a)是正确的,但在语用上是不恰当的,因为这句话提供的信息不足,违反了量的准则。这个推导过程也可以运用在推导特设含义上:在上述例(1)相同的语境中,听者会推导出漂亮的袋子里面只有一个苹果。如果漂亮的袋子里面有一个苹果和一个香蕉,那么例(1)提供的信息是不足的。例(3)才提供了最佳的信息量。

(2) a. I ate some of the cookies.

　　b. ~ I ate some but not all the cookies.

(3) The bag with an apple and a banana is pretty.

值得注意的是,虽然例(1)和(2a)都在某些语境下提供的信息量不足,但是两种会话含义推导出备选义(alternative readings)的方式是截然不同的:等级含义中的备选义是在一定范围内(比如某一个等级上)预先确定的(荷恩等级),而特设含义中的备选义是由某一特定语境中的情况来确定的。虽然有关一般性和特殊性会话含义的理论不尽相同(Sperber & Wilson, 1986/1995; Levinson, 2000),但大多数理论都认为这两类会话含义之间的一个显著区别是,等级含义需要有关荷恩等级(例如,<some, all>)的语言知识,而特设含义是从特定语境中推导出来的,不涉及习得语义知识的要求。

虽然儿童母语者在生成等级含义上存在一定的困难,但他们在3岁半的时候就已经能够像成年母语者一样生成特设含义。Stiller等(2015)设计了一个基于图片的指示物选择的实验来研究学龄前儿童推导特设含义的语用能力。实验包括三组不同年龄的儿童:2岁、3岁和4岁。如图3所示,儿童看到三张不同的脸:一张没有戴任何物品的脸,一张只戴了眼镜的脸,一张戴有眼镜和帽子的脸。儿童在听到一个木偶说出"My friend has glasses"后,需要在三张脸中选出木偶的目标朋友。结果发现,3岁半的儿童只选择戴眼镜的脸,而不选择戴眼镜和帽子的脸,这表明他们具有推导特设含义的能力。然而,Stiller 等的研究存在的一个问题是实验材料中目标图片和干扰图片的显著性和备选含义之间存在不一致(Yoon & Frank,2019)。戴眼镜的目标图片比戴眼镜和帽子的干扰图片拥有更少的物品,因此,感知上显著的干扰图片很可能更加吸引儿童的注意力,并且使得儿童更难拒绝该干扰图片。

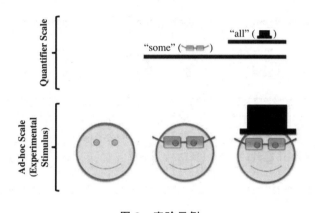

图 3　实验示例

(Stiller et al.,2015)

Yoon 和 Frank(2019)通过控制目标图片和干扰图片上的物品的数量,研究显著性(salience)对儿童生成特设含义的影响。实验句"Elmo's lunchbox has an apple"意为 Elmo 的午餐盒里只有一个苹果,没有其他东西。目标图片总是只有一个物品(比如一个苹果)。干扰图片有两个实验条件,如图 4 最右列的图片所示,在较少物品的条件下(fewer-feature),干扰图片中的午餐盒有两个物品(一个苹果和一个橙子);在较多物品(more-future)的条件下有三个物品(一个苹果、一个橙子和一块饼干)。在较多物品的条件下,由于有更多的物品没有在实验句中被提到,因此生成特设含义解读会变得更加强烈,年龄较大的儿童会更加快速和准确地生成特设含义,而年龄较小的儿童受到较多物品的显著性的影响,他们更有可能受到干扰图片的吸引,从而更多选择错误的干扰图片。结果表明,

2岁儿童的回答受到干扰图片中物品的显著性的影响,因为他们在较多物品的实验条件下比在较少物品的条件下更频繁地选择干扰图片。换句话说,随着干扰物数量的增加,他们生成特设含义的比例下降。但是,与实验预测一致,干扰物品显著性的增加有助于年龄较大的儿童(3岁到5岁)生成特设含义。

图 4　实验示例

(Yoon & Frank,2019)

Veenstra 等(2017)从语用容忍度的角度研究了儿童特设含义的推导。图 5 显示 Veenstra 等(2017)在两个实验中的实验设计(实验一为二元判断任务,实验二为三级判断任务)。目标条件是当篮子里有两个物品时(一只鞋子和一个网球),需要判断的句子是"In the basket, there is a ball"。与 Katsos 和 Bishop(2011)的设计类似,4 岁到 9 岁的荷兰儿童需要从三个大小不同的草莓中选出一个来奖励故事中的角色。结果表明,在二元判断任务中接受信息不足句子的儿童在三级判断任务中并没有选择最大的草莓来进行奖励,这表明儿童对信息量敏感,但同时对违反语用准则的句子具有较高的容忍度。

以上研究的发现说明儿童在生成特设含义时没有遇到与生成等级含义相同程度的困难。也有不少研究在实验中直接对比儿童生成特设含义

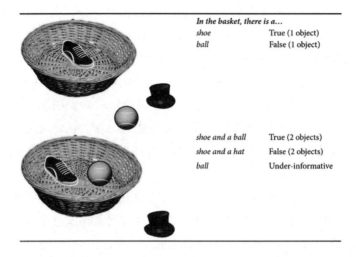

图 5 二元判断和三级判断任务中的实验示例
（Veenstra et al.，2017）

和等级含义的情况。比如 Horowitz 等（2018）的实验设计与 Stiller 等（2015）的设计相似，同样采用图片选择任务，直接对比了儿童生成这两种会话含义的情况（相似的实验设计另见 Jackson & Jacobs, 1982; Surian & Job, 1987）。Horowitz 等对 4 岁和 5 岁的儿童进行实验，实验发现与前人的发现一致，即儿童生成特设含义的表现显著优于生成等级含义的表现。研究者们认为总体来说，他们的实验结果支持了备选假说（Alternative Hypothesis; Barner & Bachrach, 2010; Barner et al., 2011）。此假说认为儿童的语用推导依赖于他们考虑说者选择词项的备选意义的能力。正如前文提到的"词汇主义"所述，尽管儿童可能知道"some"和"all"的含义，但他们仍然需要习得的是将这两个词联系到同一等级上。Horowitz 的研究结果表明，当备选意义在语境中非常显著时，儿童通过语境信息进行语用推导并不存在困难。儿童对量词"some"理解为"some but not all"的比例与他们对否定量词"none"的表现之间存在相关性。虽然"none"一般不被看作是等级词组＜some, all＞上的一个等级词，但是它与"some"

和"all"属于同一个语义大类。最近的研究也表明"none"实际上是语用推导中非常重要的一个考虑选项(Franke, 2014)。儿童语言发展的实验也表明,当控制量词的语义知识与"none"形成对比时,儿童生成"some"的等级含义可以达到成人的水平(Skordo & Papafragou, 2016)。总体来说,Horowitz 等的研究发现再次印证了量词的语义知识限制了儿童在某一个词汇等级上识别和对比相关备选义的能力。作者认为儿童生成等级含义的问题根源可能是在语义层面存在的一些困难,而不是语用层面的困难或缺乏加工资源。

Foppolo 等(2020)在 Horowitz 等(2018)的实验基础上探讨了儿童的认知和语言发展情况对理解两类会话含义的影响,包括使用 Raven Coloured Progressive Matrices(Belacchi et al., 2008)来测试儿童的非语言智商,使用词汇和语言理解题目(Marini et al., 2015)来测试儿童的词汇和形态句法能力,以及使用一系列与心智理论(Theory of Mind)相关的题目(Wellman & Liu, 2004)来测试儿童的元表征能力。年龄在 3 岁至 9 岁的儿童参加了实验。研究结果发现 6 岁以上的儿童在两类会话含义上的表现基本一致,而 6 岁以下的儿童则在理解等级含义上存在困难。这与前人的发现一致。儿童的形态句法能力正向预测了他们对这两类会话含义进行语用推导的能力。相反,研究发现心智理论的指标与儿童生成等级含义的成功与否有关,但是其对特设含义的推导并无影响。

2.5 二语习得中等级含义的推导

近十年来,成人二语者如何理解和加工等级含义的问题引起了学界的关注。一方面,与母语儿童不同,成人二语者在习得母语的过程中形成了完整的认知系统,对语言的普遍语义和语用形式有着成熟的心理表征。换句话说,母语习得和语用原则的普遍性有助于二语者进行第二语言的语用推导。然而,根据"接口假说"(Sorace, 2011),语义—语用接口是一个外接口,涉及语法和语言外领域之间的相互作用,即使对高水平的二语者来说仍然具有挑战。外接口的学习困难归因于二语知识中有限的认知资源导致的加工困难。在假设推导等级含义是费力的情况下,二语者可能会在推导等级含义上遇到挑战。

国外对于等级含义的习得研究较为深入(例如 Chierchia et al.,2001;Noveck,2001;Papafragou & Musolino,2003;Bott & Noveck,2004;Guasti et al.,2005;Huang & Snedeker,2009a,2009b 等),但在二语习得界,等级含义的实证研究刚刚起步(Slabakova,2010;Miller et al.,2016;Snape & Hosoi,2018;Feng & Cho,2019)。国内,对等级含义习得的研究主要来自于汉语作为母语的一语习得研究(吴庄、谭娟,2009;陈冰飞、郭桃梅,2012;李然,2013)和基于认知和心理学角度的研究(赵鸣,2012;汪春梅,2014;刘家楠,2015),较少有二语习得的实证研究(陈宁、范莉,2015)。

现有的语义—语用接口上的二语习得的研究表明,与"接口假说"不同,二语者能够成功生成等级含义,而且这种成功习得在不同的母语—二语组合下,在不同的语言水平程度和不同的等级项复杂性的情况下没有显著变化(Lieberman,2009;Slabakova,2010;Lin,2016;Miller et al.,2016;Snape & Hosoi,2018;Feng & Cho,2019)。事实上,不少研究表明二语者比母语者更频繁地生成等级含义。例如,Slabakova(2010)研究了母语为韩语的英语学习者理解"some"和"all"的情况。这是第一项探讨二语者等级含义生成的研究,也为后续的相关研究提供了重要的借鉴意义。Slabakova(2010)实验一的目标句是包含普遍事实陈述的句子,比如"Some elephants have trunks"这样信息不足的句子,加工此类句子需要基于世界知识和常识。与第一个实验中的普遍事实陈述不同,第二个实验采用 Feeney 等(2004)实验二的设计,提供了语境。对于这两个实验来说,接受信息不足的句子意味着被试生成了逻辑语义解读,而拒绝该句则意味着语用解读的生成。结果表明,母语为韩语的英语学习者在二语(英语)中生成"some"的语用解读的比例高于他们使用母语生成语用解读的比例,而且他们比英语母语者生成"some"语用解读的比例更高。在有语境的实验二中，二语者生成语用解读比例从实验一中的60%增加到了大约90%，这说明实验二中语境的出现进一步增强了二语者对语用解读的偏好。Slabakova认为，二语者的语用解读偏好是来自于等级含义的消除带来的困难。等级含义的推导主要涉及构建备选义使语用上不恰当的信息不足的句子变得可以接受。例如，在"Some elephants have trunks"这个实验句场景下，一个使这个句子变得可以接受的语境是一些大象由于受伤或先天缺陷而没有象鼻。与具有完整加工资源能力的母语者不同，二语者的加工资源有限，他们较少能够想出类似的备选义来消除等级含义的生成以接受逻辑语义解读。因此，二语者更频繁地拒绝信息不足的句子。

  Feng和Cho(2019)关注二语者理解直接等级含义和间接等级含义的情况。实验采用黑箱范式(Huang et al., 2013)。此实验方法被多次使用在对母语者的语义—语用研究中(Schwarz, 2014, 2015; Zehr et al., 2016; Romoli & Schwarz, 2015)。此实验方法与普通的图片选择题类似，即根据一个句子进行图片选择。该实验方法特殊在黑色盒子的出现，被试被告知在黑色盒子下面隐藏了一张图片。如果可见图片符合句子的描述，被试选择此图；如果可见图片不符合，符合的图片一定是黑色盒子下面隐藏的图片，则被试选择黑色盒子。在测试等级含义的生成和消除时，此范式存在着优势，因为在生活中并不常见的逻辑语义含义可以通过可见图片展示出来，强制被试思考此图片是否符合句子。例如，当句子的逻辑语义解读被呈现在可见图片中，被试选择此可见图片的行为可理解为他们消除了等级含义，生成了逻辑语义含义。被试选择黑色盒子的行为(即拒绝可见图片)可理解为他们无法消除等级含义来获得难度更大的逻辑语义含义，而是仍旧生成等级含义。研究发现，英语母语者和母语为汉语的英语学习者都能成功生成两类等级含义。然而，当可见图片显示逻辑解读时，两组被试在间接等级含义条件下展示出不同的表现，即二语者比母语者更倾向于选择可见图片。从被试的反应时间来看，当可见图片显示等级含义时，其内容与实验句的理解一致，两组被试生成等级含义的速度较快。当可见图片显示逻辑解读时,母语者选择可见图片的时间明显短于二语者,而且母语者在两类等级含义中选择可见图片的时间也不存在差别,但是二语者在间接等级含义的条件下选择可见图片显著快于在直接等级含义的条件下。总体来说,研究发现二语者在理解直接等级含义和间接等级含义时出现不同的回答模式。二语者更易生成直接等级含义,且生成的时间较短,但是他们更易消除间接等级含义,且消除的时间较短。研究认为二语者消除直接和间接等级含义所走的路径不同,这是因为被试需要考虑不同数量的备选义(否定语境中的间接等级含义需要考虑计算更多的替代义)。

汉语和韩语母语者能够成功推导英语中的等级含义并不意外,因为他们可能受到汉语/韩语和英语中等级词项一一对应的积极影响(比如,汉语和韩语中的一个词对应于英语"some")。如果一个人母语中的等级含义词项对生成二语中的等级含义带来消极影响(例如母语和二语在等级词项上存在跨语言差异或者不是一一对应的关系),二语者的习得将会如何?日语和英语在等级词"some"上存在显著的差异。日语中对应英语"some"的是 ikutsuka(一些),见例(1)。

(1) Akai maru no   naka ni banana ga *ikutsuka* arimasu ka
    red circle-POSS inside of banana-NOM some   to be   Q
    'Are some bananas in the red circle?'

然而,与英语"some"既有部分("not all")又有非部分("possibly all")的解读不同,日语的"ikutsuka"只有非部分解读。也就是说,很难将(1)中的 ikutsuka banana(一些香蕉)理解为部分而非全部的香蕉。日语 ikutsuka 和英语"some"之间的差异为研究母语迁移如何影响等级含义的生成提供了一个宝贵的机会。母语为日语的英语学习者在受到母语的影响下有可能将"some"理解成"possibly all",所以 Snape 和 Hosoi(2018)预测,受母语只存在非部分解读的影响,母语为日语的英语学习者比英语母语者更容易接受信息不足的句子。Snape 和 Hosoi(2018)使用的是基于图片的可接受性判断任务,研究包括四组被试(英语母语者、日语母语者、日语为母语的中级英语学习者和日语为母语的高级英语学习者)。实验的目标句是"Are some of the strawberries in the red circle?",研究人员通过控制红色圆圈内的草莓数量来创建三个场景:红色圆圈中只有 1 个草莓;红色圆圈中有 2 个草莓;红色圆圈中有所有的 14 个草莓。在不同的场景下,被试需要做出二元判断(回答"是"或"否")。结果表明,当所有的 14 个草莓在红色圆圈内时,英语母语者回答"是"的比例是 60%,这意味着他们生成逻辑语义解读的比例高于语用解读。当实验使用日语进行时,日语母语者回答"是"的比例为 67%,与英语母语者的比例接近。中级水平和高级水平的二语者回答"是"的比例分别是 47%和 41%,他们比英语母语者和日语母语者更频繁生成语用解读。Snape 和 Hosoi 发现,尽管日语"ikutsuka"和英语"some"之间存在差异,但是两组二语者没有受到来自母语的消极影响。另外,两组二语者之间非常相似的回答模式进一步表明二语者的英语水平也没有影响二语者等级含义的生成。

西班牙语中对应英语"some"的等级词项更为复杂,这是因为西班牙语有两个对应"some"的等级词:"algunos"和"unos"。虽然这两个词都有"not all"的语用解读,但只有"unos"有"possibly all"的逻辑语义解读。"algunos"具有部分(partitive)这一特征,因此无法形成逻辑解读。假如在一个语境中,一个人养了四条狗。当邮递员到达时,四只狗中有三只对着门前的邮递员吠叫。在这种情况下,在表达有的狗对着邮递员吠叫的句子中,使用"algunos"或"unos"都是恰当的。如果四条狗全部都对邮递员吠叫,那么理解这句带有"some"的句子需要生成"some"的逻辑语义含义,因此只能使用"unos"。例(2a)中使用"unos"是恰当的,但例(2b)中使用"algunos"是不恰当的。

(2) Context — All four dogs bark at the postman.
    a. *Unos perros ladraron al cartero.*
       "Some dogs barked at the postman."
    b. * *Algunos perros ladraron al cartero.*

"Some dogs barked at the postman."

(Miller et al. , 2016, p. 131)

西班牙语和英语在"some"的表达上不存在一一对应的关系,这也许会给学习西班牙语的二语者带来挑战。Miller等(2016)通过一项可接受性判断任务测试了母语为英语的西班牙语学习者习得"algunos"和"unos"的情况。他们发现,虽然英语和西班牙语的等级词项系统不同,但二语者能够对这两个西班牙语的等级含义做出与母语者一样的判断。具体来说,二语者在非部分(non-partitive)的语境中接受"algunos"的比例较小,但无论在非部分和部分的语境中都同等接受"unos"。Miller等的研究结果以及Slabakova(2010)和Snape和Hosoi(2018)的研究结果都对"接口假说"提出了挑战。

近年来,针对Slabakova(2010)的实验设计,Dupuy等(2019)和Mazzaggio等(2021)进行了更加详细的讨论。Dupuy等(2019)认为,二语者对"some"语用解读偏好也许是实验设计的人为因素造成的。二语者的语用偏见只在Dupuy等的组内设计(within-subject design)的实验中得到了复制,但是在组间设计(between-subject design)的实验中此语用偏见则消失了。Dupuy等认为,组内设计使得二语者在两种语言之间切换,因此提高了他们对语用信息的敏感度,并增加了生成语用推导的可能性。然而,值得注意的是在Slabakova(2010)的实验中,母语为韩语的二语者只参加了使用英语的实验,而韩语母语者的数据则来自另一组在韩国参加实验的被试,所以Slabakova(2010)使用了组间设计,而不是组内设计。因此,实验设计的影响对于等级含义的生成仍需要进一步的研究。除了实验设计外,Slabakova实验中的二语者长期处于日常语言为英语的环境中,浸入式的(immersion)英语学习环境和经历可能使这些二语者的语用推导能力得到了增强,更加容易和快速地获得语用解读(Mazzaggio et al. , 2021)。Mazzaggio等(2021)对生活在母语国家的被试进行了测试,被试需要在听到信息不足的句子(例如"Some giraffes are animals")后,3秒内对句子做出"是"或"否"的二元判断。实验结果发现,二语者更有可能在母语而非二语中获得语用解读。这一结果与 Slabakova 的语用偏好的发现正好相反，Mazzaggio 等认为这个结果可能是受到了三个因素的共同影响，即浸入式的学习环境、实验中回答时间较短的压力和基于听力材料的语用推导。

　　Starr 和 Cho(2021)将研究目光转向了"讨论中的问题"，考察二语者在推导等级含义的过程中，能否加工语境中不同类型的信息。"讨论中的问题"会导致对同一话语的不同解读(Zondervan,2009)。正如前文提到的(2.2.3)，量词"some"的等级含义"not all"的推导取决于当下语境中"讨论中的问题"。Starr 和 Cho(2021)的实验采用可接受性判断任务，被试看一张图片，图片上面的五个正方形都是红色的，同时被试会听到"讨论中的问题"，比如"Are all the squares red?"或者"Are any of the squares red?"。目标句"Some squares are red"出现在屏幕上，被试需要在 7 级李克特量表上打分。"Any"与"all"的不同在于"any"不会明确限制"some"的上限语境。如果被试对于"讨论中的问题"敏感，当"讨论中的问题"是"all"时，目标句的得分应当要比"讨论中的问题"是"any"时要低。实验结果表明，英语母语者的回答模式证实了这一预测。但是，无论是哪种"讨论中的问题"类型，二语者对目标句都给出了相似的评分，这说明二语者对"讨论中的问题"并不敏感。作者推测这有可能是因为二语者对音频中出现的"讨论中的问题"("all"和"any")不敏感。

　　以上研究虽然在二语等级含义方面获得了一定的突破，但是因为所有研究均采用线下任务，所以无法了解二语者对等级含义如何进行实时加工。张军和伍彦(2020)着眼于语境对二语等级含义加工的影响，进一步探讨默认论和语境驱动论的解释力。实验一采用离线判断任务，以确定被试的解读倾向。被试在阅读完语境信息后，需要阅读问题"Do you agree the following statement is a good description of what happened?"，并做出二元判断("Yes"或"No")。实验语境涉及两类数量条件，分别为"13/13"和"7/13"，实验句是包含等级词项"some"的句子。实验句包括英语(由母语为汉语的英语学习者完成)和汉语(由汉语母语者完成)两个版本。实验一的结果发现二语者和汉语母语者生成逻辑解读的比例相似。被试个体的解读倾向结果表明两组被试中都有一部分被试获得语用解读,一部分获得逻辑解读,没有出现被试在两种解读中随机选择的情况。实验一总体表明二语者可以生成与母语者相似比例的语用解读。实验二的在线加工阅读任务参考了 Breheny 等(2006)和 Politzer-Ahles 和 Fiorentino(2013)的设计,包括"some"的上限语境和下限语境,以及把"only some"的上限、下限语境作为控制条件。"some"的上限语境实验句示例见例(3)。实验分析关注目标词"the rest"和触发词"some"的阅读时间。

(3) David asked Emily // whether he could // sell all the old books. // Emily said that // he could sell // some of these books. // The rest // would be given // to their friends.

结果发现目标词在下限语境中的阅读时间要长于上限语境中的阅读时间。触发词也有相似的阅读模式,即在下限语境中的阅读时间比在上限语境中的阅读时间更久。这两个发现都表明获得逻辑解读的时间要长于获得语用解读的时间,更重要的是二语者对语境的敏感度与母语者相似。结合两个实验的结果,我们不难看出虽然二语者生成等级含义高度依赖语境的发现对默认论提出了挑战,但是实验二中的在线加工模式又与默认论的观点相符。作者认为无论是默认论还是语境驱动论都无法很好地解释二语者加工等级含义的发现,基于制约的等级含义加工模型也许提供了新的视角。该模型没有将某一种解读作为优先生成的解读,而是要根据语境中不同强度的因素之间的互动来决定生成哪一种解读及其加工成本。母语者基于充分的经验,他们会根据语境中的信息更加自动地生成语用解读或逻辑解读。但是,二语者在线加工资源受限或在缺乏与母语者相似的语言经验的情况下,对两个解读进行权衡和计算需要更久的时间。

Cho(2022)通过一项自定步速阅读(self-paced reading)实验为二语

者实时加工等级含义提供了更多的实证研究数据。为了进一步探究 Mazzaggio 等(2021)提出的被试的浸入式英语学习环境和经历对语用推导的影响,Cho 的研究中选择了与 Slabakova(2010)中语言背景类似的被试,即生活在英语为母语环境中的、母语为韩语的英语学习者。基于母语者实时加工等级含义的文献,Cho 预测二语者在实时加工中会出现对信息不足的句子的敏感度。对于在加工中何时会出现这个敏感度,新格莱斯理论和关联理论做出不同的预测。新格莱斯观点认为等级含义的加工是默认的,也就是说等级含义的推导是自动的,并且迅速融入句子理解的过程中,因此,母语者应当在句子的关键区域出现对信息不足的敏感。关联理论则认为等级含义的生成是在语义分析句子之外的层面上产生的,需要考虑语境信息来生成等级含义,因此,关联理论预测母语者将会在句子末尾出现对信息不足的敏感。对于二语者的预测,Cho 从三个方面进行了分析:(1)Slabakova(2010)发现二语者存在语用偏好,并且实验结果支持了新格莱斯理论。如果二语者比母语者对信息不足的句子更加敏感、存在语用偏好的话,在本实验中二语者应当在关键区域或者是关键区域之后的区域出现对信息不足的敏感,而母语者会在句子末尾出现敏感度。(2)Mazzaggio 等(2021)发现二语者在二语中生成等级含义的比例低于在母语中生成的比例,实验结果支持了关联理论。按照 Mazzaggio 等的发现,二语者在此研究中将在实时加工中不会出现对信息不足的敏感度。(3)Dupuy 等(2019)发现二语者在等级含义的生成上与母语者并无显著差别。因此,在此研究中,二语者将出现与母语者一样的实时加工机制。在 Cho 的自定步速阅读实验中,每个实验题目包含两句话,第一句话为语境,第二句话为关键句。第一句话整体显示在屏幕上,第二句话则是由被试控制每个区域出现的速度。比如,"Elephants are large animals. All//Some elephants//have//trunks//and//ears",见表 3。每个双斜杠区分的是不同的显示区域。关键区域为第二句话中的第三个区域"trunks"。

表 3　四个实验条件下的实验句(Cho,2022,p.12)

Condition (statement value×quantifier)	R1 quantifier+NP		R2 have	R3 ×	R4 and	R5 Y
True-*all*	(10)	All elephants	have	trunks	and	ears.
Infelicitous-*some*	(11)	Some elephants	have	trunks	and	ears.
Felicitous-*some*	(12)	Some books	have	pictures	and	drawings.
False-*all*	(13)	All books	have	pictures	and	drawings.

　　分析的重点是比较正确"all"句(True-*all*)和语用不恰当即信息不足的句子(Infelicitous-*some*)的阅读时间。结果发现,对于母语者,在关键区域上阅读信息不足的句子所花的时间要长于正确"all"句,体现出母语者对信息不足的敏感。对于错误"all"句(False-*all*),比起正确"all"句,母语者也在关键区域上出现了较长的阅读时间,体现出母语者对语义错误(semantic falsity)的敏感度。二语者在任何区域上都没有出现信息不足的句子和正确句"all"之间的时间差异。只有在恰当的"some"句(Felicitous-*some*)和错误"all"句之间存在一些差别。总体来说,研究发现母语者是在关键区域出现了对语义错误和信息不足句子的敏感度。二语者在关键区域仅出现对语义错误的句子的敏感度,但是没有出现对信息不足句子的敏感度。二语者的结果与基于 Mazzaggio 等(2021)做出的预测更为符合。与一语加工相比,在二语中加工等级含义是更加费力的。二语者在 Cho 研究中的表现更加符合关联理论。另外,Cho 研究中的被试是生活在美国的二语者,然而他们并没有表现出对等级含义更为敏感。这进一步说明 Slabakova 的研究结果可能不是由于浸入式的学习环境导致的,而更有可能与 Mazzaggio 等提到的实验类型(听力材料)和实验设计(回答时间限时)有关。

2.6 实证研究报告

2.6.1 实验1：语用容忍度视角下一语和二语等级含义的加工

目前，一些针对成人二语者的研究发现，二语者会更多地获得等级含义的语用解读(如：Slabakova, 2010; Snape & Hosoi, 2018)。Slabakova(2010)的研究结果显示，以韩语为母语的英语学习者在无语境的实验中生成等级含义的比例在60%左右，远远高于韩语母语者和英语母语者的比例；在有语境的实验中，二语者的语用解读生成的比例高达90%。Slabakova认为这是因为在进行母语加工时，被试具备足够的认知加工资源，能够设想出具体的情境让信息量不足的句子变得合理。然而，二语加工受到认知加工资源的限制，使得二语者无法快速为信息量不足的句子设想出合理化的情境并撤销自动生成的语用解读。Snape和Hosoi(2018)在一项听力理解的实验中也报告了类似的研究结果，他们发现母语为日语的英语学习者比日语母语者和英语母语者更多生成语用解读。两项研究结果表明二语者存在语用解读偏好。然而，与这两项研究的发现相反，Miller等(2016)则发现二语者与母语者在等级含义生成的比例上相似。另外，近期的研究认为Slabakova(2010)提出的有关加工资源的解释存在疑问：二语者的语用解读偏好很可能是来自实验设计(Dupuy et al., 2019; Mazzaggio et al., 2021)。总体来说，已有的有关二语者生成等级含义的研究结果仍然存在分歧：一些研究发现二语者比母语者更依赖语用解读(Slabakova, 2010; Snape & Hosoi, 2018)，而其他研究发现二语者与母语者等级含义生成的比例相近(Miller et al., 2016; Dupuy et al., 2019; 张军、伍彦, 2020)，甚至二语者语用解读的生成比例低于母语者(Mazzaggio et al., 2021)。

近年来，针对等级含义推导的讨论，学界主要存在"默认论"和"语境驱动论"两种观点。前者主张等级含义是自动生成的(Horn, 1972;

Levinson，2000）；而后者认为等级含义需要依赖语境信息进行推导（Sperber & Wilson，1986/1995；Carston，1998；Goodman & Stuhlmüller，2013）。无论是"默认论"还是"语境驱动论"，其主要实证依据均来自二元判断任务。作为研究等级含义最广泛使用的研究设计，二元判断任务在一语和二语的研究中被普遍采用。这类二元判断任务要求被试为信息不足的语句做出二元判断（"真/同意/可接受"或"假/不同意/不可接受"）。通过二元判断来研究语用解读的基本假设是：被试拒绝这种信息不足的句子是因为他们能够推导出等级含义，从而判断出该语句不恰当。然而，在二元判断任务中，被试只要有一定的信息量敏感度（sensitivity to informativeness），意识到一个信息量更强的句子应为更优的句子时，就足以拒绝信息不足的句子，不需要真正推导出等级含义（Katsos & Bishop，2011）。其次，二元判断任务存在的一个重要问题是被试的选择受限（Sikos et al.，2019）。自然对话中听者在回答信息不足的句子可能是"是，但是……"或"不，但是……"，这些信息不足的句子并非完全正确或错误，而是在语用上不恰当。所以，在二元判断任务中，回答"真"或"假"在很大程度上取决于这类不符合语用规则的句子是否可以被接受，或者是否严重到足以被完全拒绝。换言之，二元判断任务迫使被试就可接受性阈值的位置做出复杂的元语言判断，其结果并不完全取决于理解生成等级含义的实际语用能力。

综合以上两点原因，不少学者认为二元判断任务中拒绝信息不足句子的行为并不能真正反映语言使用者推导出等级含义的语用能力（Davies & Katsos，2010；Katsos & Bishop，2011；Sikos et al.，2019）；而分级判断任务（比如，三级判断任务）中被试表现出的对信息不足句子的语用容忍度能够更加准确探究等级含义的生成。基于以上讨论，Katsos 和 Bishop（2011）提出了"语用容忍度假说"（pragmatic tolerance hypothesis）。这一假说认为，如果被试对信息量敏感且生成了等级含义，他们对信息不足的句子的评判应当是劣于信息量最佳的句子，但是仍然优于逻辑错误句。实证研究结果表明，当回答从二元判断换成三级判断时，儿童母语者不再表现出以往二元判断任务中的行为（即接受信息不足的句子),而是表现出和成人母语者一样的语用容忍度(即信息不足的句子优于逻辑错误句但劣于逻辑和语用都正确的句子;Davies & Katsos, 2010;Katsos & Bishop, 2011)。这意味着儿童具有和成人一样的信息敏感度,但是,他们并不认为信息不足的句子严重到足以完全拒绝;相反,他们对信息不足的语句具有比成人更高的容忍度,所以儿童才会在二元判断任务中接受信息不足的句子。Veenstra 等(2017)发现不仅是等级含义,"语用容忍度假说"也同样适用于解释特设含义(ad hoc implicatures)的生成。更重要的是,二元判断任务本身存在的问题不仅影响儿童在等级含义推导中的表现,也影响具有成熟语用认知能力的成人在此类任务中呈现出的水平(Sikos et al., 2019)。

总体来说,二元判断任务显著影响了前人文献中对语言使用者等级含义推导能力的评判,尤其是在二语研究中发现的二语者语用解读偏好,很可能与二元判断任务本身有关。鉴于此,本研究采用分级判断任务来量化二语者语用容忍度的差异,尤其是他们对违反语用准则的信息不足句子的容忍度,据此来探究二语者等级含义的加工。另外,本研究还将关注二语者在自己母语中等级含义的生成和语用容忍度,旨在更加全面和深入地探讨语用容忍度在母语和二语中的相似或差异。本研究旨在回答以下两个研究问题:

1. 英语二语学习者的语用容忍度与英语母语者是否存在差异?换句话说,二语者是否存在由语用解读偏好所导致的语用容忍度偏高?

2. 以汉语为母语的英语二语者在理解母语和二语中的信息不足的句子时,所表现出的语用容忍度是否存在差异?

2.6.1.1 实验一

本实验设计参考了 Hunt 等(2013)和 Yang 等(2018)的实验设计来调查二语者对违反语用准则的信息不足句子的语用容忍度。每一个测试题目包括一个简短的故事背景和涉及五个物体的图片,共有四个步骤。如图 6 所示,第一步,被试阅读故事背景和五个物体的初始状态。第二步,在读到"In the end, the doors looked like this…"后,被试看到变化后的五个物体。在提供不完整信息的目标句中,五个物体全部都是一个状态(比如,5扇门都装饰了)。第三步,被试阅读实验句(加粗),信息不足的目标句含有 some;比如,5扇门都装饰的背景下出现的信息不足的目标句为"Jessica decorated some doors"。最后一步,被试要针对句子描述故事的自然程度在7级李克特量表上打分。

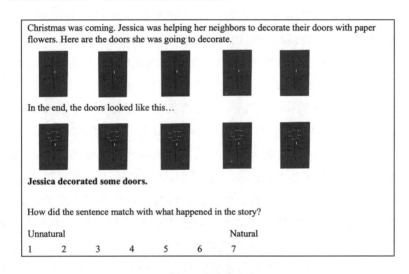

图6 实验流程

(以"信息不足句 some"为例)

本实验测试题目的设计包含一个自变量——句子类型,共含有三个水平,即信息不足句 some(8句)、正确句 some(6句)和错误句 some(6句)。正确句 some 为相应故事背景下符合逻辑和语用准则的正确表达。比如,故事背景中杰西卡装饰了5扇门中的3扇,实验句为"Jessica decorated some doors",作为描述故事背景的句子其接受度应接近7。错误句 some 为相应故事背景下不符合逻辑和语用准则的错误表达。例如,故事背景中杰西卡一扇门都没有装饰,实验句"Jessica decorated some doors"的接受度应接近1。虽然本实验更关注被试对信息不足句 some 的评分,但是出于检验语用容忍度的目的,含有 some 的正确句和错误句需要作为对照句与信息不足句 *some* 进行对比。除此之外,本实验还有 20 个填充句,其中 8 个句子为另外一项实验的目标句,剩下的 12 个句子为带有 *all* 的正确句和错误句。汉语实验材料与英语实验材料相匹配,汉语实验中使用对应 *some* 的等级词为"一些",对应 *all* 的等级词为"所有"。

实验采用拉丁方的方法共形成了 2 套实验材料,每套包含有 8 个目标句,12 个对照句和 20 个填充句。被试被随机分配到其中任何一套材料进行测试。完成测试的平均用时为 10—15 分钟。

本实验招募了三组参与者,包括参加英文测试的 53 名英语母语者(含 31 名女性)、参加英文测试的 58 名母语为汉语的英语学习者(含 39 名女性)和参加汉语测试的 53 名母语为汉语的英语学习者(含 37 名女性)。根据 Mazzaggio 等(2021)的研究结果,生活在英语母语国家会加快第二语言的加工速度。为了最大限度地控制浸入式的英语环境带来的影响,本实验只招募了测试时生活在中国的英语学习者;并且剔除了之前在国外(如美国、英国)生活超过一年以上的 5 名二语者的数据。在英语水平方面,本实验要求二语者自我报告他们参加过的英语水平测试和分数①,有 2 名二语者因未报告自己的英语水平而数据被删除。所有二语者均参加了大学英语四、六级考试。总体而言,参与本研究的二语者的英语水平大致为中级到高级。所有被试在实验结束后获得了一定报酬。表 4 列出了被试的信息。

本实验使用 *Credamo*(www.Credamo.com)呈现测试材料。*Credamo* 是一个可靠的可以收集被试数据的平台。为了招募英语母语者,本实验借助 *Prolific* 网站线上发布招募信息,英语母语者通过 *Prolific* 跳转至 *Credamo* 完成实验。实验流程包括:首先,被试阅读实验说明并在电子同意书上签名;其次,被试完成 3 个练习句以熟悉实验任务;接下来,被试完成实验;最后一步是被试提供基本信息。

---

① 由于英语水平对等级含义的影响不是本研究的问题之一,所以本研究没有单独对被试进行英语水平测试。自我报告英语水平是为了确保被试具备理解测试材料的能力。

表 4　被试信息

被试组别	被试信息			
	年龄		学习英语的时间(单位:年)	
	平均数 (标准差)	范围	平均值 (标准差)	范围
英语母语者 (参加英语测试) ($n=53$)	30.6 (6.1)	21—40	—	—
汉语为母语的英语学习者 (参加英语测试) ($n=51$)	24.2 (2.4)	19—32	13.0 (3.7)	5—20
汉语为母语的英语学习者 (参加汉语测试) ($n=53$)	24.9 (4.6)	20—47	13.6 (3.7)	8—24

本实验的因变量是李克特 1—7 的分级数,我们将其视作定序变量(ordinal variable),采用累积连系混合模型(cumulative link mixed-effect model,CLMM,Christensen,2019)进行统计分析,使用 R 软件(R Core Team,2018)的 *ordinal* 数据包完成。这种分析方法相比于将李克特分级变量视作连续变量、进行平均值分析的方法,能够更准确地反映分级因变量的本质属性——即有排序的类别变量(categorical variable),减少人为带来的对信息的减损。为遵循"保持最大化"的原则,所有模型均包括最大随机效应结构(Barr et al.,2013),如果模型出现难以聚拢(failure to converge)的问题,根据 Bates 等(2015)的建议逐步简化随机效应结构。数据分析的目的是探索在每个被试组别内信息不足句与正确句、错误句之间的差异模式,即信息不足的目标句是否显著低于正确句但高于错误句,因此数据分析只做组内不同句子类型之间的分析,并未横向比较不同组间的分级差异。表 5 显示了英语母语者、二语者(英语测试)和二

语者(汉语测试)的语用容忍度情况。

表5 三组被试的语用容忍度[均值(标准差)]

被试组别	实验句条件				
	正确句 *all*	正确句 *some*	信息不足句 *some*(目标句)	错误句 *all*	错误句 *some*
英语母语者 (英语测试)	6.91 (0.36)	6.75 (0.52)	**4.22** (2.11)	1.48 (0.69)	1.24 (0.53)
汉语为母语的 英语学习者 (英语测试)	6.30 (1.38)	6.16 (2.30)	**4.14** (1.98)	2.33 (1.41)	2.28 (1.27)
汉语为母语的 英语学习者 (汉语测试)	6.58 (0.95)	6.28 (1.29)	**3.94** (2.15)	1.94 (1.42)	2.03 (1.84)

首先,对比英语母语者和二语者(即汉语为母语的英语学习者)在英语测试中的语用容忍度情况。如表5所示,母语者和二语者总体的评分趋势相似,信息不足的目标句处于7级量表的中间位置,两类正确句得到了最高的评分,两个错误句分数最低。我们首先采用累积连系混合模型进一步对比分析了英语母语者和二语者完成英语测试的 *some* 有关句,模型包括句子类型(3个水平:正确句 *some*,信息不足句 *some* 和错误句 *some*)为固定效应,被试和测试题目为随机效应。结果(见表6)显示在两组被试中,信息不足的目标句显著低于正确句但高于错误句,而且二语者与母语者的表现一致。其次,我们对比了汉语为母语的二语者在英语测试和汉语测试中的语用容忍度情况。二语者完成汉语测试的累积连系混合模型仍包括实验条件(3个水平:正确句 *some*,信息不足句 *some* 和错误句 *some*)为固定效应,被试和测试题目为随机效应。表6的结果显示二语者在完成汉语测试时也表现出与其英语测试中相似的回答模式,即信息不足的句子显著低于正确句但高于错误句。

表6 三组被试的累积连系混合模型(信息不足句 some 为参照水平)

句子类型	回归系数	标准误	z 值	p 值
英语母语者英语测试模型				
正确句 some vs. 信息不足句 some	4.10	0.30	16.12	<0.001
错误句 some vs. 信息不足句 some	−5.38	0.33	−16.26	<0.001
二语者英语测试模型				
正确句 some vs. 信息不足句 some	3.60	0.63	5.72	<0.001
错误句 some vs. 信息不足句 some	−2.92	0.54	−5.40	<0.001
二语者汉语测试模型				
正确句 some vs. 信息不足句 some	4.79	0.67	7.51	<0.001
错误句 some vs. 信息不足句 some	−4.39	0.80	−5.48	<0.001

上述分析结果表明,二语者和母语者在英语中的语用容忍度非常相似,更重要的是二语者在英语中表现出的语用容忍度和在其汉语母语中的表现也非常一致。另外,我们进一步对被试个体差异进行了分析。如被试在8个信息不足的目标句中,选择2及以下的数字达到6个(75%)以上,则将该被试标记为有语用解读倾向;如果选择6及以上的数字达到6个以上,则将被试标记为有逻辑解读倾向;其余情况则为无明显倾向被试。

如表7所示,三组被试的回答中,无明显倾向的被试人数比例占到了接近一半或一半以上,这说明被试对于信息不足的句子容忍度趋于7级量表中间,符合不同句型间语用容忍度分析的结果。通过采用一般对数线性模型(General loglinear regression)对数据进行分析,我们发现被试类型与解读倾向之间并不存在交互效应($\chi^2=3.85$, $df=4$, $p=0.43$),亦不存在被试类型主效应($\chi^2=0.05$, $df=2$, $p=0.98$),说明不同被试组在三种解读倾向上的人数分布并无显著不同。三组被试均呈现出趋势一致的解读倾向,即存在更高比例的无明显倾向(中容忍度)。具体来说,无明显倾向的人数比例要显著高于逻辑解读倾向的人数比例($\beta=0.70$,

$SE=0.20$，$z=3.55$，$p<0.001$），也显著高于语用解读倾向的人数比例（$\beta=0.60$，$SE=0.19$，$z=3.15$，$p=0.002$）；逻辑解读倾向与语用解读倾向的人数差异不显著（$\beta=0.10$，$SE=0.22$，$z=0.44$，$p=0.66$）。

表 7　语用解读或逻辑解读倾向被试人数及比例

被试	解读倾向		
	逻辑解读倾向 （高容忍度）	语用解读倾向 （低容忍度）	无明显倾向 （中容忍度）
英语母语者 （英语测试）	15（28.3%）	12（22.6%）	26（49.1%）
汉语为母语的英语学习者 （英语测试）	14（27.4%）	16（31.4%）	21（41.2%）
汉语为母语的英语学习者 （汉语测试）	9（17.0%）	14（26.4%）	30（56.6%）

本研究的主要目的是探索二语者在面对信息不足的句子时所表现出的语用容忍度是否与母语者存在差异（实验问题 1），以及语用容忍度是否会因二语者使用母语或二语阅读而不同（实验问题 2）。"接口假说"认为推导处于外接口上的等级含义会给二语者带来一定的困难（Sorace & Filiaci，2006；Sorace，2011），Mazzaggio 等（2021）的发现也支持了"接口假说"的预测，即二语者语用解读的比例低于母语者。但是，亦有研究发现二语者并不存在生成等级含义的困难（Miller et al.，2016），二语者相对于母语者甚至还可能更具有语用解读的偏好（Slabakova，2010；Snape & Hosoi，2018）。本研究发现，二语者与母语者在等级含义生成上的表现相似，在结果上并不支持"接口假说"的假设。我们认为，本研究采用分级判断任务所获得的结果更能反映二语者等级含义推导的能力。前人的研究均采用二元判断任务，而二元判断任务迫使被试就可接受性阈值的位置做出复杂的元语言判断，较难真正体现出其生成等级含义的语用能力。实验任务（task effect）和实验设计的影响一直以来对于语用

研究结果的解读至关重要。例如,实验中数字的使用就会影响等级含义的生成(更多讨论见 Degen & Tanenhaus, 2015)。本研究采用分级判断任务来探讨二语者在面对信息不足的句子时的语用容忍度,并且充分考虑到了二语者使用英语以及二语者使用母语(即汉语)的对比,因此所得出的结论对于理解二语者等级含义推导具有很强的实证意义。我们将结合任务类型影响以及相关二语习得理论做如下具体讨论。

第一,本研究的结果表明,当采用分级判断任务来评判信息不足的句子时,二语者在面对违反语用准则的句子时与英语母语者有相似的表现,这与前人采用二元判断任务得出的结果不同。前人的研究发现二语者在二语中生成等级含义时存在语用解读的偏好(Slabakova, 2010; Snape & Hosoi, 2018),Slabakova 认为二语者语用偏好解读的结果支持了"默认论",语用解读偏好来自构建备选义的困难,而这一困难又来自二语者在二语中有限的加工资源(Clahsen & Felser, 2006)。Slabakova 以及 Snape 和 Hosoi(2018)都认为,与具有完整加工资源能力的英语母语者不同,面对信息不足句,二语者较少能够建构出备选义来消除等级含义的生成、以接受逻辑语义解读。

根据本研究结果,我们倾向于认为前人研究中发现的二语者的语用解读偏好更有可能是二元判断任务实验下产生的结果。在面对信息不足的句子时,比如"Some elephants have trunks",二语者虽然明确知道这句话并非在逻辑上完全错误,而是在语用上不恰当,但这一理解并无法在二元判断任务中体现出来,因为二元判断任务只提供两个选择项(比如"真"或"假"),二语者需要做的是元语言判断,即信息不足的句子的不恰当程度是否和逻辑错误句一样(选择"假")还是可以忽略(则选择"真")。在本研究的分级判断任务中,二语者表现出对信息不足的句子敏锐的语用容忍度,即信息不足的句子明显优于逻辑错误句但仍然劣于语用正确句。从这一结果可以得出推论:二语者可能拥有和母语者一致的语用容忍度,而任务的设计本身(比如二元判断任务带来的生成等级含义以外的元语言判断)有可能增加了额外的工作,导致前人研究得出二语者在语用偏向上异于一语者的结论。

第二，分级判断任务的结果显示在面对信息不足的句子时，二语者在二语中表现出的语用容忍度与其在自身的母语中所表现的测试结果一致，即语用容忍度没有因为二语者所需要理解的语言的不同而发生明显变化。另外，二语者的被试个体结果显示二语者在二语（英语）与在母语（汉语）中出现相似的语用容忍度。我们认为这一发现对理解二语者的语用系统有很大启示。Bialystok（1993）提出了有关语用习得的双维度模型（two-dimensional model），认为二语语用推导过程中需要运用的语用知识在母语系统中已经完备，且可以从母语中转移到二语中。因此，二语语用能力的提高不是发展新的语用知识，而是发展或控制母语语用系统中现有的语用知识。在本实验的结果中，二语者在母语汉语和二语英语中的解读倾向比例并无明显差别，并未因为使用二语而表现出异于母语的语用容忍度，支持了双维度模型的假设。这项研究结果亦符合目前学界关于成人二语习得的共识，即成人二语者在习得母语的过程中已经形成了完整的认知系统，对语言的普遍语义和语用形式有着成熟的心理表征。也就是说在成人习得二语语用时，尤其是会话含义（conversational implicatures），是以成熟的母语认知系统作为基础的，语言水平（proficiency）并不是语用推导能力的关键预测因素（Antoniou，2019；同见 Tomasello，2008；Sperber ＆ Wilson，2002）。此外，与推导等级含义相关的合作原则和量的准则是语言交际的共性特征，根据 Antoniou（2019）从认知效率角度的论断，同一知识在语言系统中出现两次是不合理的。从这一视角，可以很好地解释本研究所发现的二语者在使用其二语与母语的测试中结果表现一致这一现象——言语交际中的语用准则和语用知识系统或许为一个横跨两个语言的、单一的、独立的语用系统，并不因所使用的语言不同而发生变化。

本研究从二语者在等级含义推导中是否具有语用解读偏好这一问题出发，分别分析了英语一语者在英语测试中、以汉语为母语的英语二语学习者在英语和汉语（母语）测试中的等级含义推导。结果显示二语者对英语中信息不足句的语用容忍度接近英语一语者,也和二语者在其母语汉语中的表现一致。这一发现并不支持二语者的语用偏好。而我们认为,支持二语者语用偏好的证据多来自二元判断任务,而本研究通过采用选项更多、更适宜测试等级含义推导的分级判断任务,从语用容忍度角度考察等级含义推导能力,并未发现二语者存在显著的语用解读偏好。

2.6.1.2 实验二

对于母语者和二语者来说,认知加工资源是生成等级含义的一个重要因素(De Neys & Schaeken, 2007; Marty & Chemla, 2013; Cho, 2020; Mazzaggio et al., 2021)。例如,Mazzaggio 等(2021)认为,在认知资源负荷增加的情况下,二语者更有可能依靠逻辑阅读(选择"是")来判断二元判断任务中信息不足的句子。这说明在二语中生成等级含义并不是自动的。因此,本实验旨在通过采用双任务范式来检验较高的认知负荷是否会影响二语者的语用容忍度。2.6.1.1 汇报的实验中的认知负荷被认为相对较低,而本节汇报的实验中的认知负荷较高,因为被试的认知资源被一项记忆任务所占用。所以,2.6.1.1 的实验为对照实验,而本节的实验因采用双任务设计,所以是记忆负荷实验。基于二语者在较高的认知负荷下更多生成逻辑含义解读的发现(Mazzaggio et al., 2021),本节实验中的二语者在 7 级量表中对信息不足句子的评分应更加接近 7(类似于在二元判断任务中回答"是")。如果 2.6.1.1 实验中发现的二语者对信息不足句子的语用容忍模式是缺省的(default),那么本实验中的二语者应该具有与 2.6.1.1 发现的相似的容忍模式。换句话说,缺省的语用容忍度不受认知资源的影响;因此,二语者在认知负荷的情况下应仍对信息不足的句子评分低于正确句但高于错误句。

本实验中的记忆负荷任务采用了常见的数字记忆任务,这是因为被试在数字记忆任务上的表现不受词汇频率和复杂性等因素的影响(Jones & Macken, 2015)。如图 7 所示,双任务设计的程序是在主任务(sentence-story matching task)开始之前,被试需要在 4 秒内记住 5 个数字的序列。在完成主任务后,被试需要重复这 5 个数字并会获得反馈。如果回答错误,实验会提醒被试需要正确记住数字序列。

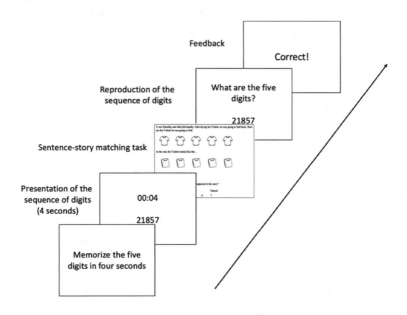

图 7 实验流程

除了加入了一项增加被试记忆负荷的任务,本研究中的实验设计和实验句与前一项实验还有一个不同是加入了带有"some of"的实验句。在英语中,"some"还有另外一个表达形式是"some of"。虽然"some"和"some of"都可以推导等级含义,但是"some of"推导等级含义比"some"推导等级含义更加强烈。有实证研究表明,当语境表达的是全部时,比起带有"some of"信息不足的句子,带有"some"的信息不足的句子的接受度更高(Degen & Tanenhaus, 2015; Kursat & Degen, 2020)。

汉语中存在与英语相对应的等级词项,比如例(1)中的"一些",例(2)中的"有些"和例(4)中的"有的"。前期的研究在调查汉语母语者等级含义的生成时大多使用其中一个(Tsai, 2004; Politzer-Ahles, 2011; M. Zhao, 2012; 吴庄、谭娟, 2009)。需要注意的是,除了等级含义的解读,"有些"还产生了类似于英语中的 there-be 结构的解读[例(2)中的第二个解读]。更重要的是,"有些"和"有的"只能出现在主语位置上,而"一些"可以出现在主语或者宾语位置上,如例(4)所示。

(1) Yixie   ren   na   le   juzi.
    One-some   person   take ASP orange.
    "Some people took an orange."

(2) Youxie   ren   na   le   juzi.
    Have-some person   take ASP orange.
    Reading 1:"Some people took an orange."
    Reading 2:"There were some people who took an orange."

(3) Youde   ren   na   le   juzi.
    One-some   person   take ASP orange.
    "Some people took an orange."

(4) Xiao   Hong   na   le   yixie/*youxie/*youde   juzi.
    Xiao   Hong   take ASP   some   oranges.
    "Xiao Hong took some oranges."

本章 2.5 提到,日语和英语在等级词"some"上存在显著的差异。与英语"some"既有部分("not all")又有非部分("possibly all")的解读不同,日语的 ikutsuka(some)只有非部分解读。汉语与日语不同的是汉语存在可以生成部分(语用)解读的形式,但是哪一个结构对应部分解读仍然不清楚。比如,吴庄和谭娟(2009)发现"有的"可以生成强烈的语用解读(89％);Politzer-Ahles 等(2013)将"有的"作为英语部分结构"some of"的对应形式;Tsai(2004)提到"有的"对应英语中的"some of",而"有些"对应的是"some"。Zhang 和 Wu(2020)认为"有些"对应"some of",带有强烈的部分解读。Zhou 和 Xu(2001)依据他们收集的语料提出"有的"和"有些"都有部分解读,但是"有的"比"有些"在使用上更加频繁。

本实验共有两组被试参加:45 名英语母语者(含 32 名女性)和居住

在中国的 50 名母语为汉语的英语学习者(含 33 名女性)。如果被试在数字记忆任务中的准确率低于 75%,其数据将会被删除,共有 3 名母语者和 5 名二语者的数据被剔除。剩下的 42 名母语者和 45 名二语者的信息见表 8。本实验在线进行,通过 $Credamo$ 收集数据。为了招募母语者,本研究使用 $Prolific$ 网站。实验程序与 2.6.1.1 的实验一致。

表 8 被试情况

被试组别	被试信息			
	年龄		学习英语的时间(单位:年)	
	平均数 (标准差)	范围	平均值 (标准差)	范围
英语母语者 (参加英语测试) ($n=42$)	28.9(4.4)	20—37	—	—
汉语为母语的英语学习者 ($n=45$)	21.5(3.2)	18—29	12.8(3.3)	7—20

表 9 两组被试的语用容忍度[均值(标准差)]

被试	实验条件							
	正确句 some	正确句 some of	正确句 all	正确句 all of	错误句 all	错误句 some	信息不足句 some (目标句)	信息不足句 some of (目标句)
英语 母语者	6.61 (0.63)	6.64 (0.66)	6.83 (0.42)	6.86 (0.38)	1.73 (1.14)	1.37 (0.82)	3.67 (2.04)	3.01 (1.89)
二语者	6.14 (1.55)	6.37 (1.28)	6.48 (1.18)	6.64 (0.77)	2.03 (1.62)	1.97 (1.67)	3.93 (2.19)	3.27 (2.06)

如表9所示,母语者和二语者对于信息不足的句子的评分低于正确句但高于错误句。每组被试分开拟合 clmm 模型。Clmm 模型只包括与"some"相关的4个句子类型(即正确句"some",信息不足句"some"和"some of",错误句"some"),以句子类型为固定效应,被试和项目为随机效应。表10中的结果显示,对于两组被试而言,正确句和错误句分别比信息不足的句子获得更高或更低的评分,符合实验预期。更重要的是,母语者和二语者对带有"some of"信息不足的句子评价显著低于带有"some"的信息不足的句子。

表 10　二语者和母语者累积连系混合模型(信息不足句 *some* 为参照水平)

句子类型	回归系数	标准误	z 值	*p* 值
英语母语者英语测试模型				
正确句 *some* vs. 信息不足句 *some*	4.412	0.261	16.926	$<2e-16$***
错误句 *some* vs. 信息不足句 *some*	−0.713	0.137	−5.198	$2.01e-07$***
信息不足句 *some of* vs. 信息不足句 *some*	−3.848	0.258	−14.907	$<2e-16$***
二语者测试模型				
正确句 *some* vs. 信息不足句 *some*	3.338	0.296	11.292	$<2e-16$***
错误句 *some* vs. 信息不足句 *some*	−0.709	0.186	−3.812	<0.0001***
信息不足句 *some of* vs. 信息不足句 *some*	−2.890	0.289	−10.012	$<2e-16$***

对比2.6.1.1的实验结果,我们不难发现母语者和二语者的语用容忍度在两个实验中并没有存在明显差异。为了进一步探究记忆负荷对语用容忍度的影响,两个实验的结果共同在一个 clmm 模型中进行分析。该模型以句子类型(3个水平:正确句,错误句,信息不足句)和记忆负荷(2个水平:有负荷和无负荷)为固定效应,包含所有的句子类型,被试和项目为随机效应。表11的结果显示句子类型的影响显著;然而,记忆负荷和两者的交互作用并不显著。

表 11 两项实验的二语者和母语者累积连系混合模型(包含所有句子类型)
(句子类型的参照水平:信息不足句;记忆负荷的参照水平:无负荷的对照实验)

类型	回归系数	标准误	z 值	p 值
英语母语者英语测试模型				
正确句	8.240	0.834	9.663	$<2e-16$***
错误句	−4.393	0.520	−8.453	$<2e-16$***
记忆负荷	−0.508	0.669	−0.759	0.448
正确句:记忆负荷	−0.447	1.020	−0.438	0.661
错误句:记忆负荷	0.861	0.632	1.362	0.173
二语者测试模型				
正确句	4.370	0.621	7.043	$1.88e-12$***
错误句	−2.321	0.416	−5.580	$2.41e-08$***
记忆负荷	−0.240	0.613	−0.391	0.696
正确句:记忆负荷	0.967	0.914	1.059	0.290
错误句:记忆负荷	−0.623	0.527	−1.183	0.237

下一步分析只包括与"some"有关的两个实验的数据。clmm 模型包括句子类型(4个水平)和记忆负荷(2个水平)两个固定效应,被试和项目为随机效应。如表12显示,母语者的数据存在句子类型和记忆负荷的交互作用。事后检验的结果表明,与"some"有关的四个句子类型在每个实验中存在显著差异(所有 p 均小于 0.0001),但是在两个实验之间不存在显著差异(所有 p 均大于 0.1)。对于二语者而言,记忆负荷的效应和记忆负荷与句子类型的交互作用并不显著。表 12 显示的一个重要结果是两组被试的语用容忍度并没有受到记忆负荷的影响。换句话说,被试对信息不足的句子的中等程度的容忍度没有因为更高的记忆负荷而发生改变。

表12 实验一和实验二的二语者和母语者累积连系混合模型
（句子类型的参照水平：信息不足句 some；记忆负荷的参照水平：无负荷的对照实验）

类型	回归系数	标准误	z 值	p 值
英语母语者测试模型				
正确句 some	4.726	0.254	18.586	<2e−16***
错误句 some	−5.106	0.256	−19.920	<2e−16***
信息不足句 some of	−1.261	0.131	−9.609	<2e−16***
记忆负荷	−0.610	0.380	−1.607	0.108
正确句 some：记忆负荷	−0.306	0.315	−0.970	0.332
错误局 some：记忆负荷	1.223	0.328	3.729	0.0002***
信息不足句 some of：记忆负荷	0.539	0.184	2.926	0.003**
二语者测试模型				
正确句 some	2.607	0.213	12.253	<2e−16***
错误句 some	−2.332	0.217	−10.755	<2e−16***
信息不足句 some of	−0.826	0.144	−5.731	9.983−09***
记忆负荷	−0.210	0.340	−0.618	0.536
正确句 some：记忆负荷	0.391	0.272	1.439	0.150
错误局 some：记忆负荷	0.217	0.176	1.235	0.217
信息不足句 some of：记忆负荷	−0.297	0.264	−1.130	0.258

本研究发现2.6.1.1中报告的二语者的语用容忍度不受额外记忆负荷的影响。另外，在记忆负荷增加的情况下，二语者对"some"和"some of"之间细微的差异保持高度敏感。回顾另一项讨论部分和非部分形式的二语研究是 Snape 和 Hosoi(2018)，如前文所述，他们着重考察母语迁移在等级含义生成中的影响。日语量词 ikutsuka(some)只有一个非部分(non-partitive)解读；因此，在母语迁移的影响下，如果二元判断任务的语境显示所有的14个香蕉都在圆圈里，实验句为"Are some of the bananas in the red circle?"，母语为日语的英语学习者应当比英语母语者更频繁

接受这句话。但是 Snape 和 Hosoi(2018)的研究发现二语者出乎意料地更加偏好语用解读,他们比英语母语者更频繁地拒绝这个信息不足的句子。虽然二语者的母语里没有一个对应的量词是部分解读,但是二语者能够从"some of"中获得明确的部分解读。与日语不同,汉语既有部分也有非部分解读的结构。对于母语为汉语的英语学习者来说,虽然母语迁移可能是正向的,但是学习者仍然面临习得的困难。第一,部分解读的等级词在英语与汉语之间的映射并不清晰和直接(正如前文提到的,哪一个结构对应部分解读仍不清楚;另外汉语的等级量词在句法结构上也比英语受限制)。第二,英语中的"some of"和"some"之间的差别非常微妙,很可能从未在课堂上讲过。第三,由于汉语没有冠词系统,母语为汉语的学习者可能对本实验目标句"John folded some of the t-shirts"中的定冠词"the"不是十分敏感。以往研究母语为汉语的英语学习者在习得英语冠词时存在显著的困难,比如省略冠词的错误(例如 Liu & Gleason, 2002; Robertson, 2000; Snape, 2009; Ionin et al., 2019)。综上所述,本研究有关母语为汉语的学习者对"some of"和"some"敏感的发现十分有意义。本研究中的二语者从未在英语为母语的国家停留超过 6 个月以上(数据来自背景问卷),但是他们不仅对需要利用语义和语用知识来衡量的信息量敏感,而且还能够利用结构上的差异("some of"或"some")作为生成等级含义的考量因素之一。鉴于推导等级含义所涉及的语义和语用知识被认为是普遍的(Grice, 1989; Simons, 2006; von Fintel & Matthewson, 2008),本研究表明与语用推导计算相关的语言特定结构也有可能被二语者习得。

需要明确的是本研究的结果并没有表明推导等级含义不受加工资源的影响。已有很多研究证明等级含义的推导受到加工资源的影响(比如 De Neys & Schaeken, 2007; Marty & Chemla, 2013; Marty et al., 2013; Cho, 2020)。本研究的发现是在更大的认知负荷下,对二语者来说,以语用容忍度的形式评估信息量并不存在困难。在以往的二语研究中,二语者在二元判断任务中(回答受到时间限制)生成等级含义的比例降低的发现很有可能是受到了实验设计的影响。比如 Mazzaggio 等（2021）发现，在较高的认知负荷条件下（二语者回答受到时间限制并且二语者需要进行听力理解），二语者生成等级含义的比例降低，并选择了更加省力的逻辑含义。然而这一结果需要做进一步讨论，因为该结果也许是由该研究的实验设计导致的。首先，除了采用二元判断任务外，Mazzaggio 等使用的信息不足的句子是陈述普遍事实的句子，比如"Some giraffes are animals"。Guasti 等（2005）认为这类句子存在问题，因为它们没有提供用于生成等级含义的相关信息。不难排除有的被试拒绝"Some giraffes are animals"是因为它们想到的长颈鹿是典型的长颈鹿，而有的被试接受这句话是因为他们想到了一部分不是动物的长颈鹿（比如毛绒玩具长颈鹿）。所以，在第二种情况下，被试接受这句话是因为他们将句子中的长颈鹿想象成了毛绒玩具的长颈鹿，因此他们对这句话的理解接近于"有些长颈鹿是动物，有些则不是，因为它们是玩具"。不难看出，在这种情况下，推导等级含义的相关信息需要被试自己去构建。此外，由于 Mazzaggio 等的研究没有设计可进行对比的对照实验，因此尚不完全清楚被试首选逻辑解读是因为认知负荷的增加还是受到了实验设计的影响。

本研究两个实验表明，通过分级判断任务而不是常见的二元判断任务，二语者对二语中违反信息量的行为表现出与母语者相似的语用容忍度（实验一），并且这种容忍度没有受到记忆负荷增加的影响（实验二）。本研究的发现主要为有关二语等级含义推导的研究提供了有关实验方法的启示，有关等级含义推导的测试方法和操作未来需要更多的讨论和关注。即使是针对同一组人群，不同的实验方法也会产生不同的逻辑或语用解读的回答模式（Guasti et al., 2005）。二元判断任务，作为本领域中最常见的实验方法，使得语用推导在很大程度上受到选择过程的影响（比如，与语用推导无关的元语言决策）。另外，普遍事实陈述（universal factual statements）因其并没有提供足够的信息，在语用推导实验中的使用也需要更加谨慎。未来研究可以注重两个方向。第一个方向是来自不同母语的二语者对信息不足句的语用容忍度。本研究中母语为汉语的英语学习者可能受到了来自母语的正向迁移。另一个方向是探索个体差异（individual differences）在二语等级含义推导中的作用。比如，有关个体差异在等级含义推导中影响的前期研究关注认知资源（De Neys & Shaeken, 2007; Marty & Chemla, 2013 等）。另一个重要影响因素是个人语用能力（personality-based pragmatic abilities）。比如，人格特质（personal traits）引起了研究者的注意，如一个人在日常会话中的语用推导意识（Nieuwland et al., 2010; Katsos & Bishop, 2011; Feeney & Bonnefon, 2013; Yang et al., 2018）。Nieuwland 等（2010）通过使用被试在自闭症光谱量表中沟通分量表（Autism-Spectrum Quotient Communication subscale; Baron-Cohen et al., 2001）上的得分，探讨等级含义生成的比例和现实世界中语用能力的关系。具有较好语用能力的被试对信息不足的句子表现出更高的敏感性。Yang 等（2018）也发现语用能力更强的被试对"讨论中的问题"更加敏感。

2.6.2 实验 2：等级含义加工中的记忆负荷效应

本研究旨在通过两个对工作记忆要求程度不一样的实验，考察二语学习者对于两类等级含义的推导和消除，以及记忆负荷效应对二语者加工等级含义的影响。

De Neys 和 Schaeken(2007)的研究首次使用双任务方法测试了等级含义计算中的记忆负荷效应。该研究的双任务分别是句子判断任务和点记忆任务，即被试在判断一句语用不适当（pragmatically infelicitous）的句子（比如"Some oaks are trees"）是真或假时，还需要同时记住一个 3x3 矩阵中的图形（由 3 或 4 个点组成）。一半的被试记忆简单的图形（由 3 个点组成且 3 个点全部是水平的或全部是垂直的），这种简单的图形对认知和记忆资源的负担最小；另一半的被试记忆复杂的图形（由 4 个点组成且排列无规律），这对工作记忆的要求更高且在认知上比第一种情况更加费力。结果表明，在记忆负荷增加的情况下，被试选择语用解读的频率要低于记忆负荷较小的情况。从反应时间来看,被试在记忆负荷增加的情况下理解语用不适当的句子时间更久[与 Bott 和 Noveck(2004)的结果一致]。因此,De Neys 和 Schaeken(2007)认为等级含义的语用解读在认知和记忆上比逻辑解读要求更高。在 De Neys 和 Schaeken(2007)的基础上,Dieussaert 等(2011)研究了记忆负荷是否只影响低工作记忆的个体。他们发现认知负荷的程度和工作记忆容量之间存在相互作用。认知负荷的增加降低了语用解读的频率,这种效应与被试的工作记忆能力有关。

然而,大多数研究集中于与"some"相关的等级含义的理解,van Tiel 等(2019)测试等级含义加工中的记忆负荷效应是否可推广到其他等级项,如<low, empty>,<might, will>,<or, and>,<try, succeed>等。van Tiel 等(2019)使用类似于 De Neys 和 Schaeken(2007)的记忆任务来控制记忆负荷程度,将被试分为无负荷、低负荷和高负荷三组。结果表明,在认知负荷增加的情况下,被试生成"some","might"或"most"的等级含义的可能性变小,但认知负荷的增加对生成"scarce","try"或"low"的等级含义的影响不大。van Tiel 等(2019)认为,与"low"或"scarce"等级词不同,对"some"或"might"等级词的理解在认知上更加费力的原因是后者在加工理解中引入了负信息。

综上所述,以往的双任务和反应时的研究表明(De Neys & Schaeken, 2007; Dieussaert et al., 2011; van Tiel et al., 2019),母语被试在认知和记忆负荷增加的情况下从语用角度判断句子(即推导等级含义)需要较长时间,产生语用理解的可能性较小。然而,关于记忆负荷效应如何影响二语者生成和理解等级含义仍是未知的。目前有关二语等级含义的研究表明,二语者能够成功生成等级含义(Slabakova, 2010; Miller et al., 2016; Snape & Hosoi, 2018;张军、伍彦,2020),但是在消除等级含义上存在困难。例如,Slabakova(2010)认为消除比推导等级含义更加费力也许是因为消除需要使用更多的认知资源。另外,已有大量基于替代意义的语义研究方法(alternative-based approach to meaning)

的实验证明否定语境下需要计算的语义数量比肯定语境下更多,因此理解否定句对认知资源和工作记忆的要求更高,所以难度更大(Hasegawa et al.,2002;Hasson & Glucksberg,2006;Kaup et al.,2007;Dale & Duran,2011;Tian,2014)。鉴于此,本研究通过两个对工作记忆要求不同的实验,探索二语者如何推导和消除两类不同的等级含义(即直接等级含义和间接等级含义)。具体研究问题如下:

1. 记忆负荷的增加是否会影响二语者推导和消除两类等级含义的加工方式?

2. 记忆负荷效应对二语者和母语者加工等级含义的影响是否存在差别?

2.6.2.1 实验一

实验采用黑箱范式(Huang et al.,2013)。此实验方法被多次使用在对母语者的语义—语用测试中(Schwarz,2014;Romoli & Schwarz,2015;Zehr et al.,2016)。与普通的图片选择题类似,在此实验中,被试需要根据一个句子进行图片选择,如图8所示。此实验方法特殊在图8中右边黑色盒子的出现,被试被告知在黑色盒子下面隐藏了一张图片。如果左边可见的图片符合句子,就选择此图;如果不符合,符合的图片一定是黑色盒子隐藏的图片,则选择右边的黑色盒子。如图8句子中的"sometimes"的逻辑语义含义为"sometimes and possibly always",此含义被呈现在左边可见的图片中。被试选择此可见图片的行为可理解为他们消除了等级含义,生成了逻辑语义含义。被试选择黑色盒子的行为(即拒绝可见图片)可理解为他们无法消除等级含义来获得难度更大的逻辑语义含义,仍旧生成等级含义。此范式的优点在于通过提供"未知"的选项(即黑色盒子),鼓励被试积极考虑句子是否存在其他可能的理解。通过要求被试在两张图片之间进行选择,而非单纯判断"真"或"假",尽可能地降低由于回答类型性质带来的外在影响。此外,在数据分析时,被试的行为被分为两大类:一类是"接受可见图片"的行为,另一类是"拒绝可见图片(从而选择黑色盒子)"的行为。

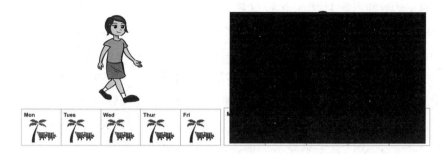

图 8　实验句子 *Nathalie sometimes went to the beach last week* 的图片

实验目标类题目的设计采用 2×2 设计。一个因素为等级含义类型的不同(DSI 和 ISI)，另一个因素为可见图片表达出的含义（等级含义和逻辑语义含义），因此目标实验条件共 4 项，见(1—2)。

(1) a. *Nathalie sometimes went to the beach last week.*

　　b. 等级含义：Nathalie didn't always go to the beach last week.

　　c. 逻辑语义含义：Nathalie always went to the beach last week.

(2) a. *Nathalie didn't always go to the beach last week.*

　　b. 等级含义：Nathalie sometimes went to school last week.

　　c. 逻辑语义含义：Nathalie never went to school last week.

除目标类题目，实验也有控制类题目（controls）和干扰类题目（fillers）。实验共 76 题，包括目标类题目 16 题，控制项 8 题和干扰项 52 题，完成大约需要 10 分钟左右。本实验使用 E-prime 编程，此软件记录被试图片的选择和选择图片所花的时间(以毫秒为单位)。

本实验招募了 41 名母语为汉语的英语学习者为实验组和 38 名英语母语者为对照组。参加此实验时，大部分二语被试为美国中西部某所大学的在校生。

在签署参与实验同意书后，所有的被试按照以下顺序完成了 3 项实验项目：黑箱实验、英语水平测试和背景调查。第一项黑箱实验又包括了 3 小项：图标识别测试用来确保图片中出现的图标被试都能清晰认出来;黑箱练习题目用来让被试熟悉实验任务和流程;黑箱正式实验。英语水平测试的制定根据欧洲共同语言参考标准(Common European Framework of Reference for Languages),共40道选择题,每题1分。根据Cho(2017)的分类,34分以上为高级英语水平,26—33分为中级水平。实验组的中国学生英语水平测试分数范围为30—40,平均分34.9,标准差2.4。因此,英语水平测试将本实验的二语者评定为英语中高级到高级水平。背景调查结果显示二语者的平均年龄23.7岁,标准差5.8;学习英文的时间为5—20年,平均时间为13.7年,标准差4.3。母语者的平均年龄20.4岁,标准差4.1。被试完成所有实验步骤大约为30—40分钟。

剔除控制类题目做错两个、反应时间超过平均数+/-3个标准偏差之外的极端数据和图片选择无效的数据之后,母语者和二语者分别有1.8%和1.7%的数据被剔除。数据分析依据不同的因变量进行不同的统计分析。对于反应时间,将使用混合线性模型(linear mixed-effect regression)。对于图片选择,将使用混合逻辑回归模型(mixed-effect logistic regression)。所有统计分析通过统计软件R来完成。

表13和表14显示两组被试的平均反应时间和图片选择比例。当图片显示等级含义时,无论是DSI还是ISI,两组被试选择可见图片的几率都大于95%,也就是说二语者可以成功地生成两种等级含义。当图片显示出逻辑语义含义时,两组被试选择黑色盒子(即生成等级含义)的比例在80%左右。混合逻辑回归模型的结果显示等级含义类型的效应边缘显著($\beta=-0.745$, $SE=0.437$, $p=0.088$),被试组别的效应不显著($\beta=0.704$, $SE=0.728$, $p=0.334$)且无交互作用($\beta=0.014$, $SE=0.570$, $p=0.981$)。这说明二语者与母语者生成和消除两种等级含义的比例不存在明显差别。从反应时间上来看,无论是选择可见图片还是黑色盒子,二语者都比母语者要慢。两个混合线性模型的结果也证实了此结果:第一个模型分析当图片显示等级含义时被试的反应时间,等级含义类型和被试组别为固定因子,被试和项目为随机因子。结果显示被试组别的简

单效应显著($\beta=0.337$,$SE=0.076$,$t=4.421$,$p<0.0001$),等级含义的简单效应显著微弱($\beta=0.1$,$SE=0.056$,$t=1.801$,$p=0.073$),且无交互作用($\beta=0.027$,$SE=0.064$,$t=0.42$,$p=0.675$)。第二个混合线性模型分析当图片显示消除等级含义后的逻辑语义含义时,被试的图片选择时间。此模型的交互因子是等级含义类型和图片选择,被试组别为固定因子,随机因子是被试项目的随机斜率和随机截距。结果显示等级含义类型($\beta=0.255$,$SE=0.049$,$t=5.213$,$p<0.0001$)、图片选择($\beta=0.227$,$SE=0.098$,$t=2.31$,$p=0.026$)和被试组别($\beta=0.24$,$SE=0.068$,$t=3.512$,$p<0.0001$)都有简单效应显著的表现,而无交互作用($\beta=0.19$,$SE=0.118$,$t=1.615$,$p=0.113$)。后续分析表明,在 DSI 条件下,两组被试选择图片或黑色盒子所花的时间十分接近($t=-2.310$,$p=0.07$)。但是在 ISI 条件下,两组被试选择图片明显要慢于选择黑色盒子($t=-4.561$,$p<0.001$)。

表 13 母语者 4 种条件下选择图片或黑色盒子的反应时间及选择比例(单位:毫秒)

条件		图片选择			
		可见图片		黑色盒子	
		平均数 (标准差)	选择 比例	平均数 (标准差)	选择 比例
DSI	图片显示等级含义	3557(50.6)	100%	—	0%①
	图片显示逻辑语义含义	5017(52.7)	10.6%	3857(51.5)	89.4%
ISI	图片显示等级含义	3760(51.4)	96.7%	6054(52.7)	3.3%
	图片显示逻辑语义含义	8132(53.2)	16.2%	4873(51.4)	83.8%

---

① 黑色盒子没有数据是因为在此条件中没有母语者选择黑色盒子。表 15 和表 16 同理。

表 14　二语者 4 种条件下选择图片或黑色盒子的反应时间及选择比例(单位:毫秒)

条件		图片选择			
		可见图片		黑色盒子	
		平均数 (标准差)	选择 比例	平均数 (标准差)	选择 比例
DSI	图片显示等级含义	5051(62.4)	97%	8980(65.2)	3%
	图片显示逻辑语义含义	7315(62.7)	14%	5128(62.6)	86%
ISI	图片显示等级含义	5411(62.6)	95.1%	11080(62.7)	4.9%
	图片显示逻辑语义含义	10792(62.5)	21%	6463(62.5)	79%

2.6.2.2　实验二

实验二也采用黑箱范式且实验设计与实验一基本一致,但是此实验中被试的记忆负荷增加:在实验一中,句子与图片同时出现在一个画面中,因此基本不存在记忆负荷;而在实验二中,被试读完实验句子后点击鼠标,句子消失后图片出现,所以在进行图片选择时被试看不到句子,因此实验二对于被试的工作记忆要求更高,记忆负荷增加①。

24 名母语为中文的英语学习者和 26 名英语母语者参加了此实验,二语者与实验一中的二语者来自美国中西部的同一所大学,但是没有参加过实验一。二语者的平均年龄 24.2 岁,标准差 4.34;学习英文的时间为 9—18 年,平均时间为 14.2 年,标准差 2.70。母语者的平均年龄为 22.8 岁,标准差 5.55。实验过程与实验一一致。英语水平测试与实验一相同,中国学生英语水平测试分数为 30—39,平均分 35.04,标准差 2.37,同样按照 Cho(2017)的分类,实验二中二语者的英语水平结果与实验一相似,同为英语中高级到高级水平。

数据分析方法与实验一相同。

---

①　实验二与实验一还存在两处不同:在表达人物某日没去某个地方时,实验一采取了"X"覆盖在图标上的设计,而实验二则是在当天换了一个目标图标;人物从实验一的动态全身像变成了静态上半身像。

表 15 和表 16 显示两组被试的平均反应时间和图片选择比例。混合逻辑回归模型的分析显示等级含义类型的简单效应显著($\beta=1.42$, $SE=0.53$, $z=2.65$, $p=0.008$),等级含义类型与被试组别交互作用显著($\beta=-1.57$, $SE=0.74$, $z=-2.11$, $p=0.035$)。当图片显示出 DSI/ISI 等级含义时,两组被试选择此图片的比例分别为 100% 和 97% 左右,这说明二语者和母语者在推导两种等级含义时无明显差别。而且,当图片显示出 DSI 逻辑语义含义时,二语者和母语者选择可见图片的比例分别为 13.1% 和 14%,没有显著性差异($z=0.106$, $p=0.916$),也就是说在消除 DSI 时两组被试不存在显著差别。差别出现在消除 ISI 时——当可见图片显示 ISI 逻辑语义时,二语者选择可见图片的比例为 27.8%,而母语者的选择为 13.8%($z=2.082$, $p=0.037$),这意味着二语者比母语者更频繁地消除 ISI 等级含义。从反应时间上来看,值得注意的是当可见图显示 DSI/ISI 逻辑语义时,二语者选择 ISI 逻辑语义含义图片的反应时间要快于 DSI(ISI 8795 ms vs. DSI 11007 ms; $t=2.97$, $p=0.04$)。然而母语者在对比这两种等级含义时并无差异(ISI 5564 ms vs. DSI 5612 ms; $t=0.1$, $p=0.92$),这意味着母语者在消除两种等级含义时并无时间上的差异,但是二语者消除 ISI 要明显快于 DSI,下文会着重讨论二语者的这个加工行为。

表 15 母语者 4 种条件下选择图片或黑色盒子的反应时间及选择比例(单位:毫秒)

条件		图片选择			
		可见图片		黑色盒子	
		平均数(标准差)	选择比例	平均数(标准差)	选择比例
DSI	图片显示等级含义	3712 (46.1)	100%	—	0%
	图片显示逻辑语义含义	5612 (43.3)	14%	3956 (46.4)	86%
ISI	图片显示等级含义	4540 (46.7)	97.1%	4277 (46.4)	2.9%
	图片显示逻辑语义含义	5564 (44.7)	13.8%	5131 (46.7)	86.2%

表16　二语者4种条件下选择图片或黑色盒子的反应时间及选择比例(单位:毫秒)

条件		图片选择			
		可见图片		黑色盒子	
		平均数（标准差）	选择比例	平均数（标准差）	选择比例
DSI	图片显示等级含义	5829（67.9）	100%	—	0%
	图片显示逻辑语义含义	11007（67.5）	13.1%	6819（68.1）	86.9%
ISI	图片显示等级含义	6392（67.8）	97.9%	6599（63.8）	2.1%
	图片显示逻辑语义含义	8795（66.8）	27.8%	7526（67.8）	72.2%

2.6.2.3　总讨论

本研究的主要目的是探索记忆负荷效应对二语者推导和消除两类等级含义的影响(实验问题1)和这种影响是否因被试是二语者或母语者而存在差别(实验问题2)。早期的研究表明工作记忆对于等级含义的理解起到十分重要的作用(De Neys & Schaeken, 2007; Marty & Chemla, 2013; Marty et al., 2013)。本研究通过两个不同的实验设计控制工作记忆的负荷:实验一中句子和图片同时出现没有增加记忆负荷,而实验二中句子和图片分别出现对工作记忆的能力要求更高。以下内容结合实验结果和已有相关研究逐一对实验问题进行讨论。

第一,记忆负荷的增加是否会影响二语者推导和消除两类等级含义的加工方式？本实验研究结果表明记忆负荷的增加对二语者推导和消除等级含义的影响是有限的:二语者生成两类等级含义不受记忆负荷的影响;记忆负荷效应只出现在二语者消除ISI等级含义时,对DSI的消除无显著影响。当可见图片显示等级含义时,二语者选择可见图片的比例在95%以上,二语者能够成功地生成两类等级含义与其他二语研究结果一致(Slabakova, 2010; Miller et al., 2016; Snape & Hosoi, 2018)。图9总结了当可见图片显示逻辑语义含义时,二语者和母语者在实验一和二中消除等级含义(即选择可见图片)的比例。不难看出,二语者在消除DSI

时没有受到记忆负荷增加的影响(实验一：14%，实验二：13.1%)，但是不同于 DSI,二语者在消除 ISI 时受到了记忆负荷增加的影响，即在实验二中比实验一更多选择消除 ISI(实验一：21%，实验二：27.8%)。因为实验二中工作记忆压力的增加且 ISI 本身对认知能力较高的要求(否定环境下需要计算更多的语义)，在实验二中更多消除 ISI 看起来像是二语者的认知能力更高，此结果是出乎意料的，与我们对二语者的认识相违背。其实不然，在实验一中，当句子与图片同时出现时，二语者消除 ISI 的时间显著长于消除 DSI(ISI 10792ms，DSI 7315ms)，我们猜测很有可能是因为二语者在消除 ISI 时先推导出了等级含义然后再去消除。然而，在实验二中，当句子与图片分别出现时，二语者消除 ISI 的反应时间比消除 DSI 短很多(ISI 8795ms，DSI 11007ms)，这表明二语者也许没有做到先推导出 ISI 等级含义再消除，很可能是放弃了 ISI 等级含义的推导，直接选择了眼前提供的可见图片。据此可以看出，减轻被试工作记忆和认知能力压力的有利条件可以让二语者更有能力去推导 ISI；反之，记忆负荷增加的不利条件更有可能使他们在记忆和认知的压力下放弃推导 ISI。未来的研究应该关注 DSI 和 ISI 的消除，尤其是在记忆负荷增加的情况下，消除的途径是否会因为记忆和认知上受到了挑战而改变。

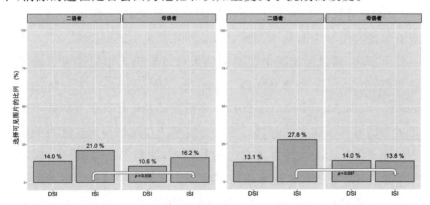

图 9 可见图片显示逻辑语义含义时母语者和二语者选择可见图片的比例

(左：实验一句子与图片同时出现；右：实验二句子与图片分别出现)

第二,记忆负荷效应对二语者和母语者加工等级含义的影响是否存在差别?其一,实验结果表明本实验中母语者在实验一中消除 ISI 更加频繁且时间更长,而在记忆负荷增加的实验二中母语者消除 DSI 和 ISI 的比例和时间都十分接近。但是,二语者在记忆负荷增加的情况下选择 ISI 的逻辑语义解读的频率更高,二语者的行为与以往采用双任务实验范式的母语者的实验结果相似(De Neys & Schaeken,2007;Dieussaert et al.,2011)。我们猜测母语者在实验二中的行为也许与实验设计相关。以往研究母语者加工等级含义的实验大多采用的是双任务实验范式,即在完成句子判断或相似的目标任务外还需要同时完成一项记忆任务,比如记忆图形或者数字串。本研究实验二使用单一任务,增加的记忆负荷对母语者来说没有带来记忆和认知上的挑战,所以母语者的加工过程没有展现出与其他母语者研究相似的记忆负荷效应。其二,图 9 表明实验二中在 ISI 条件下,二语者与母语者在消除 ISI 时的比例差异显著($p=0.037$)。而在实验一中,两组被试的选择差异并不显著($p=0.316$)。这意味着由于实验一中图片和句子同时出现减轻了二语者工作记忆和认知能力上的压力,因此二语者在消除 ISI 时与母语者并无太大差别。但是实验二中记忆负荷增加带来了认知上的困难,再加上推导否定语境中的 ISI 本身需要计算更多的语义,对认知资源的要求更高,所以二语者更多选择直接放弃推导 ISI,从而选择了可见图片代表的逻辑含义。

综上所述,通过对比两个实验的结果可以看出工作记忆对于推导和消除等级含义的重要影响(De Neys & Schaeken,2007;Marty & Chemla,2013;Marty et al.,2013),更重要的是记忆负荷效应并不影响二语者对所有等级含义的理解。本实验发现工作记忆和认知能力的压力对于二语者加工 ISI 等级含义有一定的影响,实验句子与图片一同出现减轻了推导 ISI 等级含义带来的认知能力上的压力,对 ISI 等级含义的推导起到了促进作用;当实验句子与图片分别出现时,二语者受到较高记忆负荷的影响,无法顺利推导 ISI,因而选择了逻辑含义。但是,二语者推导和消除 DSI 并不受到工作记忆和认知能力的限制。若将二语者与母语者的数据做对比,此作用会显得更加突出。

　　本研究关注二语者推导和消除两种等级含义的加工过程,并且通过两个对于工作记忆和认知资源要求程度不同的实验,进一步深化工作记忆和认知能力对等级含义的推导和消除影响的认识。两个实验的结果共同表明,记忆负荷效应对于二语者理解两种等级含义的影响不同,即二语者在理解 DSI 上不受记忆负荷效应的影响,影响出现在消除 ISI 时。然而由于研究条件所限,本研究未能对两个实验的部分因素进行严格控制①,未来研究可改进实验设计来减少其他变量的影响,考虑使用双任务实验范式。此外,本研究只调查了两种等级含义,未来的实验可加入其他类型的等级含义,从而获得对等级含义的二语习得情况更加全面的认识。

2.6.3　实验 3:二语者的口音对理解信息不足话语的影响

　　目前,全球双语使用者人数与日俱增(Grosjean,2010)。许多人使用非母语进行日常交流,尤其是在海外工作或学习的人。大量实证研究发现,二语者在二语音系习得方面面临着较大困难(Scovel,1969;Flege et al.,1995;MacKay et al.,2001;van Engen & Peelle,2014),这也解释了为什么很多人在使用二语时带有口音。在过去的几十年间,有大量研究聚焦口音对交际的影响及其更广泛的社会意义。研究发现,有口音的话语更难理解,且人们对一语者和有口音二语者话语的解读存在差异(Reisler,1976;Kalin & Rayko,1978;Davis et al.,2005;Lev-Ari & Keysar,2012;Lev-Ari,2015;Grey & van Hell,2017)。部分研究者基于"流畅度—理解程度"理论来解释这些发现。该理论认为外国口音与大脑中存储的规范的母语语音表征存在偏离,因此加工外国口音需要额外消耗精力。此外,其他影响语言流畅度的因素如异常的音素或韵律等也使得理解外国口音非常费力(如 Dixon et al.,2002;Floccia et al.,2006;

---

① 比如,未来的研究可以考虑进行组内设计。本研究两个实验的被试虽然是两组不同的二语者,但是他们均就读于美国的同一所大学,年龄相仿且学习英语的时间接近。

Lev-Ari & Keysar, 2010; Boduch-Grabka & Lev-Ari, 2021)。另一种解释为"基于预期"理论。比起一语者,听者对二语者的句法、语义能力有不同的预期(如 Hanulíková et al., 2012)。听者对一语者的话语预期较为稳定,违背预期会导致注意力的分散或重新定向(Bartholow et al., 2001)。近期有研究表明,听者在理解句子的过程中会迅速预测说话人的身份,并且这会影响听者对说话人的话语解读(Foucart et al., 2019)。

到目前为止,研究者主要通过"流畅度—理解程度"或"基于预期"理论来解释对一语者和有口音的二语者话语的加工差异,但尚未能直接操控"理解程度"或"预期"这两个变量。由于阅读文字无须对口音进行加工,因此我们可以通过阅读任务将"理解程度"和"预期"这两个变量的影响区分开,从而检测口音如何影响话语解读。口头交流时,听者会注意话语的语言和非语言特征并给出回应。听者不仅对音高、重音等语音信息很敏感,而且对说话人的特定属性(如身份)也很敏感。阅读则与口头交流不同,个体在阅读过程中获取的语音表征并非是客观存在的。不过,一些研究也表明阅读包括获取语音表征和词汇的听觉形式(van Orden et al., 1990; Bentin & Ibrahim, 1996; Peng et al., 2004)。"听觉意象"(auditory imagery)是指在没有听觉刺激的情况下,个体主观形成的听觉感受。相关研究表明,形成听觉意象与实际听觉感知有相似之处。例如,音乐听觉意象的研究表明,听觉意象可以保留音乐的音高和音色等详细的感知属性(Hubbard & Stoeckig, 1988; Crowder, 1989)。一些研究使用大脑成像技术发现,大脑的颞叶区在形成听觉意象和实际听觉感知时均被激活(Yoo et al., 2001; Halpern et al., 2004; Kraemer et al., 2005)。除此之外,近期研究发现,人在默读时获取的语音表征至少包含实际听觉感知的某些方面(Abramson & Goldinger, 1997; Ashby & Clifton, 2005; Ashby, 2006)。如果给予明确的指示,个体甚至可以通过词汇的视觉形式形成对某个讲话人特定的听觉意象,并将这些意象存储在记忆中(Geiselman & Bellezza, 1977; Johnson et al., 1988)。

基于上述发现,我们可以通过书面阅读任务检验口音对话语解读的影响。须注意,阅读无须加工口音。大脑对有口音话语的加工方式与加工无口音的话语不同,非母语口音会影响听者的理解并带来额外的加工负担(Davis et al.,2005;Floccia et al.,2006)。此外,听者对非母语者的话语抱有不同预期,他们在理解这些话语时更依赖自上而下的语言外部信息(Niedzielski,1999;Lev-Ari,2015)。使用书面测试这一方式使我们能在调控说话人身份(有口音或无口音)的同时确保语言的其他特征(如理解程度)不变。通过区分理解程度和对二语者话语的预期这两个因素,我们可以集中讨论身份预期这一因素在语言理解中的作用。由此,如果被试在阅读任务中针对不同人以不同的方式进行话语解读,其原因便在于被试对说话人的身份预期不同。Fairchild 和 Papafragou(2018)和 Fairchild 等(2020)通过阅读实验验证:尽管被试在阅读过程中无须实际加工口音,说话人是否有口音仍极大地影响了他们的判断,被试对非母语者表现出了选择性宽容。本研究的目的并非检验阅读和听力的相似或不同,但 Fairchild 等及本文的研究结果都可能表明:母语者即使仅形成听觉意象,也对非母语者更加宽容,且对非母语者的社会属性具有更积极的判断。这说明,即使无须实际加工口音,被试在阅读过程中仍可抽象地感知到非母语者话语的语音特征。

本文通过研究被试对语用推导的解读,以探究说话人身份如何影响话语解读。这是因为语用推导不仅包含理解句子的语义或语法结构,而且要求听者基于语境推导说话人真正想表达的意义。信息不足句子的语用推导基于会话参与者对正常交流的理性预期,即合作原则(Grice,1975)。信息不足的话语违反了合作原则中量的准则。基于贝叶斯条件概率模拟语用推导过程的理性话语行为模型(Rational Speech Act,RSA;Frank & Goodman,2012;Goodman & Frank,2016)。(Frank & Goodman,2012;Goodman & Frank,2016)也强调说话人在推导过程中的中心作用。因此,在语用推导过程中,说话人口音的存在不仅体现了其语言特征,也促使听者推导说话人的身份(进而判断话语信息不足的原因)。此外,在交际过程中,当话语信息不足时,听者如何理解和感知说话人也十分重要。与人际感知相关的研究表明，人会基于多种因素，如说话方式、面部表情、人际关系等来评价他人。本实验旨在研究人们如何通过口音的不同来推导说话人的身份信息并对其进行评价。在形成对人知觉（person perception）时，热情度（warmth）和能力（competence）是社会认知的两个普遍维度（Fiske et al.，2007）。实验证据显示，人们往往对二语者持负面评价，认为他们不够诚实友善或缺乏知识和能力（Lambert et al.，1960；Bourdieu & Thompson，1992；Gluszek & Dovidio，2010；Lev-Ari & Keysar，2010；Huang et al.，2013）。本文希望通过研究汉语母语者如何基于语用推导评判具有不同程度口音的二语者，加深我们对人知觉的认识，并深入理解口音对交际的影响及其更广泛的社会意义。

此外，既往研究中（Gibson et al.，2017；Fairchild & Papafragou，2018；Fairchild et al.，2020）还存在一些尚未解决的问题，如听者对二语者社会属性的积极判断是否仅局限于特定的语言和文化背景。前人的研究多集中于英语母语者如何判断英语二语者的话语。但正如 Fairchild 等（2020，p.8）指出："我们还需考虑不同类型的口音是否同样可能引起语用加工的差异，以及听者特定的语言背景会如何影响实验结果。"另外，既往关于母语者解读信息不足的文献（Fairchild & Papafragou，2018；Fairchild et al.，2020）都只单独研究了等级含义或特设含义。虽然这两种会话含义理论上都与量的准则紧密相关，但其推导过程却不尽相同。等级含义中的备选义是预先在词汇标度上以语言形式确定的，而特设含义中的备选义则需要考虑特定语境下的特定情境。实证研究发现，等级含义和特设含义的语言复杂度差异会影响被试的解读（Papafragou & Musolino，2003；Barner et al.，2011；Katsos et al.，2016；Horowitz et al.，2018；Foppolo et al.，2020；Zhao et al.，2021；Wilson & Katsos，2021）。综上所述，考虑到这两种会话含义复杂性的差异，我们应该严格控制实验变量并对其进行研究。因此，本研究的第三个目的即为研究母语者如何解读一语者和二语者话语中的等级含义和特设含义，并研究语言结构的难度差异如何影响二语加工。本研究旨在回答以下四个问题：

1. 汉语母语者理解由二语者和汉语母语者表达的信息不足的句子是否存在差别？换言之，当二语者和汉语母语者都表达信息不足的句子时，二语者是否比母语者获得更高的容忍度？

2. 等级含义和特设含义在语言复杂性上的差异是否会影响汉语母语者理解二语者产出的信息不足的句子？

3. 说话人身份的不同是否影响汉语母语者对话语信息不足的解释？

4. 对说话人属性的判断是否受到说话人身份不同的影响？

2.6.3.1 实验设计

本实验采用句子判断任务来研究汉语母语者如何理解带有不同程度外国口音的汉语学习者的信息不足的句子。本实验采用3×2设计，操控两个自变量，即说者类型和会话含义类型。说者类型分为三个水平：母语者天琪、无口音的二语者艾玛和有口音的二语者约翰。为了让被试对说话人身份抱有明确预期，本实验使用了"伪装式"(guises)设计，即针对三种不同的身份类型设计不同的背景信息和照片以实现被试的预期①。会话含义类型包括两个水平，即特设含义和等级含义。此外，在设计等级含义类信息不足的语境时，我们还考虑了"讨论中的问题"(QUD)这一因素。这是因为推导等级含义的可能性在很大程度上取决于特定QUD下话语的相关性(Roberts，2004，2012)。相关研究表明，QUD会影响对等级词如"some"的解读(Zondervan，2009；Yang et al.，2018)。研究发现，比起上限QUD(即包含强等级词如"all")，被试更可能对下限QUD(即包含弱等级词如"some")情境中信息不足的句子给予更高的评分。换言之，上限QUD比下限QUD更容易触发被试对等级含义进行推导。由于

---

① 例如，在视觉呈现中，两名二语者都有美国人的面孔，这与他们的背景信息一致(见表18)。许多采用"伪装式"实验设计的实证研究发现对说话人的预期可能会被许多因素影响，如种族、语言、国籍等(如 Babel & Russell，2015；McGowan，2015；Vaughn，2019；Hansen et al.，2018)。例如，McGowan(2015)发现，在听有中文口音的英语对话时，比起白人面孔，如果被试眼前呈现出中国人的面庞，其转写的准确率会更高。然而，Hansen等(2018)发现说话人外表和口音的呈现顺序也很重要。这些因素之间的关系非常复杂，未来研究需要对不同信息的组合和呈现顺序进行更细致的探讨。

本实验测试项目中的对话涉及问答,因此,本实验同时使用上限 QUD 和下限 QUD(见表 17)来平衡触发等级含义推导的可能性①。

表 17 特设含义和等级含义的对话流程

要素	含义类型	
	特设含义	等级含义
语境	There is a turkey and an apple in the basket.	There are five apples in the basket.
收银员的问题	What's in the basket? (篮子里有什么?)	Are all the things in the basket apples? (upper-bound QUD) (篮子里全都是苹果吗?) Are there any apples in the basket? (lower-bound QUD) (篮子里有苹果吗?)
回答(信息不足的句子)	In the basket, there is an apple. (篮子里有一个苹果。)	In the basket, some are apples. (篮子里有些是苹果。)

被试首先阅读了三名说话人的身份信息并被告知这三人正在超市结账。三人需要通过描述其购物篮中的物品来回答收银员的问题(示例见图 10 和图 11)。接着,被试需要阅读每人的描述,并按照 7 级李克特量表对该话语进行评分。每名说话人(包括填充项)的最后一个测试项中还包含一个开放式问题,要求被试解读说话人为何会做此发言②。该问题主

---

① 如许多 QUD 研究所示,上限 QUD 必然会包含较强的等级词"all"。对于上限 QUD 来说,使用"some"进行回答明显信息不足。此处我们想强调的是比起下限 QUD,听者在上限 QUD 情境中会对这种回答给予更低的评分。

② 本实验没有为每个测试项都设置开放性问题是因为我们推测被试的解读不会在较短时间内发生巨大的变化。例如,某被试认为母语者话语中的信息不足是因为其主观意愿不足,该解读在短时间内应该不会变化。此外,如果相同的情景和高度相似的问题在实验中反复出现,被试将需要反复键入相同的回答,这有可能导致被试出现厌烦情绪。

要用来探讨被试在解读说话人话语信息不足的意图时,是否考虑了说话人的身份。我们沿袭 Miles 和 Huberman(1994)中的做法,对被试的回答进行了三次编码,以确保编码的有效性和可靠性。首先,本文的两名研究者从数据集中随机抽选 10% 的被试回答并分别进行分类,然后一起审核每个类别。经过对分类差异的讨论和分析,编码者间的一致性达到了 100%。接着,研究者另选新的 10% 的数据并重复上述过程。最终,每位研究者都完成了对剩余数据的分类和审核,编码者本人和编码者间的一致率都达到了 94%,且两名编码者在讨论后就剩余的差异达成了共识。

图 10　特设含义的实验示例

(说话人类型:母语者天琪)

图 10 和图 11 展示了目标条件(信息不足的句子)下,母语者天琪对收银员的回答中等级含义或特设含义信息不足的情况。此外,本实验还包含两类与目标条件具有相同结构的干扰类题目。一种类型为逻辑错误的句子(错误条件),被试应拒绝此类型的句子,给出接近 1 的评分。例

如,在等级含义条件下,当篮子中装有五个香蕉时,"In the basket, some are watermelons"的描述是完全错误的。另一种类型是语用和逻辑上都恰当的句子(正确条件),被试应给出接近 7 的评分。例如,在特设含义条件中,当篮子中装有一个南瓜和一个橙子时,"In the basket, there is a pumpkin and an orange"的描述便是正确描述。

图 11　等级含义的实验示例

（说话人类型:母语者天琪）

研究者为每名说话人设计了 18 个信息不足的目标项(等级含义类 12 项,每种 QUD 各 6 项;特设含义类 6 项)和 24 个干扰项。因此,每位被试一共阅读三个说话人的 54 个(18×3)目标项和 72 个(24×3)干扰项。在设计完所有测试项目之后,研究者创建了两个测试列表以平衡两名二语者的呈现顺序。两组不同的被试分别使用了列表 A(顺序:天琪、艾玛、约翰)和列表 B(顺序:天琪、约翰、艾玛)。

本文测试项目均采用书面形式的语句。本实验未选用语音形式(即实际讲出或录下有口音的话语)是由于实验在明确句子说话人的同时,还需要确保对话语的理解程度一致。此外,针对不同口音有不同的加工要求,使用书面形式的语句也消除了这一因素的影响(Fairchild & Papafragou, 2018; Fairchild et al., 2020)。

2.6.3.2 被试和实验步骤

依据使用的测试列表,参与本研究的 81 名汉语母语者被随机分配至两组:列表 A(n=41)和列表 B(n=40)共纳入了 30 名男性和 51 名女性,年龄介于 18 至 36 岁之间。被试需要报告其英语水平:85% 的被试通过了 CET-4(大学英语四级考试)。其余被试报告了他们在大学入学考试中的英语成绩。参与实验的被试均得到一定报酬。

本实验使用 *Credamo*(www.credamo.com)在线上实施。*Credamo* 是一个类似于 Qualtrics Online Sample 的专业数据平台,提供大规模数据收集服务。在实验开始之前,被试需要阅读并签署电子知情同意书。然后,被试逐一阅读三名说话人的背景信息(见表 18)。

表 18 说话人背景信息

母语者	无口音的二语者	有口音的二语者
天琪是北京大学的一名学生,主修历史。他来自北京,有很重的北京口音,别人一听就能听出来。他爱好运动,空闲时间喜欢游泳。	艾玛在北京大学留学,主修艺术。她来自美国,她的中文没有任何英语口音,只听她说中文别人都认为她是中国人。她爱好美食,空闲时间喜欢做饭。	约翰在北京大学留学,主修社会学。他来自美国,他的中文有很重的英语口音,别人一听就能听出来,通常一句中文他要重复多次别人才能理解。他爱好音乐,空闲时间喜欢弹琴。

在读完任务指示语后,被试开始进行实验。在列表 A 和列表 B 中,两名二语者的出现顺序不同,但每名说话人内部的实验步骤完全相同。被试首先都会再次阅读某位说话人的身份背景信息;然后,被试需要回答两个相关的问题,以确保他们已仔细阅读;接着,被试完成如图 10 和

图11所示的与该说话人相关的42道题目(包括18个目标项和24个干扰项);最后,被试需要在4级李克特量表上对说话人的五个属性进行评分,即诚实度(honesty)、可靠性(reliability)、观点采择(perspective-taking)、成为朋友的可能性(likelihood of being friends)和沟通技巧(communication skills)。被试需要对另外两名说话人也重复上述过程。为提醒被试说话人的身份信息,说话人的背景信息始终在屏幕中央显示。整个实验结束时,被试需要完成一项个人背景调查,提供其年龄、性别和英语水平等信息。实验过程中出现的所有信息,包括任务指示语、说话人身份背景、测试项目和被试回答,均以中文呈现。完成整个实验大约需要20分钟。

2.6.3.3 实验结果

实验中,被试在阅读完说话人身份背景信息后回答了一些问题。在进行数据分析之前,根据被试回答问题的准确度,对数据进行处理。如果被试回答错误超过两次,其数据将被剔除。该过程只剔除了一名使用列表A的被试数据。被试对话语信息不足的解释被编码为四类:能力不足(inability)、意愿不足(unwillingness)、元语言意识(metalinguistic awareness)和一语对思维方式的影响(L1 influence on way of thinking)。为回答前两个研究问题,本节首先呈现被试基于7级量表的评分(重点关注信息不足的目标条件)。随后,本节从以上四个类别分析汉语母语者对话语信息不足的解释以回答第三个研究问题。最后,本节讨论了被试基于4级量表对说话人属性的评分以回答第四个研究问题。

可接受度判断

图12、13展示了不同列表下被试对等级含义和特设含义测试项的平均评分。总体来看,被试对两类会话含义的评分模式较为相近,即被试对目标条件(话语信息不足)的评分低于正确条件但高于错误条件。为比较被试在所有条件下对每种会话含义的评分,本研究使用R语言程序包中的clmm函数(Christensen,2015)运行两个独立的累积连系混合效应模型(CLMM)。实验的因变量为基于7级李克特量表的被试评分。每个模型中

的固定效应如下：实验条件（等级含义的 4 个水平包括正确，信息不足—"all"，信息不足—"any"，错误；特设含义的 3 个水平包括正确，信息不足，错误）；说话人（3 个水平：母语者、无口音二语者、有口音二语者）；呈现顺序（2 个水平：表 A—天琪—艾玛—约翰、表 B—天琪—约翰—艾玛）。我们使用虚拟对照编码（dummy contrast coding）对实验条件（等级含义的参照水平：信息不足—"any"；特设含义的参照水平：信息不足）、说话人（参照水平：母语者）和列表（参照水平：表 A）确定了参照水平。除另有说明，本文遵循 Barr 等（2013）中对最大随机效应结构的常见做法。由于最大模型未成功聚合，我们逐步对随机效应结构进行简化（Bates et al.，2015）。

我们首先探讨第一个研究问题。对于等级含义，模型输出结果（见表 19）表明实验条件与列表之间存在显著的交互作用，且实验条件和说话人之间也有显著的交互作用。然而，三阶交互作用不显著。使用事后检验进一步分析两种显著的交互作用，结果显示，所有四种条件在表 A 和表 B 之间的得分相似（所有 $p>0.1$）。另外，在两种呈现顺序中，被试的评分在两种 QUD 之间未见差异（表 A：$z=1.850$，$p=0.586$；表 B：$z=0.665$，$p=0.998$）。换言之，不论 QUD 如何变化，被试对信息不足的句子评分相似。此外，对 QUD 的不敏感与说话人类型无关（所有 $p>0.1$）。事后检验还发现，在正确和错误条件下，被试对三名说话人的评分间未见显著差异（所有 $p>0.1$）。较为重要的结果是，在两个信息不足的条件下，被试对母语者的评分明显低于对两个二语者的评分（所有 $p<0.0001$），而被试对两名二语者的评分相似（信息不足—"any"：$z=-2.435$，$p=0.382$；信息不足—"all"：$z=2.928$，$p=0.131$）。在两种信息不足的条件下，被试对两名二语者的评分明显高于母语者。

表 19 等级含义累积连系混合模型

类型	回归系数	标准误	z 值	p 值
实验条件：信息不足—"any" vs. 正确	6.48	0.21	30.24	$<0.0001^{***}$
实验条件：信息不足—"any" vs. 错误	−4.20	0.30	−14.10	$<0.0001^{***}$

续表

类型	回归系数	标准误	z 值	p 值
实验条件：信息不足—"any" vs. 信息不足—"all"	−0.18	0.17	−1.05	0.29
呈现顺序：A vs. B	0.71	0.33	2.11	0.03*
说话人：母语者 vs. 二语者—艾玛	0.89	0.20	4.48	<0.0001***
说话人：母语者 vs. 二语者—约翰	1.38	0.24	5.72	<0.0001***
实验条件：信息不足—"any" vs. 正确×呈现顺序：A vs. B	−0.91	0.26	−3.55	<0.0001***
实验条件：信息不足—"any" vs. 错误×呈现顺序：A vs. B	−0.73	0.42	−1.76	0.07
实验条件：信息不足—"any" vs. 信息不足—"all"×呈现顺序：A vs. B	0.03	0.23	0.12	0.90
实验条件：信息不足—"any" vs. 正确×说话人：母语者 vs. 二语者—艾玛	−0.79	0.26	−2.99	0.002*
实验条件：信息不足—"any" vs. 错误×说话人：母语者 vs. 二语者—艾玛	−0.95	0.40	−2.35	0.019*
实验条件：信息不足—"any" vs. 信息不足—"all"×说话人：母语者 vs. 二语者—艾玛	−0.05	0.23	−0.21	0.84
实验条件：信息不足—"any" vs. 正确×说话人：母语者 vs. 二语者—约翰	−0.88	0.27	−3.24	0.001**
实验条件：信息不足—"any" vs. 错误×母语者 vs. 二语者—约翰	−0.82	0.38	−2.15	0.032*
实验条件：信息不足—"any" vs. 信息不足—"all"×说话人：母语者 vs. 二语者—约翰	0.06	0.23	0.24	0.81

续表

类型	回归系数	标准误	z 值	p 值
呈现顺序：A vs. B×说话人：母语者 vs. 二语者—艾玛	−0.14	0.28	−0.49	0.62
呈现顺序：A vs. B×说话人：母语者 vs. 二语者—约翰	−0.50	0.34	−1.50	0.13
实验条件：信息不足—"any" vs. 正确×呈现顺序：A vs. B×说话人：母语者 vs. 二语者—艾玛	−0.12	0.36	−0.32	0.75
实验条件：信息不足—"any" vs. 错误×呈现顺序：A vs. B×说话人：母语者 vs. 二语者—艾玛	−1.17	0.67	−1.75	0.08
实验条件：信息不足—"any" vs. 信息不足—"all"×呈现顺序：A vs. B×说话人：母语者 vs. 二语者—艾玛	0.17	0.32	0.52	0.60
实验条件：信息不足—"any" vs. 正确×呈现顺序：A vs. B×说话人：母语者 vs. 二语者—约翰	−0.02	0.37	−0.05	0.96
实验条件：信息不足—"any" vs. 错误×呈现顺序：A vs. B×说话人：母语者 vs. 二语者—约翰	−0.88	0.60	−1.47	0.14
实验条件：信息不足—"any" vs. 信息不足—"all"×呈现顺序：A vs. B×说话人：母语者 vs. 二语者—约翰	0.09	0.32	0.29	0.77

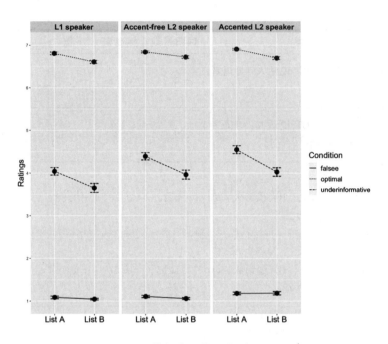

图 12　等级含义的评分（均值）

对于特设含义，模型结果（见表 20）表明实验条件和说话人之间存在交互作用。被试对信息不足条件的评分显著低于正确条件但高于错误条件。被试对母语者的评分也显著低于两名二语者。此外，两种呈现顺序之间的评分无显著差别。

表 20　特设含义累积连系混合模型

类型	回归系数	标准误	z 值	p 值
实验条件：信息不足 vs. 正确	7.20	0.28	25.79	<0.0001***
实验条件：信息不足 vs. 错误	−7.72	0.41	−18.94	<0.0001***
呈现顺序：A vs. B	−0.58	0.43	−1.37	0.17
说话人：母语者 vs. 二语者—艾玛	0.58	0.20	2.84	0.004**
说话人：母语者 vs. 二语者—约翰	0.91	0.25	3.61	<0.0001***

续表

类型	回归系数	标准误	z 值	p 值
实验条件：信息不足 vs. 正确×呈现顺序：A vs. B	−0.44	0.31	−1.45	0.15
实验条件：信息不足 vs. 错误×呈现顺序：A vs. B	−0.60	0.60	−1.00	0.32
实验条件：信息不足 vs. 正确×说话人：母语者 vs. 二语者－艾玛	−0.53	0.33	−1.61	0.11
实验条件：信息不足 vs. 错误×说话人：母语者 vs. 二语者－艾玛	0.04	0.49	0.08	0.94
实验条件：信息不足 vs. 正确×说话人：母语者 vs. 二语者－约翰	0.10	0.38	0.27	0.79
实验条件：信息不足 vs. 错误×说话人：母语者 vs. 二语者－约翰	0.42	0.46	0.90	0.37
呈现顺序：A vs. B×说话人：母语者 vs. 二语者－艾玛	−0.12	0.29	−0.41	0.68
呈现顺序：A vs. B×说话人：母语者 vs. 二语者－约翰	−0.36	0.36	−1.01	0.31
实验条件：信息不足 vs. 正确×呈现顺序：A vs. B×说话人：母语者 vs. 二语者－艾玛	0.64	0.43	1.49	0.14
实验条件：信息不足 vs. 错误×呈现顺序：A vs. B×说话人：母语者 vs. 二语者－艾玛	−0.31	0.79	−0.40	0.69
实验条件：信息不足 vs. 正确×呈现顺序：A vs. B×说话人：母语者 vs. 二语者－约翰	−0.28	0.47	−0.59	0.56
实验条件：信息不足 vs. 错误×呈现顺序：A vs. B×说话人：母语者 vs. 二语者－约翰	0.84	0.72	1.16	0.24

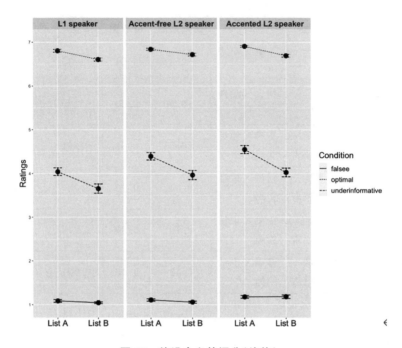

图 13　特设含义的评分(均值)

我们来具体分析被试对两类不同会话含义中信息不足句子的评分是否存在差异(第二个研究问题)。对于研究问题二,我们将两种呈现顺序中对某一会话含义的评分进行合并分析。在 clmm 模型中,固定效应为:会话含义类别(2 个水平:等级含义和特设含义)、说话人(3 个水平:母语者、无口音二语者、有口音二语者)。模型结果(见表 21)表明会话含义类别和说话人之间存在显著的相互作用。事后检验显示,在三名说话人中,比起等级含义,被试赋予特设含义信息不足的句子更高的评分(所有 $p<0.0001$)。这表明根据会话含义类别的不同,被试对信息不足话语的判断也不同。对于特设含义类信息不足的句子,比起母语者,被试给有口音二语者的评分显著更高($z=-2.911, p=0.04$)。此外,等级含义中,母语者得到的评分显著低于两名二语者(母语者 vs. 无口音二语者:$z=-5.308$,

$p<0.0001$;母语者 vs. 有口音二语者:$z=-6.282$,$p<0.0001$),而两名二语者的得分之间未见显著差异($z=-2.279$,$p=0.21$)。

表 21　对比两类会话含义中信息不足条件

类型	回归系数	标准误	z 值	p 值
会话含义:等级含义 vs. 特设含义	−1.76	0.14	−12.27	<0.0001***
说话人:母语者 vs. 二语者—艾玛	0.54	0.23	2.32	0.02*
说话人:母语者 vs. 二语者—约翰	0.75	0.26	2.91	0.004**
会话含义:等级含义 vs. 特设含义×说话人:母语者 vs. 二语者—艾玛	0.49	0.21	2.32	0.02*
会话含义:等级含义 vs. 特设含义×说话人:母语者 vs. 二语者—约翰	0.68	0.20	3.45	<0.0001***

对话语信息不足的解释

被试在实验中对信息不足的句子给出了不同的解释。为回答第三个研究问题,我们对该数据进行编码。表 22 即为发现的四个类别:能力不足和意愿不足为两个主要类别,除此之外还有两个类别。本文在两个主要类别上遵循 Fairchild 等(2020)的分类,只在意愿不足的子类别上做了轻微变动。由于本研究的被试的回答中未考虑"礼貌"和"留面子",所以我们没有效仿 Fairchild 等(2020)添加这两个子类别。但由于有些被试用"回避"(avoidance)这一概念来解释说话人的意愿不足,因此我们新添加了与"回避"相关的两个子类别。这两个子类别为"语言性回避"(linguistic avoidance)(如,"他认为自己在说××这个词时有口音,所以没有说这个词")和"情感性回避"(emotional avoidance)(如,"他不想说话太极端")。尽管两组被试的回答都主要与"情感性回避"有关,但被试在解读二语者行为时也提及了"语言性回避"。如果被试回答中包含上下限QUD 和会话含义的逻辑解读(如,"some 在逻辑上也可能是 all")等内容,则该回答被归类为"元语言意识"。最后一个分类,即一语对思维方式的影响,是针对提及中英思维方式差异的回答(如,"说话人遵循了英文的思维方式")。

表22 对信息不足句子的解释

解释	说话人和会话含义类型					
	母语者		无口音二语者		有口音二语者	
	特设含义	等级含义	特设含义	等级含义	特设含义	等级含义
能力不足	42.65%	55.28%	55.41%	63.36%	76.32%	76.60%
——语言困难	5.88%	4.88%	13.51%	29.77%	34.21%	48.23%
——感知或认知困难	36.76%	50.41%	41.89%	33.59%	42.11%	28.37%
意愿不足	48.53%	35.77%	36.49%	23.66%	19.74%	12.05%
——欺骗	22.06%	16.26%	14.86%	7.63%	6.58%	4.96%
——语言性回避	0%	0%	4.22%	3.82%	5.26%	3.54%
——情感性回避	26.47%	19.51%	17.4%	12.21%	7.9%	3.55%
元语言意识	8.82%	8.95%	4.05%	5.34%	0.00%	2.13%
一语对思维方式的影响	0.00%	0.00%	4.05%	7.63%	3.94%	9.22%

提及能力不足的回答中,被试认为母语者话语中的两类信息不足主要与感知或认知困难有关(如,特设含义:"他不记得自己买了苹果","他没有看到苹果";等级含义:"他不记得他买了多少个苹果","他没有看到所有的苹果")。无口音二语者话语中的两类信息不足也多被解释为感知或认知困难;然而,比例检验表明,等级含义条件下,被试判断无口音二语者语言能力不足的比例远高于一语者($\chi^2=26.453, p<0.0001$),而特设含义条件下两者之间则无显著差异($\chi^2=1.754, p=0.185$)。被试为有口音二语者提供的理由与为无口音的二语者提供的理由不同,等级含义条件下,被试认为语言能力不足是有口音二语者话语信息不足的主要原

因(约 48%)。

三类说话人中,母语者得到"意愿不足"评价的比例最高(特别是特设含义条件下,该理由占比 48.53%),带口音的二语者得到该评价的比例则最低(约 12%—19%)。对母语者话语的常见解释包括欺骗性解释和回避性解释:"他在撒谎","他不想说话太极端"。特设含义条件下,无口音二语者和母语者得到欺骗性解释的比例相似($\chi^2=0.600, p=0.439$);然而,与二语者相比,被试更倾向于将母语者的话语解释为欺骗($\chi^2=5.955, p=0.0147$)。有趣的是,相较二语者,被试对母语者和无口音二语者话语原因的解读中,元语言意识的比例更高。最后,一语对思维方式的影响这一原因只被用来解释两名二语者的话语,且该解释更多存在于等级含义条件下。

属性评分

最后,本实验要求被试基于 4 级量表对说话人的属性进行评分,即诚实度、可靠性、观点采择、成为朋友的可能性和沟通技巧(第四个研究问题)。图 14 显示,被试在四个属性上对母语者的评分都远低于二语者。三个说话人得分最低的属性都是观点采择。有口音的二语者在除了沟通技巧以外的四个属性上得分均比无口音的二语者略高。我们对属性评分数据使用 clmm 模型进行拟合。固定效应包括说话人(3 个水平:母语者、无口音的二语者、有口音的二语者)和属性(5 个水平:诚实度、可靠性、观点采择、成为朋友的可能性和沟通技巧)。模型输出结果(见表 23)表明说话人和属性之间具有显著的交互作用。事后检验表明,首先,两名二语者在五个属性上的得分彼此没有差异,且三位说话人在沟通技巧属性上得分相似(所有 $p>0.1$)。其次,在诚实度($z=-4.732, p<0.001$)、可靠性($z=-3.648, p=0.022$)、观点采择($z=-4.927, p<0.0001$)和成为朋友的可能性($z=-4.898, p<0.0001$)属性上,母语者的得分都显著低于有口音的二语者。在诚实度属性上,被试对母语者的评分也低于无口音的二语者,但 p 值略大于显著性水平($z=-3.251, p=0.07$)。此外,在成为朋

友的可能性属性上,母语者的得分显著低于无口音的二语者($z=-4.169, p=0.003$)。

表 23 五个属性评分的累积连系混合模型

类型	回归系数	标准误	z 值	p 值
说话人:母语者 vs. 二语者—艾玛	1.40	0.43	3.25	0.001**
说话人:母语者 vs. 二语者—约翰	2.15	0.45	4.73	<0.0001***
属性:诚实度 vs. 可靠性	−0.33	0.36	−0.92	0.36
属性:诚实度 vs. 换位思考	−1.29	0.37	−3.50	<0.0001***
属性:诚实度 vs. 成为朋友的可能性	−0.50	0.36	−1.39	0.17
属性:诚实度 vs. 沟通技巧	0.36	0.35	1.01	0.31
说话人:母语者 vs. 二语者—艾玛×属性:诚实度 vs. 可靠性	−0.30	0.49	−0.61	0.54
说话人:母语者 vs. 二语者—约翰×属性:诚实度 vs. 可靠性	−0.42	0.49	−0.86	0.39
说话人:母语者 vs. 二语者—艾玛×属性:诚实度 vs. 换位思考	−0.03	0.50	−0.05	0.96
说话人:母语者 vs. 二语者—约翰×属性:诚实度 vs. 换位思考	0.23	0.50	0.46	0.65
说话人:母语者 vs. 二语者—艾玛×属性:诚实度 vs. 成为朋友的可能性	1.09	0.50	2.20	0.028*
说话人:母语者 vs. 二语者—约翰×属性:诚实度 vs. 成为朋友的可能性	0.85	0.49	1.73	0.08
说话人:母语者 vs. 二语者—艾玛×属性:诚实度 vs. 沟通技巧	−0.07	0.49	−0.14	0.89
说话人:母语者 vs. 二语者—约翰×属性:诚实度 vs. 沟通技巧	−1.45	0.49	−2.95	0.003**

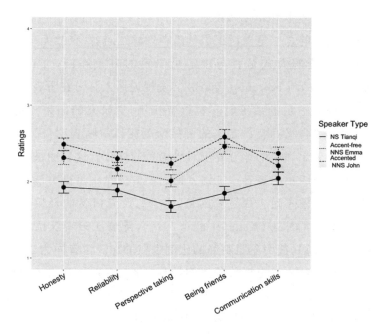

图 14 说话人的属性评分(均值)

2.6.3.4 讨论

尽管一些研究表明,二语者往往是负向偏见的对象(Lev-Ari & Keysar,2010;Hanulíková et al.,2012;Gibson et al.,2017;Grey & van Hell,2017),Fairchild 等(2020)和 Fairchild 和 Papafragou(2018)却发现英语母语者在理解母语者和二语者所表达的信息不足的句子时存在差异,并对二语者存在更积极正向的判断。本研究将研究范围拓宽至汉语母语者,这些被试与既往研究中的被试拥有不同的文化和语言背景;同时,本研究涉及了两种类型的会话含义,即等级含义和特设含义。本实验的研究结果表明:说话人身份在汉语母语者评判话语信息不足的过程中起着重要作用;口音为二语者带来一定优势,使其在交流中出现信息不足时更易获得宽容,且更易被赋予积极正向的社会属性。

第二语言加工中口音的优势

本研究的目的之一是探讨汉语母语者理解二语者（有或无口音）话语中信息不足句子的方式是否与理解母语者的方式不同。Fairchild 和 Papafragou(2018)与 Fairchild 等(2020)发现说话人身份在听者评估母语者和二语者信息不足的话语时起着重要作用，本研究的结果与此一致。本实验中对等级含义和特设含义的可接受度测试清晰表明：汉语母语者对二语者信息不足话语的评分高于对母语者的评分。这说明被试对违反语用规则的二语者更为宽容。二语者话语中的信息不足更可能被解释为能力不足而非意愿不足。更重要的是，由于二语者口音的轻重常被视为其二语水平高低的标志(Kang et al., 2010)，随着二语者汉语水平的下降（即口音的加重），能力不足解释的比例也在增加。尽管同为二语者，有口音二语者得到能力不足评价的比例最高（约76%），并且高于无口音二语者（特设含义条件下约55%，等级含义条件下约63%）。这表明被试不仅对二语者的语用错误更为宽容，也敏感地通过口音轻重来判断二语者的语言水平。被试在给予母语者能力不足的评价时，主要认为母语者记忆或感知方面出现问题；而在提及二语者的能力不足时，却往往将其与语言能力不足相联系。此外，被试在提及意愿不足相关的原因时，无论是欺骗性解释还是回避性解释，都更多地将其与母语者而非与二语者相关联。在属性打分任务中，被试也认为母语者不如两位二语者诚实。总之，本研究的结果表明，二语者比母语者具有更多社会性优势，这种优势体现在二语者话语中的信息不足更易得到宽容。

下面，我们来探讨口音轻重与说话人获得社会优势之间的关系。实验发现，被试认为有口音的二语者更可能拥有积极的社会属性：有口音的二语者在诚实度、可靠性、观点采择和成为朋友的可能性方面得分均显著高于一语者。在社会心理学领域，越来越多与口音相关的研究报告了口音对个人属性判断的影响。研究发现，口音重的人往往被认为不太诚实和可靠（如 Lindemann, 2003；Lev-Ari & Keysar, 2010）。一些研究者认为，二语有口音表明沟通技能较差（如 Gluszek & Dovidio, 2010）。此外,有口音的二语者在友好性特征上得分较低,这进一步影响了被试的行为选择(如 Giles & Watson,2013)。本研究的结果与既往研究有所不同,对此,我们借用与社会认知相关的理论和实验证据做出初步解释。如前文所述,针对母语者信息不足的话语,被试更多地给出了"意愿不足(有意欺骗)"的解释。然而,对于两位二语者,被试给出的理由更多是"能力不足"。与"意愿不足(有意欺骗)"相比,"能力不足"的判断更为正向。近期的社会认知理论和相关研究认为,热情度和能力是社会认知的两个普遍维度。比起能力维度的特征(即本研究中的观点采择和沟通技巧),人在做出行为反应时更看重热情度的特征(即本研究中的诚实度和可靠性)(Peeters,2002;Fiske et al.,2007;Edwards et al.,2017)。诚实度和可靠性是与说话人意图相关的两个属性,而被试认为母语者是出于欺骗的目的使用信息不足的话语,因此不难理解为何母语者在这两个属性上得分较低。"成为朋友的可能性"这一属性体现了被试的行为偏好,这种偏好源自被试基于热情度和能力维度对说话人的判断。因此,被试在决定是否愿与说话人成为朋友时,有可能调用了他们对说话人诚实度和可靠性的判断。换言之,由于母语者在诚实度和可靠性属性上得分较低,因此他们在"成为朋友的可能性"这一属性上得分也显著较低。此外,三位说话人在沟通技巧方面得到的评价相似,这可能是由于三人对收银员的问题都给与了信息不足的回答,没有实现成功交际。

本实验中可接受度测试的结果与 Fairchild 等(2020)的结论基本一致,但被试对话语信息不足的解释体现了 Fairchild 等(2020)没有提及的、与二语/外语学习有关的三个新方面。被试提及的解释中,有两类与回避相关。部分被试认为二语者的行为与语言回避有关,如"他认为自己说××词时有口音,所以他避免说那个词"。该解释表明,被试意识到了口音带来的羞耻感,他们自身可能也有过类似的经历,即通过避免使用二语/外语的某些表达来消除这种羞耻感。需要注意的是,本研究的被试都是双语者,英语是他们的第二语言或第二外语[尚不清楚 Fairchild 和 Papafragou(2018)中的英语母语被试是否为双语者;Fairchild 等(2020)

中的被试则全部为英语单语者]。被试或许在学习英语的过程中感受过母语汉语的影响,例如,说英语时带有中文口音(至少出现在学习初期)。与 Fairchild 等(2020)中的单语被试相比,本研究中的双语者被试可能与实验中的二语者有更多共同体验。这可能减轻了被试对二语者的口音偏见——既往研究表明,亲身经历会改变人的态度和行为(Brookhuis et al.,2011)。本研究中的被试有可能将自身学习第二语言或外语的经历投射到实验中的二语者身上,并因此表现出对二语者行为的理解。被试提及的另一个可能的解释为母语对二语者思维方式的影响。该解释考虑到了母语对思维方式的潜在影响。双语者被试可能有过受母语影响未能用第二语言正确表达的经历。需要指出,汉语母语者将自己的语言学习经验投射到他人身上可能是由于其东亚文化背景。有研究发现,东亚人比起西方人更重视与他人的关系(Markus & Kitayama,1991;Wu & Keysar,2007)。然而,本实验未清晰地区分被试的双语学习经历和文化背景的影响,因此,未来的研究可以通过区分这两个因素,进一步探究它们如何影响对一语者和二语者话语中信息不足的解读。

二语者话语中等级和特设含义的语用推导

Fairchild 和 Papafragou(2018)中的实验二结果显示:等级含义类信息不足条件下,被试对母语者和二语者的评分无差别。然而本实验的结果表明,母语者和二语者的得分仅在特设含义条件下无差别。等级含义条件下,被试对母语者话语的评分明显低于两名二语者。换言之,汉语被试在判断不同类别的会话含义时,结合他们对说话人语言水平的判断,展现出了不同的宽容程度。等级含义条件下,两名二语者信息不足的话语比起母语者更容易得到宽容,而在特设含义条件下,由于被试认为无口音的二语者具有较高的语言水平,因此他们的得分与母语者无异。这表明会话含义的类别会影响被试对信息不足的宽容度。在讨论该结果时,我们需要考虑到,推导等级含义比推导特设含义更为复杂。推导等级含义不仅需要理解相关语境并考虑到其他选择,还需要预先知道对应的等级词汇。相较而言,特设含义的推导则较为容易,因为语境本身就提供了足够的信息,让被试更易考虑到其他选择。因此,等级词汇为二语者推导等级含义带来了额外的困难。有学者认为,这种额外的困难解释了,比起成人,为何儿童更难推导出等级含义(Guasti et al., 2005;Barner et al., 2011;Foppolo et al., 2020)。本实验中,两名二语者(艾玛和约翰)均为成年人,拥有成熟的认知和语用能力,完全可能拥有将两个中文等级词汇联系起来的能力。但特别是在等级含义条件下,被试在解释二语者话语中的信息不足时,仍频繁提及语言能力不足这一原因(两名二语者分别为29.77%和48.23%)。特别是由于有口音的二语者被认为语言水平不足,因此在被试给出的解释中,语言能力不足一项占近50%。被试做出此解释时,认为二语者可能没有理解汉语中"有些"和"全部"的用法,如,"他没有完全掌握中文中'有些'和"全部"的用法"。这些解释表明,被试意识到推导等级含义需要预先知道对应的等级词汇(特设含义条件下被试没有类似的解释),对二语者来说这可能较难。总之,本研究发现语言结构的难度会影响二语者获得的优势,即如果语言结构相对容易,则被试对语言错误的容忍度较低(特设含义条件下,无口音的二语者甚至与一语者得分没有差异)。

与既往研究(如 Dupuy et al., 2016)结果不同,本研究发现被试对两种 QUD 不敏感。这并不意味着 QUD 对被试推导等级含义没有影响。该结果仅表明,本研究中,QUD 可能不是被试在判断句子时考虑的唯一因素。需要注意的是,既往研究中使用的判断任务都是图片和句子的匹配任务,没有特定的交际目的。被试无需考虑交流的语境,只需根据句子是否与图片相匹配来做出判断。然而,本实验的不同之处在于,本实验中的句子处于日常交流的语境之中,实验的目标句是说话人对收银员的回应,收银员需要得知篮子里物件的准确数量才能结账。这种情况下,说话人只有准确描述物件数量并给出信息完整的回答才能达到交流目的,也只有这样的回答才会得到被试的选择和接受。因此,即使被试对 QUD 敏感并将下限 QUD 情景下的"有些"解释为"有些或可能全部",这种解读在该语境中仍然没有实现交际效果,也因此得分偏低。

2.6.4 实验4:中国韩语学习者等级含义的推导和形态助词的习得

本实验关注母语为汉语的韩语学习者在否定句中推导等级含义(即间接等级含义)的情况。在否定句中,全称量词 all 和否定之间的关系主要涉及量化辖域解读。本实验的讨论部分结合"接口假说"进行反思与讨论。量词与名词构成量化名词短语(quantificational noun phrase)。当与其他逻辑算子(logical operator),如否定词、疑问词一起出现在句中时,量化辖域(quantifier scope)尤为重要且直接影响句子的理解(Musolino, 1998, 2006; Musolino et al., 2000; Musolino & Lidz, 2006; Chung, 2009; Zhou & Crain, 2009)。比如,在例(1)中,当全称量词"every"出现在主语位置上且句中存在否定时,句子有两种解读:第一种是表层辖域解读(surface scope reading),表示全部否定;第二种是逆序辖域解读(inverse scope reading),表示部分否定。值得注意的是,当全称量词出现在宾语位置时,句子的解读较为明确(Chierchia et al., 2001; Gualmini & Crain, 2002, 2005; Crain et al., 2002, 2013; Papadopoulou & Clahsen, 2003; Goro, 2007; Crain, 2012)。例(2)表达表层辖域解读带来的部分否定,表示蓝精灵只买了一部分橘子。

(1) Every horse didn't jump over the fence.
    a. every>not: $\forall x\,[horse\,(x) \to \neg\,jump\,over\,the\,fence\,(x)]$
       "For every horse, that horse did not jump over the fence."
    b. not>every: $\neg\,\forall x\,[horse\,(x) \to jump\,over\,the\,fence\,(x)]$
       "It is not the case that every horse jumped over the fence."

(2) The Smurf didn't buy every orange.
    a. not>every: It is not the case that the Smurf bought every orange.

与英语的量化辖域关系不同,汉语只允许表层辖域一种解读(Aoun &

Li,1989；Huang,1982；Lee,1986）。Aoun 和 Li(1989)的"同构原则"(Isomorphic Principle)明确了在汉语中,辖域关系由量词和否定在表层结构中的语序来决定。当全称量词作宾语时,由于汉语的语序较为自由,它既可以出现在否定词后[例(3)],也可以作为焦点位于否定词前[例(4)],两种不同的语序对应不同的辖域关系：例(3)与例(4)各只有一种解读,例(3)表示部分否定(汤姆寄了部分信),例(4)表示全部否定(汤姆一封信都没有寄)。

(3) 汤姆没有寄所有的信。
(4) 汤姆所有的信都没有寄①。

与英语和汉语都不同的是,韩语不是 SVO 语序,而是 SOV 语序,所以在韩语的句子中[见例(5)],带有全称量词모든(所有)的名词短语先于否定(안)出现,全称量词占宽域(all＞not),因此例(5)的理解为全部否定,即所有的信汤姆都没寄(O'Grady,2015)。另一种解读,即逆序辖域解读(部分否定),因为生成这个解读需要回溯和修改首先生成的全部否定解读,付出更多的认知努力,因而并不是韩语母语者的优选解读(O'Grady,2015；O'Grady et al.,2009)。已有不少实证研究证实,韩语母语者,包括儿童,在此类否定句中强烈倾向于生成表层辖域解读(Han et al.,2007；O'Grady et al.,2009；O'Grady,2013)。

(5) 톰은 모든 편지를 안 보냈어요②.
    汤姆所有的信没有寄。

---

① 本句中出现的范围副词"都"是量化副词,对句中的词组做全称量化。如句子简化为"汤姆信都没有寄",其理解也同样是所有的信汤姆都没有寄。"都"的习得不在本文讨论范围之内。例(4)对于本文的意义是其表层线性语序与韩语的语序是一致的,存在正向母语迁移的可能。

② 韩语中存在两种否定形式,即短否定和长否定形式。短否定形式中的否定出现在动词之前。长否定形式中的否定出现在动词后且需要加上名词化后缀지和主动词아니하다或않다等。虽然本研究采用短否定形式且长短否定式在本研究聚焦的现象上不会改变解读,但未来的研究也应考虑长否定形式(Han et al.,2007)。

值得注意的是,若生成部分否定解读,韩语涉及不同助词的使用。在例(5)中,出现在宾语 편지(信)上的助词为宾格助词 —을/를。与本研究相关的另一个韩语助词是对比焦点标记(contrastive focus marker) —은/는。一般来说,带有 —은/는 的名词性短语表达话题义、对比话题义或者是对比焦点义(Han,1996)。当例(5)的宾格助词变为例(6)的对比焦点标记 —은/는 时,句子的辖域关系变为否定词占宽域(not>all),形成部分否定解读(Park & Dubinsky,2020),因此例(6)的理解为汤姆寄了一部分信①。当全称量词作宾语时,汉语、英语和韩语中的解读总结见表 24。

(6) 톰은 모든 편지는 안 보냈어요.
　　汤姆所有的信没有寄。

表 24　汉语、英语和韩语中的辖域解读

语言	例句	辖域解读
汉语	汤姆所有的信都没有寄。	全部否定(all>not)
	汤姆没有寄所有的信。	部分否定(not>all)
英语	Tom didn't send all the letter.	部分否定(not>all)
韩语	톰은 모든 편지를 안 보냈어요.	全部否定(all>not)
	톰은 모든 편지는 안 보냈어요.	部分否定(not>all)

2.6.4.1　研究背景

相关理论

二语发展到最终水平(ultimate attainment)的状态下,仍然存在中介语可变性(variability)、残存的对错交替(residual optionality)、母语迁移(L1 transfer)和僵化(fossilization)等现象,且这些现象多发生在语言的接口处(interface)。接口假说(Interface Hypothesis,Sorace,2011)区分

---

① 为了初步确认韩语母语者对例(6)的解读有显著的部分否定解读偏好,我们准备了 10 个与(6)相似的句子。15 位韩语母语的回答全部都认为带有 —은/는 句子的解读为部分否定解读。

内外两类接口。内接口指语言系统内部之间的接口,如句法—语义等;外接口是语言与语言系统外的其他认知系统的接口,如句法—语篇等。接口假说的核心观点是内接口上的语言知识可以被习得,但是外接口的习得难度较大,甚至对于处于最终水平阶段的二语者仍较为困难。针对外接口上的习得难度大的原因,接口假说(Sorace,2011,2012)倾向于认为这与二语者整合和加工多种信息的资源不足有关。语言与非语言层面的信息加工和匹配需要更多的认知资源,二语者在这方面不及母语者。

另一聚焦加工资源且与辖域解读习得高度相关的理论是 O'Grady 的加工决定论(Processing Determinism,O'Grady,2015)及其相关的假设或原则。加工决定论的主要观点为加工成本的多少决定习得的过程,低成本的加工比高成本的加工更有优势。在加工过程中,加工器即时加工每一个名词词组;依据线性加工规则,修改已生成的解读再生成新的解读会导致加工成本的增加(效率假设,Efficiency Assumption,O'Grady et al.,2009)。语言加工要尽可能加快加工速度和提高加工效率。为了减轻加工的成本和负荷,被试会执行效率假设中的即时加工和避开回溯(backtracking)的策略。比如,在线性加工例(5)的韩语句子的过程中,加工器先遇到全称量词短语,再遇到否定形式,即时加工的结果是全称量词取宽域,生成表层解读(all>not)。如果要获得逆序解读(not>all),加工器需要回溯并修改首先生成的表层解读,因此加工成本更高。语言习得的过程就是加工能力提升的过程(加工提升假设,Amelioration Hypothesis,O'Grady,2011)。除了关注加工成本和效率外,O'Grady 的迁移计算假设(Transfer Calculus Hypothesis,O'Grady,2013)也提到一语迁移的影响。此假设认为如果一语的加工方式在二语中并没有带来更大的加工压力,那么一语的加工方式会迁移到二语中。

二语辖域实证研究

先前的二语研究发现,二语者,尤其是初学者,对英语句子中作主语或宾语的全称量词短语有强烈的表层辖域解读的偏好(O'Grady et al.,

2009；Chung，2009，2013；Kim，2010；Wu & Ionin，2019；Chung & Shin，2022）。O'Grady等（2009）关注韩语和英语中全称量词短语（作宾语）在否定句中的解读（如例（2）和（5））以及母语迁移的影响。42名母语为韩语的英语学习者参加了韩语和英语实验，他们的英语水平为中级到高级。韩语实验的结果表明被试生成全部否定解读的比例达到了97%。一周后，被试参加了英语实验。如果被试不受母语量词辖域解读的影响，他们在英语中应当更多允许部分否定解读。然而，英语实验的结果表明他们生成全部否定的比例仍然高达93%，母语的辖域解读偏好迁移到了二语中。Lee（2009）通过一项离线判断任务和一项在线加工任务也同样发现了韩语母语者的母语迁移，即全称量词无论是在英语否定句中作宾语还是主语，韩语母语者都生成全部否定的解读。但是，这种母语迁移随着二语者英语水平的提高而减弱。高水平的二语者能够克服母语迁移生成与英语母语者相似的解读。但是，当遇到全称量词作宾语时，高水平的二语者仍然没有像英语母语者一样生成部分否定解读。

母语为汉语的二语者在生成量词辖域解读时也会受到母语迁移的影响。唐轶雯和陈晓湘（2018）探讨了中国学习者对带有全称量词every和存在量词a(n)的主被动句的辖域关系的解读。实验结果表明虽然中国学习者与英语母语者的解读大致相同，但是汉语中不存在逆序解读的这一特征仍然影响中国学习者的习得。尤其是在a(n)…every的主动句中，中国学习者与英语母语者的解读存在显著差异，且二语水平并不影响逆序解读的生成。作者认为逆序辖域解读的生成要求学习者不仅加工量化辖域的句法和语义信息，还需要整合语篇信息，涉及多个接口，导致认知负荷的增加，因此逆序辖域解读的生成需要更高的加工成本，给二语者带来了更多挑战。

贾光茂（2018）聚焦不同英语水平的中国学习者对作主语或宾语的全称量词词组在否定句中的解读。在理解全称量词作主语的否定句时，中国学习者表现出表层解读的偏好，与英语母语者逆序解读的偏好不同。逆序解读因需要修改先前解读后再生成，所以比生成表层解读的加工成本要高。再加上表层解读是汉语的唯一解读，因此中国学习者采用效率优先的线性加工机制,将母语的解读偏好迁移到二语中。我们更加关注实验中中国学习者理解全称量词作宾语的否定句的结果。英语母语者出现表层解读的偏好(部分否定),但是中国学习者同时接受表层(部分否定)和逆序(全部否定)解读。贾光茂认为此解读行为仍然可能受到了母语迁移的影响。正如上文提到,作宾语的全称量词在汉语中可位于否定词之前和之后[例(3)与例(4)]。在理解英语句子时,中国学习者将汉语中的两种解读方式迁移到英语句子中。

总体来说,上述研究发现量词辖域解读给二语者带来了一定的习得困难。但先前的研究仍然存在以下不足:(1)主要基于英语作为目标语的习得,鲜少有习得其他语言的研究,跨语言差异带来的对辖域解读的影响仍需要进一步探索;(2)大多研究聚焦全称量词every,且主要关注every与其他量词[比如存在量词a(n)]的辖域解读问题,鲜少关注二语者习得其他量词以及量词与否定词的辖域解读;(3)与汉语、英语不同,在韩语中,作宾语的全称量词短语获得明确的逆序解读(部分否定)并非一个句子的多个解读之一,而是要求被试对助词敏感,在全句语序不变的情况下,通过不同的助词获得相应的解读。本研究关注的习得情况涉及句法—语义—形态—语篇接口,属于多重接口。对于辖域解读的习得问题,中国学习者习得韩语提供了一个新的研究视角,帮助我们进一步探究在多重接口上,母语迁移的影响和二语加工机制的问题。鉴于此,本研究的研究问题是:

1. 在解读全称量词作宾语的否定句时,中国韩语学习者与韩语母语者的表现是否一致?

2. 韩语水平如何影响中国韩语学习者习得韩语的辖域解读?

2.6.4.2 实验设计

本研究采用可接受性判断任务(Acceptability judgment task,AJT)来研究中国韩语学习者习得韩语否定句中作宾语的全称量词的辖域解读的情况。可接受性判断任务中的每个测试题目包含四个步骤,见图15。第一步是一个简短的背景介绍,故事中出现一位人物、5个物体和一个动作,图片显示5个物体。图15的第一步背景信息的中文翻译是"李琳丽这次生日收到了很多礼物。她想要打开的礼物如下"。第二步显示有多少物体受到了这个动作的影响,同时图片还搭配一句韩语句子"最后,××(物体)变成了这样"。图 15 第二步的句子是"最终,礼物变成了这样"。这一步有两种可能,一种是 5 个物体中有 2 个物体没受到动作的影响(部分否定语境)或者所有物体都没有受到影响(全部否定语境)。图 15 显示的是部分否定语境,因为第二步的图片显示有 2 个礼物没打开。第三步显示关键句。图 15 第三步的关键句是"这个故事告诉我们李琳丽没有打开所有的礼物"。在最后一步中,被试需要针对第三步的关键句的可接受度在 7 级李克特量表上打分(1=不可接受,7=可接受)。

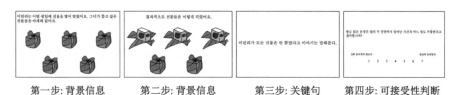

第一步: 背景信息　　第二步: 背景信息　　第三步: 关键句　　第四步: 可接受性判断

图 15　可接受性判断任务实验流程示例

本实验采用 2×2 设计,包含语境(2 个水平:全部否定和部分否定)和助词(2 个水平:—을/를和—은/는)两个自变量,因此共有四个实验条件,如(7)—(10)所示。实验预测和数据分析集中于(7)(9)和(10)三个实验条件。当语境为全部否定时,带有—을/를的句子最优;当语境为部分否定时,带有—은/는的句子最优,其可接受度应高于带有—을/를的句子。如果被试能够生成全部否定解读(表层解读),我们预测他们会给全部否定语境下带有—을/를的句子较高评分。如果被试能够生成部分否定解读(逆序解读),我们预测他们会给部分否定语境下带有—은/는的句子较高评分,且应高于此语境下带有—을/를的句子。

(7) 全部否定语境,—을/를:

图片显示 5 个礼物全部都没有打开。

关键句:이린리가 모든 선물을 안 뜯었다고 이야기는 말해준다.

(8) 全部否定语境,—은/는:

图片显示 5 个礼物全部都没有打开。

关键句:이린리가 모든 선물**은** 안 뜯었다고 이야기는 말해준다.

(9) 部分否定语境,—을/를:

图片显示 5 个礼物中的 2 个礼物没有打开。

关键句:이린리가 모든 선물**을** 안 뜯었다고 이야기는 말해준다.

(10) 部分否定语境,—은/는:

图片显示 5 个礼物中的 2 个礼物没有打开。

关键句:이린리가 모든 선물**은** 안 뜯었다고 이야기는 말해준다.

目标句共有 16 句。除了目标句外,本研究还包含了 10 个填充句。例子如下:背景故事显示 5 个礼物都没有被打开,关键句是"这个故事告诉我们李琳丽打开了所有的礼物"。由于这句话是完全错误的,因此被试应当给这个句子低分。除此之外,本研究还包含了 30 个来自于另外一个实验的句子。使用拉丁方设计后,共有 4 个实验列表。被试总共完成 56 个题目,包括 16 个目标句、10 个填充句和 30 个干扰句。

2.6.4.3 被试和实验流程

实验使用 Gorilla.sc 进行(Anwyl-Irvine et al.,2019)。被试在签署实验参与同意书后,依次完成韩语水平测试和可接受性判断任务。最后,被试需要提供有关性别、年龄、学习英语和韩语的信息等。整个实验大约需要 40 分钟完成。

本研究共有两组被试:44 名中国韩语学习者(含 6 名男性)和 30 名韩语母语者(含 6 名男性)。被试的详细信息见表 25。由于在中国英语从小学开始就是必修课程,所以参与本实验的韩语学习者的第二外语均为英语。所有被试在进入大学后开始学习韩语。

韩语水平测试来自于 Lee-Ellis(2009),包含四篇完形填空的短文。每个短文有 25 个空白处需要填写,所以一共有 100 个空白处。被试需要仔细阅读每一篇短文,并在空白处填入适当的单词(包括内容和形态)。整个韩语水平测试限时 30 分钟。在 Lee-Ellis 建议的评分方法中,我们采用了三个等级的评分方式:答案中内容和形态都正确,得 2 分;如果仅内容或者形态部分答对,得 1 分;内容或形态部分都不正确,得 0 分。因此,韩语水平测试总分为 200 分。

表 25 被试信息

	母语—汉语 二语—英语 三语—韩语学习者		韩语母语者	
	平均数 (标准差)	范围	平均数 (标准差)	范围
年龄	23.6 (2.8)	21—35	25.1 (4.4)	20—35
第一次接触英语的年龄	7.7 (2.4)	5—13	n/a	n/a
学习英语的时间(单位:年)	15.7 (3.1)	9—23	n/a	n/a
第一次接触韩语的年龄	18.5 (1.17)	18—20	n/a	n/a
学习韩语的时间(单位:年)	5.1 (2.6)	4—15	n/a	n/a
韩语水平(满分 200)	162.6 (26.8)	94—197	n/a	n/a

2.6.4.4 结果

可接受性判断任务的评分

图 16 显示两组被试在可接受性判断任务中全部否定语境-을/를、部分否定语境-은/는,以及部分否定语境-을/를的评分。总体来说,母语者的评分模式符合实验设计:在全部否定语境中,带有-을/를的最优句子的评分最高;在部分否定语境中,带有-은/는的句子的评分高于带有-을/를的句子。韩语学习者的评分似乎表明他们在部分否定语境中无法区分两个带有不同助词的句子。

评分的统计分析使用 R 中的 clmm()函数运行累积连系混合模型(CLMM)(Christensen, 2019)。该模型包括 7 级评分为因变量,语境(2 个水平:全部否定和部分否定)、助词(2 个水平:-을/를和-은/는)和被试组别(2 个水平:母语者和学习者)为固定效应,以及被试和项目作为随机因素(包括截距和斜率)。本文遵循 Barr 等(2013)中对最大随机效应

结构的常见做法。由于最大模型未成功聚合,因此经后退程序(Bates et al., 2015)对随机效应结构进行简化。表 26 汇报此累积连系混合模型的结果。语境、助词和被试组别都对被试的评分有显著影响,并且三个固定效应之间还存在显著的交互作用。事后检验表明,韩语母语者和学习者在两个句子最优条件下的评分无差别(全部否定语境 —을/를: $z = 2.013$, $p = 0.473$;部分否定语境 —은/는: $z = 2.673$, $p = 0.131$)。另外,韩语母语者在部分否定语境下给带有 —은/는 的句子评分显著高于带有 —을/를 的句子($z = -8.265$, $p < 0.0001$),而韩语学习者在部分否定语境下并无法区分两种带有不同助词的句子($z = 1.576$, $p = 0.765$)。

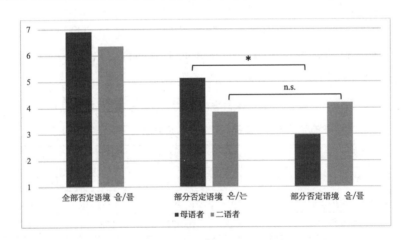

图 16　两组被试在可接受性判断任务中的评分

表 26　两组被试的累积连系混合模型

(语境的参照水平:全部否定;助词的参照水平:—을/를;被试的参照水平:母语者)

类别	回归系数	标准误	z 值	p 值
语境(部分否定)	−7.203	1.053	−6.838	8.06e−13***
助词(—은/는)	−2.207	0.488	−4.527	5.98e−10***
被试组别(学习者)	−1.740	0.864	−2.013	0.044*
语境×助词	4.807	0.587	8.192	2.57e−16***

续表

类别	回归系数	标准误	z 值	p 值
语境×被试组别	2.816	1.243	2.266	0.023*
助词×被试组别	1.980	0.561	3.528	0.0004***
语境×助词×被试组别	−4.935	0.681	−7.243	4.40e−13***

本研究进一步分析了中国韩语学习者的韩语水平如何影响他们的评分。在此分析中,韩语水平被视为一个连续变量,而非分类变量(参见 Leal,2018),并在分析之前中心化(centered)。该模型包括语境(2 个水平:全部否定和部分否定)、助词(2 个水平:−을/를 和 −은/는)和韩语水平作为固定效应,被试和项目作为随机效应。表 27 中的模型结果表明,韩语学习者在部分否定语境下的评分低于全部否定语境下的评分。另外,韩语水平与语境和助词都不存在交互作用

表 27 韩语学习者的累积连系混合模型

(语境的参照水平:全部否定;助词的参照水平:−을/를)

类别	回归系数	标准误	z 值	p 值
语境(部分否定)	−4.905	1.010	−4.857	< 1.19e−6***
助词(−은/는)	−0.265	0.303	−0.875	0.382
韩语水平	0.025	0.021	1.152	0.249
语境×助词	−0.092	0.372	−0.248	0.804
语境×韩语水平	−0.048	0.033	−1.443	0.149
助词×韩语水平	−0.011	0.103	−1.082	0.279
语境×助词×韩语水平	0.010	0.013	0.771	0.441

可接受性判断任务的评分反应时

评分反应时能够一定程度上反映出被试评估某个辖域解读的难易程度。在全部语境中,评估带有 −을/를 的句子应该用时较短,因为这类句子在这个语境下是最适宜的;在部分语境中,我们应该观察到评估带有

—은/는的句子快于评估带有—을/를的句子。为了校正数据的偏斜分布,我们首先对反应时做了对数转换。其次,剔除与平均对数反应时相差三个标准偏差以上的反应时(参见 Jegerski,2014)。这个步骤剔除了 8%的母语者数据,9%的学习者数据。

图 17 显示母语者和韩语学习者的评分反应时。线性混合效应回归模型分别为母语和韩语学习者的数据进行拟合。母语者的模型包括语境(2 个水平:全部否定和部分否定)和助词(2 个水平:—을/를和—은/는)的交互作用,以及被试和项目作为随机因素。对于韩语学习者的模型,除了语境和助词之间的交互作用外,韩语水平(作为一个连续变量)也被包括在模型中。遵循 Barr 等(2013)的建议,首次进行了具有最大随机效应结构的模型。然而,由于最大模型没有收敛,随机效应结构按照反向程序进行了简化(Bates et al.,2015)。

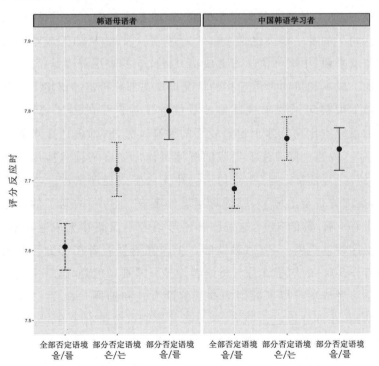

图 17　可接受性判断任务中的评分反应时

母语者模型表明,语境和助词之间的交互作用显著($\beta=-0.183$,$SE=0.057$,$t=-3.238$,$p=0.001$)。事后检验的结果显示,在部分否定语境下阅读带有 -은/는 的句子后做判断的时间显著长于全部否定语境下阅读带有 -을/를 的句子($t=-3.199$,$p=0.010$)。在阅读带有 -을/를 的句子后,母语者在全部否定语境中比在部分否定语境中更快速地提供评分($t=-5.359$,$p<0.0001$)。与母语者的反应时模式不同,韩语学习者的模型仅表明语境的显著影响($\beta=0.165$,$SE=0.070$,$t=2.347$,$p=0.031$)。也就是说,韩语学习者在部分否定语境中比在全部否定语境中评分的时间要长。

2.6.4.5 讨论

针对研究问题一,本实验的结果表明全称量词作宾语出现在否定句中时,韩语学习者能够成功生成全部否定解读。全部否定解读是表层辖域解读,是加工器线性单向操作的结果,加工成本较小。另外,汉语中相同结构句子的唯一解读也是全部否定解读。因此,从加工成本和母语迁移的角度来说,中国韩语学习者成功习得此句的表层解读是符合预期的。较大加工成本和负向母语迁移的情况出现在部分否定的语境下。部分否定语境下理解句子要求被试修改线性加工后产生的表层解读(全部否定),加工成本比在全部否定语境下的要高。另外,韩语还要求被试对助词 -은/는 敏感。修改先前生成的解读再作出逆序解读只应用于带有 -은/는 的句子,带有 -을/를 的句子仍然无法生成逆序解读。本研究结果发现,在部分否定语境下,韩语母语者给带有 -은/는 的句子的评分显著高于带有 -을/를 的句子,这说明韩语母语者不仅能够生成逆序解读,而且此逆序解读是由 -은/는 触发的。中国韩语学习者在部分否定语境下对带有 -은/는 的句子评分与母语者无显著差别。但是,这一发现并不能说明学习者成功习得了韩语的辖域解读方式和助词 -은/는。我们需要指出的是,在部分否定语境下,学习者并不能区分带有 -은/는 和 -을/를 的句子,两类句子的评分都在 4 左右,这意味着中国韩语学习者的部分否定解读并不是由 -은/는 触发的,而是学习者允许韩语句子同时存在全部

否定和部分否定两种解读,这很可能是来自于母语迁移的影响。可接受性判断任务的反应时结果也似乎支持这一发现。韩语母语者在部分否定语境下对带有-은/는的句子的判断倾向快于带有-을/를的句子的判断。但是,中国学习者对助词并不敏感,尤其是在部分否定语境下,-은/는的出现并没有帮助学习者加快判断。中国学习者仅对语境敏感,即在部分否定语境下对句子(无论是带有-을/를或是-은/는的句子)的判断时间长于在全部否定语境下的判断时间。

中国韩语学习者允许韩语句子同时存在两种解读的行为与贾光茂(2018)的发现一致。他发现中国英语学习者在理解英语否定句中作宾语的全称量词时(例如 not…every/all 句),同时接受表层和逆序两种解读。中国学习者会将汉语中存在的两种辖域解读方式迁移到二语中。从效率假设和迁移计算假说的角度来说,这个母语迁移符合预测。因为在 not…every/all 句中,not 出现在全称量词之前,加工器可以让 not 影响或者不影响全称量词,形成的表层和逆序解读都是线性加工的结果。但是,本研究中的中国学习者还会进一步将母语的解读方式迁移到三语韩语中,这并不符合效率假设和迁移计算假说。韩语句子中全称量词总是先于否定词出现,因此,逆序解读的加工成本更高且不应被迁移。值得注意的是,O'Grady 的理论强调语言习得是不断提高加工能力,在习得的过程中形成一套提高加工速度和效率的加工模式。所以,习得韩语量化辖域关系就是习得韩语的加工模式来解读量化辖域。除了将在二语中不引起更高加工成本的母语加工模式迁移到二语中外,二语者也需要在习得二语的过程中创造新的加工模式。唐轶雯(2020)发现中国英语学习者习得失败的原因就是无法形成新的加工模式,一直使用没有增加额外加工压力的母语加工模式。本研究发现,中国韩语学习者在理解带有全称量词的否定句时,并没有简单地追求节约加工成本只生成表层解读,而是可以生成加工成本更高的逆序解读,这一行为也无法简单用母语迁移来解释。我们不难看出,加工决定论为二语习得研究提供了新的思路,但是其理论更像是解释习得现象的指导原则(MacWhinney,2006)。如何使用效率优先的加工原则来解释更复杂的习得现象,未来的研究需要进一步探索。

　　针对研究问题二,实验结果发现,学习者的韩语水平在习得量词辖域解读和助词(尤其是-은/는)上并无显著影响。无论学习者的韩语水平如何,他们都能够在全部否定语境中为句子提供高评分,成功生成表层解读,与母语者的解读偏好一致。另外,韩语水平的提高并没有帮助学习者习得对比焦点标记-은/는。如图 16 所示,在部分否定语境下,学习者甚至对带有-은/는 的句子评分略低于带有-을/를 的句子(3.84 vs. 4.22)。我们发现,只有当被试的韩语水平测试的得分高于 186(包括186)时,在部分否定语境中,对带有-은/는 的句子的平均评分才会高于带有-을/를 的句子(4.40 vs. 4.19),然而这种差异仍然十分接近。需要指出的是,在本研究中,韩语水平较低的学习者并不是真正的"初级/中级"韩语学习者。他们在韩语水平测试中的平均值为 162.6,范围从 94 到 197。其他使用同一韩语水平测试的研究将本研究的被试划分为中高级或高级学习者(如 Hwang & Lardiere, 2013; Choi, 2019)。所以,本研究的结果表明,量词辖域解读中的对比焦点标记-은/는 对学习者来说可能是一个极具挑战的语言结构(同见 Hwang, 2002; Lee, 2003; Ko et al., 2004; Jiang, 2004, 2007, 2011, 2017; Park, 2009; Kim et al., 2011; Ahn, 2015)。

　　本研究中韩语的逆序辖域解读(部分否定)受到部分否定语境和助词-은/는 的驱动,涉及句法—语义—形态—语篇的接口,属于多重接口。我们发现多重接口给二语者带来了更高的加工难度,提高了加工的复杂性,习得的难度也增大(White, 2011),这与唐轶雯和陈晓湘(2018)的发现一致。但是,本研究的结果更加突出了内接口上形态知识的习得高难度。即使是韩语水平非常高的学习者也没有成功习得-은/는。这也正如瓶颈假说(The Bottleneck Hypothesis, Slabakova, 2008)所说,功能形态(functional morphology,如语言的屈折变化)才是二语习得的核心难点所在。这让我们对接口假说有关"内外接口"的定义,以及不同内外接口上的复杂性和习得难度的原因产生困惑。即使在内接口内部,不同接

口的地位并非相同。有的内接口对二语者来说更加脆弱,习得难度更大。其习得困难的原因是来自某一内接口的特定属性还是其他原因(比如加工成本、任务要求、语言输入等),未来仍需要更多探究。

2.6.5 实验5:二语者对特设含义的习得

本实验汇报的是 Feng(2024)有关二语者理解特设含义的部分,另外一部分是有关二语者在指称表达中生成对比推导(contrastive inference)的情况,将在本书第四章中做详细介绍。此项研究旨在调查二语者在这两类推导中的语用推导能力和对违反语用原则语句的容忍度。虽然特设含义的推导与等级含义一样都遵循 Grice 的量的准则(Grice,1975),但是等级含义需要有关荷恩等级(例如,<some, all>)的语言知识,而特设含义是从特定语境中推导出来的,不涉及额外语义知识的习得。两类推导之间的相似和差异也为研究二语者的语用推导研究带来了一个新的研究方向。有关特设含义的研究结果可以直接与等级含义的研究结果进行对比,进一步深入地讨论二语者在语义—语用接口上的表现。另外,Lozano(2016)提出了"语用原则违反假说"(第四章做详细讨论),此假说根据二语者违反语用准则的严重度不一样,将违反的语用原则分为两类:违反数量或信息性原则是轻微的,因为其后果是信息冗余,不会造成任何交际障碍;严重的语用原则违反是对方式原则的违反,由于无法解决歧义,所以导致交际中断。此外,虽然学者试图研究除等级含义之外的其他语用推导(见 Antoniou & Katsos,2017;Antoniou et al.,2019),但目前仍不清楚有关等级含义的二语习得研究和"语用原则违反假说"在多大程度上可以应用于推导其他语用结构。

2.6.5.1 实验设计

与 Veenstra 等(2017)的设计相似,本研究采用可接受性判断任务来探讨二语者对特设含义的理解。每项测试题目有一张图片,包含一个人物杰克,一个篮子和一些日常食物和物品。实验中的人物杰克在给出指令。被试需要在7级李克特量表(1=不自然,7=自然)根据杰克的指令的自然度进行评分。在特设含义的实验设计中,所有测试题目都是同样的句子结构——"In the basket, there is [名词短语]"。实验句和实验用图分为五种情况,见表 28。最重要的目标条件为信息不足的语境,即杰克在句子中只提到篮子中的一个物体,但是篮子里存在两个物体。在此语境下,实验句逻辑上正确但是语用上并不恰当。其他四个实验条件为填充条件且应当出现明确的评分。两个信息最优语境中的句子描述完全符合篮子里的情况,因此评分应该为最高;两个错误语境中的句子描述的物体不存在于篮子里,因此评分应该为最低。

表 28 特设含义中的实验句子和实验用图

实验条件	实验用图
信息不足	In the basket, there is an apple.
信息最优—1	In the basket, there is a potato.
信息最优—2	In the basket, there is a book and a coke.
错误—1	In the basket, there is a hat.

续表

实验条件	实验用图
错误—2	

2.6.5.2 被试

共有两组被试参与了本实验,一组为49名(含33位女性)母语为汉语的英语学习者,另一组为21名(含11位女性)英语母语者,被试具体信息见表29。本实验使用 $Credamo$(www.credamo.com)在线完成。母语者在 $Prolific$ 上完成招募。签署同意书后,母语和二语者首先阅读一个实验示例,随后进行了4次练习测试,以进一步熟悉实验任务。

表29 被试情况

	年龄		学习英语的时间(单位:年)	
	平均数 (标准差)	范围	平均数 (标准差)	范围
英语母语者(n=21)	31.2 (6.7)	21—46	n/a	n/a
汉语为母语的英语学习者(n=49)	21.4 (2.2)	18—28	13.1 (2.9)	6—19

2.6.5.3 实验结果和讨论

数据分析使用 R 软件(R Core Team,2018)完成。本实验的因变量是李克特7级评分,作为定序变量(ordinal variable),统计分析采用累积连系混合模型(cumulative link mixed-effect model,Christensen,2019)。所有 clmm 模型都是使用 R 中的 ordinal 数据包中的 clmm()函数完成(Christensen,2019)。为遵循"保持最大化"的原则,所有模型均包括最大随机效应结构(Barr et al.,2013),即被试和项目的随机截距和随机斜率。如果模型出现难以聚拢(failure to converge)的问题,根据 Bates 等(2015)的建议逐步简化随机效应结构。

图 18 显示两组被试在特设含义中的评分。总体来说,母语者能够非常明确地拒绝两类错误句,也能够非常明显地接受两类信息最优的句子。此外,他们对信息不足的句子的评分低于信息最优句但是高于错误句。更重要的是二语者出现和母语者相似的回答模式。

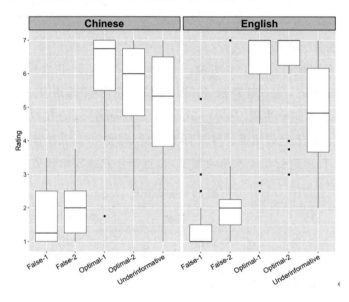

图 18　两组被试在特设含义中的评分(均值)

累积连系混合模型将评分作为因变量,自变量包括实验条件(5 个水平:错误-1、错误-2、信息最优-1、信息最优-2、信息不足)和被试组别(2 个水平:母语者和二语者),见表 30。结果表明,信息最优-1 的句子与错误-1、错误-2 和信息不足的句子存在显著差别,但是与信息最优-2 的句子不存在差别。母语者和二语者之间的回答也不存在显著差别。实验条件和被试组别的交互作用表明,如果在信息最优-1 和信息最优-2 两个条件下比较母语者和二语者之间的评分差距时,此差异在信息最优-2 条件下更为明显。

表 30　特设含义累积连系混合模型
（实验条件参照水平:信息最优－1;被试组别的参照水平:母语者）

类别	回归系数	标准误	z 值	p 值
实验条件				
信息最优－1 vs. 错误－1	－9.979	1.369	－7.291	<3.08e－13***
信息最优－1 vs. 错误－2	－8.060	1.170	－6.891	<5.55e－12***
信息最优－1 vs. 信息最优－2	0.060	0.746	0.080	0.936
信息最优－1 vs. 信息不足	－3.537	0.807	－4.486	1.16e－05***
被试组别（母语者 vs. 二语者）	－0.762	0.918	－0.831	0.406
实验条件:被试组别				
错误－1：二语者	1.575	1.457	1.081	0.406
错误－2：二语者	0.693	1.230	0.564	0.573
信息最优－2：二语者	－1.422	0.623	－2.282	0.025*
信息不足：二语者	1.069	0.767	1.393	0.164

总体来说,本研究的发现与前人有关等级含义的发现一致(Slabakova,2010;Miller et al.,2016;Snape & Hosoi,2018),都表明二语者能够成功对特设含义进行语用推导。实际上,二语者能够成功推导特设含义并不意外,因为这类会话含义比起等级含义更为简单,不要求被试额外习得荷恩等级(例如,<some,all>)的语言知识,而是依据语境中的信息推导语用含义。设想等级含义下信息不足的例子是语境中显示 John 在叠 T 恤,并且叠好了全部的五件 T 恤,但是描述此常见的句子为"John folded some t-shirts"。在听到"some"后,被试需要立刻激活另一个与"some"共处一个等级上的等级项"all"。虽然这句带有"some"的信息不足的句子逻辑上正确,但是带有"all"的信息更优的句子"John folded all the t-shirts"具有更强的竞争力,这也让听者更加明确地意识到带有

"some"的句子远非最佳描述。然而,从"In the basket, there is an apple"中推导出特设含义只是来自语境中的信息,拒绝这句话的力度远远弱于等级含义中拒绝带有"all"的句子。等级含义中寻找其备选义依赖两个因素(语境和等级词项的语言知识),这非但没有给二语者带来更高的认知代价,反而给信息不足的句子提供了强有力的证据来证明信息不足的句子并非最优。但是,特设含义中仅需要依赖语境信息来寻找其他备选义,所以被试拒绝信息不足句子的压力更小。此外,特设含义中足够的语境信息也有助于二语者判断不同的解读。有关指称表达的发现和"语用原则违反假说"的讨论,本书将在第四章做详细讨论。

第三章 预设的习得和加工研究

3.1 核心概念

预设(presuppositions)也被称为前提、前设、先设,常常被定义为是言语对话中存在的前提条件,是保证句子的适宜性所必须满足的假设,不包含任何新的信息。比如,在例(1a)中,"stop"作为一种状态变化动词(change-of-state verb),表示句子中的对象现在处于与原来不同的状态中。例(1a)的预设是约翰上周一之前去学校,从上周一开始不去学校了。

(1) a. John <u>stopped</u> going to school last Monday.
   b. ~ John used to go to school before last Monday.

预设这一概念起源于哲学和逻辑学,由德国著名逻辑学家Frege 于 1892 年提出(Frege,1892)。进入语言学领域后,它首先出现在真值语义学研究中,逐渐成了语义学和语用学领域的重要概念,至今仍然是研究的热门话题。自 20 世纪 50 年代,与预设相关的重要讨论包括:Strawson 认为任何一个语句都有一个背景假设(即预设),具有真值功能(Strawson,1950);Sellars(1954)开启了从说者和语用的角度研究预设的先河,自此之后,有很多学者开始研究语用预设的界定和本质（Keenan，1971；Stalnaker，1972，1978；Karttunen，1973）；也有不少研究者从认知语言学的角度研究预设（Leech，1981；Levinson，1983；Fillmore，1985；Fauconnier，1985，1997；Lakoff，1987）等。

不同的学者对预设的定义不同，总体而言，这些定义可以分为两大类：语义预设和语用预设。语义预设（semantic presupposition）从逻辑语义学的角度出发，用"真/假"来定义预设，研究句子命题之间和它们与句子之间的真值关系。例如，如果命题 S1 为真，S2 为真；S1 为假，S2 也为真；S1 为假，则 S2 非真非假，S1 预设 S2。语义预设把语义知识和世界知识强行分离开来，关注的是不受语境制约、稳定的词义（Katz & Langendoen，1976）。对这一理论发起挑战的论证主要来自两个方面，即预设的可取消性（defeasibility）和投射的特殊性质（nature of the projection problem）。从语用学的角度来看，无论是从说话人的态度出发、从语言交际功能出发或者是从语言性的角度出发，预设是一种以说话人为主题的命题，而不是语义之间的真值关系（Karttunen，1973，1974；Stalnaker，1974；Karttunen & Peter，1979）。这类理论主要基于两个重要方面，即合适性（appropriateness or felicity）和共有知识（mutual knowledge or common ground）。

从功能主义的观点来看，一个语句包含的不同信息可以分为不同的类别，比如显性信息和隐性信息的分类、基本信息和附带信息的分类、新信息和旧信息的分类等。预设是说者假定为真的前提条件，是语句的背景信息、隐性信息、旧信息、非断言命题信息。而与之相关的是断言（assertion），它是说话者所断定的信息，是前景信息、显性信息、新信息。比如，例（1）中的预设是约翰曾经去学校，这个信息为背景信息；而这句话的断言是约翰从上周一开始不去学校了，这是听者从这句话中断定的信息，是新信息。

何自然和冉永平（2009）提到，预设是语句的基础，它既反映语句间的逻辑—语义关系，同时对语境十分敏感，也反映出受到语境影响的语用关系。他们对预设在逻辑—语义问题中的特点做出了四点总结。第一,预设受到人们普遍接受的逻辑—语义关系的影响。比如,在"他去了广州雕塑公园"这句话中,预设是广州存在一个雕塑公园。第二,预设如果为假,语句也难以被解读。比如,广州如果压根不存在任何雕塑公园,"他去了广州雕塑公园"这句话没有意义,也不符合逻辑。第三,否定或疑问句不会改变预设。如果有人问"他去了广州雕塑公园吗?",这句话的预设仍然是广州存在一个雕塑公园。第四,语句焦点的不同会影响预设。例如,"张三打了李四"这句话可存在三个焦点,分别是"张三""打了"和"李四"。如果焦点是"张三",预设是对话双方知道李四被人打了,但是一方不知道打人的是谁,所以另一方以"张三"为焦点告诉对方。如果焦点是"打了",预设是对话双方知道张三和李四之间有关系,但是一方不知道具体是什么关系,所以另一方以"打了"为焦点告诉对方他们之间的关系。

预设的投射(presupposition projection)问题一直以来是学界关注的焦点之一。它是指当一个简单句嵌入一个复杂句后,简单句的预设是否还可以作为复杂句的预设的问题。考虑以下句子(2a)—(2c):

(2) a. John didn't stop going to school.
  b. Did John stop going to school?
  c. If John stopped going to school, then he should be happy.
  d. ~ John used to go to school.

预设(2d)"John used to go to school"无论是在否定句(2a)中、问题句(2b)中还是条件从句(2c)中都不会发生改变。Karttunen(1973)根据预设投射的程度将预设触发语分为三类。"渗透词"(holts),如叙实动词、表示状态改变的动词,允许简单句的预设成为复杂句的预设;"堵塞词"(plugs)则不允许简单句的预设投射为复杂句的预设,比如非叙实性动词等;"过滤词"(filters),如带有"and"或"or"的复句无法包含分句中所有的预设。Karttunen强调句子的外部因素对预设的投射起到决定性作用。Gazdar(1979)的语境消除说进一步探讨可以消除预设的机制。如果

分句中的预设没有被取消机制所消除,它就可以投射为复杂句的预设,否则它无法成为整句话真正的预设。例如:

(3) John didn't stop going to school; in fact, he never went!

例(3)第一句话中的预设"John went to school before"只是潜在的预设,无法成为整句话的预设,因为它与第二句话的语义发生了冲突,因此这个预设被消除了。预设如何与否定结构相互作用的问题一直受到学界的关注,尤其是否定句中预设会被消除的现象引起了广泛讨论。下节将详细讨论预设的否定和消除。

3.2 预设的否定和消除

3.2.1 元语言否定和局部调节

否定根据其涉及的范围存在不同的类型(Karttunen & Peters,1979),分为内部否定和外部否定。前者只否定句子的断言,而后者对句子的断言和预设都进行否定。例(1b)如果是内部否定,其理解为"There is a King of France and he is not wise",这个理解保留了预设,仅对断言进行否定。外部否定的理解则为"It is not the case that there is a King of France and he is wise",在此理解中预设也被消除了。

(1) a. The King of France is wise.
    b. The King of France is not wise.
    c. The King of France is not wise; (in fact), there is no King of France!
    d. ～ There is a King of France.

除了内部和外部否定,还有一种否定类型是元语言否定。例(1c)中的预设可以被消除,因为第二个句子否定了第一句话中的预设。但是,我们应该注意到例(1c)的显著特征——预设消除出现在一个非常具体的语境中。在 Horn(1985)的分析中,诸如例(1c)之类的话语通常被称为元语言否定。元语言否定的最重要的特点是它否定的是语句表达的适宜条件,是一种非真值的否定,不是用来说明命题逻辑上的错误,与普通的否定形成鲜明对比。例如,

(2) a. Xiaoming was not born in Peking, he was born in Shanghai.
b. Xiaoming was not born in Peking, he was born in Beijing.

(Huang,2011,p.55)

例(2a)是一个标准的真值否定的例子,被否定的是第一个句中关于真值的语义内容——小明出生的城市是上海,而不是北京。例(2b)中的否定是元语言否定,它没有否定关于小明出生或不出生在哪个城市的真值事实。相反,它否定的是描述的某些属性(即"Peking"是韦德拼写)。事实上,说者可以否定句子的任何方面,包括例(2b)中的拼写或例(1c)中的预设。需要注意的是元语言否定仅在预设句处于否定语境内发生。也就是说例(1)的预设(1d)不可能在例(3)中被消除,因为含有预设的句子"The King of France is wise"是肯定句。

(3) *The King of France is wise; (in fact) there is no King of France!

实际上,沈家煊先生(1993)提出的"语用否定"与元语言否定相似。沈先生认为语义否定否定的是句子表达的命题的真值条件(truth condition),如例(2a)。语用否定否定的不是句子的真值条件,而是句子表达命题的适宜条件(felicity condition)。"适宜条件就是为达到特定的目的和适合当前的需要,语句在表达方式上应该满足的条件"(沈家煊,1993,p.321)。如例(2b),否定的并不是小明出生或不出生在哪个城市,而是否定的描述城市的适宜条件。除此之外,沈先生讨论了五类语用否定:否定由"适量准则"得出的隐含义,否定由"有序准则"得出的隐含义,否定风格、色彩等隐含义,否定"预设"意义和否定语音或语法上的适宜条件。例(4)为否定预设意义的例子。例(4)前半句话的预设是张三搞语言

学,而这一预设被后半句话明确地否定了。

(4) 张三才不后悔搞语言学呢——他搞的是文学。

(沈家煊,1993,p.326)

从理论上讲,预设可以作用在语句的不同层次上(比如整句和局部)。以例(1b)举例,当预设例(1d)应用于整个句子时,预设有效,本句话的理解是"There is a King of France and he is not wise"。在例(1c)中,由于第二个句子与第一句话不一致,所以预设无法应用于整句话上。为了解决这个矛盾,我们需要通过在否定范围内对预设进行局部调节(local accommodation; Lewis, 1979; Heim, 1983)。因此,国王的存在成为了否定的一部分,预设被消除了。这种调节出现在当语句需要某一预设的情况下,然而此预设没有出现在语境中,这时需要听者根据背景知识或者是世界知识补充出一个预设来(Lewis, 1979)。当语句出现较为明确的、无法在整句话上运用预设的情况下(比如出现使预设无效的、明确的语境信息),人们需要做出局部调节。

3.2.2 一语习得中预设的推导和消除

相较于等级含义,一语研究中有关预设的实证研究处于起步阶段,无论是研究的范围还是实证研究的数量都弱于等级含义的研究。有关预设的实证研究着重关注以下几个问题:预设对语句理解的影响能否被探测到?预设的特征(比如可消除性)会导致被试做出怎样的反应?当语境中缺乏支持预设的信息时,被试是会继续加工预设还是直接放弃?预设在在线加工中的机制是什么样的?

Bill 等(2016)直接比较了成年母语者与儿童母语者之间生成等级含义(包括直接等级含义和间接等级含义)和预设之间的差别。如例(1)—(3)所示,例(1a)和(2a)为两类等级含义的实验句,例(3a)为预设的实验句。实验使用的方法是黑箱范式。这项实验本质上是一个图片匹配任务:被试基于语言刺激材料,选择一个与实验材料相匹配的图片。在黑箱范式的实验中,被试需要基于实验句子在可见图片和黑箱之间进行选择。图 1 显示了每种情况下的可见图片和句子。

(1) a. Some of the lions got balloons.

　　b. Inference：Not all lions got balloons.

　　c. No-inference：All lions got balloons.

(2) a. Not all of the rabbits brought balls.

　　b. Inference：Some rabbits brought balls.

　　c. No-inference：None of the rabbits brought balls.

(3) a. The bear didn't win the race.

　　b. Inference：The bear participated in the race.

　　c. No-inference：The bear didn't participate in the race.

图 1　实验示例

(Bill et al., 2016)

图 1 中的可见图片显示了消除推导后的解读,对应(1c)、(2c)与(3c)。在每个条件下选择黑箱则表示等级含义和预设推导的生成,被试对句子的理解如(1b)、(2b)与(3b)。例如,在图 1 的(a)中,选择可见图片表示被试生成的是"some"的逻辑语义解读("some and possibly all"),而选择黑箱则表示被试生成了等级含义的推导("some but not all")。在图 1 的(b)中,可见图片显示没有一只兔子带球,选择可见图片表示被试

没有生成语用解读。如果被试对于"not all"生成了语用解读"not all but some",他们需要选择黑箱。在图1的(c)中,实验句"The bear didn't win the race"的预设是熊参加了比赛。可见图片显示熊在家烘焙,没有参加比赛。选择可见图片表明被试可以消除预设,生成的理解是"The bear didn't win the race… because the bear didn't even participate"。选择黑箱显示了对预设生成的偏好,即"The bear participated but didn't win the race"。

三组母语者被试参加了此实验:成年人、4—5岁的儿童和7岁的儿童。如图2所示,儿童和成人选择黑箱的比例不同。(由于在每个条件下选择黑箱表示生成等级含义和预设,因此黑箱选择的比例越高,生成等级含义和预设的比例越高。)

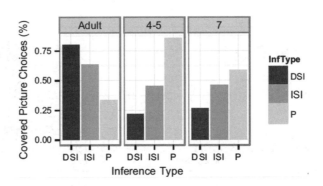

图2 三组被试选择黑箱的比例

对比直接等级含义(DSI)与间接等级含义(ISI),成人生成直接等级含义的比例显著高于间接等级含义,而4—5岁和7岁儿童生成间接等级含义的比例显著高于直接等级含义。对于预设(P),成年人更倾向于选择可见图片,这表明他们能够消除预设。然而,两组儿童被试都更倾向于选择代表预设生成的黑箱。此结果进一步表明,成人在预设中比在两类等级含义中更能消除语用推导(在预设中选择黑箱的比例较低,而在两类等级含义中选择黑箱的比例较高),而儿童在两组等级含义中比在预设中更能消除语用推导(与成人的回答模式正好相反)。成人和儿童在语用推导方面的行为差异被认为是儿童对语境的不敏感所导致。

然而,在另一项研究中,Zehr 等(2016)报告了一个与 Bill 等(2016)看似矛盾的发现,即儿童能够消除预设。实验句是"None of the bears won the race",重点在于量词"none"的三种解读:存在(existential)解读为"At least one of the bears participated and no bear won";全称(universal)解读为"All of the bears participated and no one won";消除预设后的逻辑解读为"None of the bears both participated and won"。研究结果发现儿童可以成功生成三种解读。有关儿童能够成功消除预设的结果令人意外,尤其是此实验中的句子带有否定量词"none",其解读比 Bill 等(2016)的句子更加复杂。Zehr 等解释此实验中儿童看似可以消除预设的行为可能是由于理解"none"需要更多的认知资源,而儿童没有足够的认知资源来完成"none"预设的生成;因此,儿童在此实验中停止生成"none"的预设解读,直接进入消除预设的解读。换句话说,儿童并没有能够生成"none"的预设再消除,而是只理解语句的真实命题。此外,成年母语者的数据显示,他们虽然可以消除预设形成逻辑解读,但在消除预设的过程中所花的时间更长。这也说明预设的消除并不是自动的,需要额外的步骤(比如预设调节)来完成。

鉴于儿童在上述两项研究中的表现,Zehr 等(2016)进一步提出关于预设的认知机制。他们认为消除预设形成逻辑解读可能有两种不同的加工路径:(1)带有预设的解读是自动生成的,消除预设的逻辑解读需要额外的步骤。换句话说,消除预设比生成预设更费力(Romoli & Schwarz, 2015)。成年母语者更多选择此路径。(2)由于某些表达对加工资源的要求更高,而被试(比如儿童)拥有有限的认知资源,所以被试直接放弃了预设的生成,只理解语句的真实命题。因此,这两种加工路径的结果是不同的:如果被试选择第一条路径,则消除预设后的逻辑解读生成的时间更长;如果被试采用第二种方式,则加工逻辑解读的速度更快。

3.3 不同类型的预设触发语

预设通常是由特定的语言表达和句子结构触发的,这些表达和结构被称为预设触发语(presupposition trigger)。词汇性触发语包括定指表达(例如"the")、叙实动词(例如"know"和"regret")、状态变化动词(例如"stop")、重复义副词(例如"again"和"return")和隐涵动词(例如"manage")。结构性触发语包括时间从句、分句和反事实条件句。例(1)—(7)包含不同类型的预设触发语。

a. 定指表达(definite expressions),预设事物的存在,例如专有名词、指示代词("this"或"that")、带有定冠词的单数名词词组等。例(1)的预设是法国存在国王。

(1) The king of France is bald.
～ There is a king of France.

b. 叙实动词(factive predicates),比如"know""realize"和"regret"。带有触发语的宾语从句表述的是事实。例(2)中的宾语从句是预设的事实。

(2) John knows that smoking is a dangerous pastime.
～ Smoking is a dangerous pastime.

c. 状态变化动词(aspectual/change of state verbs),比如"stop""begin"和"continue"等。这些动词预设句子中某动作现在处于与以前不同的状态中。比如例(3)中"stop"触发的预设是 Mary 曾经抽烟。

(3) Mary stopped smoking.
～ Mary used to smoke.

d. 重复义副词(iteratives),表示事件的重新发生或重新出现,比如"again"和"still"等。例(4)中的"again"表明约翰曾经去过柏林。

(4) John went to Berlin again.

　　~ John was in Berlin before.

e. 隐涵动词(implicative predicates)，通常由触发语的语义特征决定的。比如例(5)中的"manage"，有[尝试做某事][实际上设法做成了]两个语义特征。

(5) John managed to give up binge drinking.

　　~ John tried to give up binge drinking.

f. 时间状语从句(temporal clauses)，由"after""before""during"等词引导的从句所表述的是事实。例(6)中带有"after"的时间状语从句，表示Jane离开了学校的事实。

(6) After she left school, Jane worked as a secretary.

　　~ Jane left school.

g. 强调句(cleft sentences)，英语中常见的两种强调句句型为it-cleft和wh-cleft句型，这两种句型都能触发事实预设。例(7)中触发的事实预设是wh-从句中有人帮约翰叫了出租车。

(7) It was the porter who called a taxi for John.

　　~ Someone called a taxi for John.

　　　　　　(Beaver & Geurts, 2011; Huang, 2014; Soames, 1982)

预设在叙实动词和状态变化动词中的机制是语用的，具有会话含义(conversational implicatures)的一些特征。例如，关于预设的消除，叙实和状态变化动词可以在明确的不知情语境(ignorance contexts)中被消除，而在这种情况下"too"和"again"的预设不能被消除。例(8)中的说话人处于明确的不知情情况中，因为他并不知道Jane先前吸烟的状况，因此第二句中"stop"的预设被消除了。然而，如果我们试图通过明确的不知情语境来消除(9)中"again"的预设，其结果例(10)听起来相当不合适。

(8) Context：There is some special symptom displayed by a person

who has stopped smoking that Jane does not display.

I have no idea whether Jane ever smoked, but she hasn't stopped smoking.

(9) Are you renting "Manhattan" again?

(10) * I don't know if Jane ever rented "Manhattan" before, but perhaps she's renting it again.

(Simons, 2001, p. 432—433)

  针对预设触发语之间的不同，Simons（2001）认为状态变化语句的预设与"even""too"和"again"所产生的预设非常不同。换句话说，"even""too"和"again"的预设是从触发语的语义中派生出来的，而叙实和状态变化动词中的预设是在对话中被语用编码的。预设触发语，例如叙实和状态变化动词，通常被视为软触发语（soft triggers），因为它们是语用激活的（通常用等级含义的理论来解释）并且很容易被消除（Simons, 2001；Abusch, 2002, 2010；Abrusan, 2011；Romoli, 2015）。"Also"，"too""again"和"even"是硬触发语（hard triggers），它们的预设是通过语义编码的，因此它们的预设很难被消除。

  Schwarz（2014）比较了软触发语"stop"和硬触发语"again"，并通过两项眼动实验研究两种类型的预设触发语是否在加工上存在差异。第一个实验关注硬触发语"again"，该词表示某一动作或事件的重新发生或重新出现，预设是这一动作或事件以前发生过。另一个词"twice"用于与"again"进行比较。"Twice"也表示一个事件发生了不止一次，但是它没有任何预设。每项实验材料包括三张图片，即目标图片、对照图片和干扰图片（见图3）。被试需要选择一张与实验句相匹配的图片。实验句的示例见例（11）。句子（11a）为背景句，是第二句目标句的语境，目标句（11b）提供足够的信息来区分这三幅图片。

图 3　实验一的实验用图

(Schwarz, 2014)

（11） a. Context: Some of these children went to play golf on Monday, and some to play volleyball.
b. Target: John went to play golf … 1. again later …
2. twice this week …
… and also played soccer on Tuesday.

通过分析被试注视图片的时间发现,被试在"again"和"twice"出现后快速注视目标图片,这表明在实时加工中,预设的推导可以立刻生成。更重要的是,无论是"again"的预设还是"twice"的断言都可以在实时加工中快速生成。第二个实验着眼于软触发语"stop",用来研究"stop"的预设推导在在线加工中的生成速度。实验二采用与实验一类似的研究方法,结果发现被试在"stop"后能够立即注视目标图片,这进一步表明"stop"的预设可以被快速地加工。综上所述,这两个实验发现,软触发语和硬触发语在在线加工过程中没有明显差异。预设可以快速被加工和生成的发现对前人关于预设加工成本更高的发现提出了挑战。

(i) *Stop*-Target (INFERENCE-TRUE)　(ii) *Stop*-Target (INFERENCE-FALSE)

图 4　实验句"John didn't stop going to the movies on Wednesday"的可见图片

(Romoli & Schwarz, 2015)

Romoli 和 Schwarz(2015)对预设触发语"stop"做了进一步研究。实验采用黑箱范式,被试根据实验句的内容,要在可见图片和黑箱之间选择出最匹配实验句的图片。如图 4 所示,可见图片要么包含约翰在周三之前看过电影的预设(在 inference-true 图片中),要么缺少预设但与字面意约翰在周三之后去看电影一致(在 inference-false 图片中)。他们发现,当可见图片为 inference-true 时,被试选择此可见图片的反应时显著短于在 inference-false 条件下选择可见图片的反应时。换言之,被试生成预设推导的速度很快,预设的加工似乎不存在更高的加工成本。

学界普遍认为,预设触发语因调节的必要性和驱动力而异。Kripke(2009)指出,一些触发语更容易被调节,这与预设的回指性(anaphoric)有关。回指性指的是在预设层面引入一个自由变量(free variable;Heim,1990)。例如,"again"和"stop"在预设层面引入了时间变量,而"too"引入了个体变量。Zeevat(1992)区分了词汇(lexical)和解析(resolution)预设触发语。词汇触发语(例如叙实动词)直接有助于理解语句断言的预设,而解析触发语(例如定指表达,"too"和"again")类似指称表达中的回指项(anaphor),指向语境中已经存在的物体或事件,以便向它们添加新信息。Domaneschi 等(2014) 在 Glanzberg(2005)的基础上,将预设分为两类,即强预设(strong triggers)和弱预设(soft triggers)。此分类的核心在于,对于某些触发语,预设和断言是可分割的,而对于其他触发语,只有当预设得到满足时才能断言命题。如果预设无法生成,强预设需要强制性修复(obligatory repair),而弱预设只需要可选性修复(optional repair)。例(12)包含一个强预设,因为如果语境中不存在相关树的预设,那么这句话没有真值和完整的命题,这导致强制性修复。例(13)中包含一个弱预设,尽管语境导致语句在理解上存在一定的不恰当性,但是句子本身表达了一个相对完整的命题,所以只需要可选性修复。

(12) That palm tree is about to fall.
　　　Context: no salient palm tree.
(13) Even John solved the problem.

Context: assume that John was most likely to solve the problem.

(Glanzberg,2005,p.5)

为了研究强制性和可选性预设修复以及认知负荷如何影响预设的加工,Domaneschi 等(2014)的研究包括五类预设触发语:两类弱预设触发语是焦点敏感词(even)和重复义动词(re-introduction);三类强预设触发语是定指表达(the)、状态变化动词(give up)和叙实动词(explains)。被试需要听大约一分钟的故事录音,这一分钟的故事包含了五类预设触发语。随后,被试需要回答针对这五类触发语的预设内容的问题。例如,被试在故事中会听到这句话"However, recently, the re-introduction of a male shark into the main tank has been discussed"。在回答问题时,被试会被问到涉及"re-introduction"的预设内容:"Has a male specimen been introduced into the main tank in the past?"尽管故事中没有明确提及预设的内容,但如果被试能够通过预设修复语境信息以理解这句话,他们会回答"是"。此外,在听录音和回答问题时,被试还需要记住不同数量的多边形。多边形的形状和颜色也都各不相同:形状包括三角形、正方形、六边形和圆形;颜色包括红色、绿色、蓝色和黄色。这项记忆任务旨在增加被试的的工作记忆负荷。低记忆负荷组的被试只需要记忆一个多边形,而高记忆负荷组需要记住三个不同形状和颜色的多边形。研究者对实验结果的预测为,由于强触发语的预设内容在加工中是必须要考虑的,所以回答强触发语问题的正确率应该更高,而弱触发语的加工并不一定需要考虑预设的内容,所以回答有关弱触发语问题的正确率低于强触发语。实验结果证实了该预测,涉及定指表达和叙实动词问题的回答正确率最高(80%及以上),状态变化动词略低于两者(74%),而焦点敏感标记和重复义动词的正确率最低(55%—60%)。另外,结果还表明加工资源只影响状态变化动词和重复义动词的加工。总体来说,研究发现支持加工不同的预设触发语需要不同的认知负荷这一观点。

Bacovcin 等(2018)基于 Glanzberg(2005)对预设触发语弱(weak)

和强（strong）的分类、从调节（accommodation）是可选的还是必要的角度研究了这两种类型的预设触发语。研究选取了代表弱触发语的"again"和代表强触发语的"continue"，旨在探索预设调节（presupposition accommodation）的必要性，以及在两种触发语的预设调节上是否存在不同。实验使用了图片选择任务。研究结果表明，即使在没有必要进行调节的情况下被试仍然会选择进行预设调节，而且这种行为没有因为强或弱触发语而发生改变。这个结果不仅挑战了预设调节一般会被避开的这一学界普遍接受的看法，也同时挑战了预设触发语强和弱之分的合理性。此外，图片选择任务还伴随着询问被试对选择图片的信心。被试回答自信度评分的结果表明，预设调节会导致被试对做出的选择的自信度下降，但不会导致选择图片的反应时间延长，这似乎也说明在此方法下，预设调节并不一定带来更高的加工成本。

Tiemann（2014）根据调节的必要性将预设触发语分为两类："again" "too"和"even"属于第一类触发语（Class One），因为它们的预设通常可以被忽略而不需要调节；定指表达、叙实动词和状态变化动词属于第二类触发语（Class Two），因为这类触发语的预设内容对语句的意义有语义上的贡献，所以常常需要被调节而不是忽略。Tiemann还提出了"最小化调节"（Minimize Accommodation）的原则，该原则的内容是除非缺少调节将导致语句无法被理解，否则不需要进行预设调节。这项原则本质上认为，如果句子可以在去掉触发语的情况下理解，听者趋向于忽略而不是进行预设调节。为了避免句子无法被理解，调节是听者的最后手段。因此，当语境中未提供相关的预设信息时，如果是第一类触发语，听者通常通过忽略触发语来重新理解句子。如果句子带有第二类触发语，则必须调节并更新语境信息。如果碰到预设无法调节的情况（例如，根据世界知识，预设的内容极为不可能）并导致无法理解句子，最终听者将会拒绝该句子。Tiemann的实验采用带五类预设触发语的自定步速阅读任务，实验用语为德语。这五类预设触发语为 *wieder*（again），*auch*（too），带有所有格代词 *sein*（his）的定指表达，*aufhören*（to stop）和 *wissen*（to know）。实验为每个触发语构造了三个语境条件：积极语境提供触发语的预设信息，如(14a)；消极语境提供否认触发语预设的信息，如(14b)；中性语境是研究最为关注的语境，在这个语境下，有关预设的信息是模糊的，既没有确认预设的信息，也没有否定预设的信息，如(14c)。被试以自定步速的方式逐字阅读例(14)中带有预设触发语"again"的目标句。另外，被试也需要在4级评分量表上对目标句进行评分(1=非常差,4=非常好)。

(14) a. 积极语境(Positive context)：Susanne had bought red gloves before.

b. 消极语境(Negative context)：Susanne had never bought red gloves before.

c. 中性语境(Neutral context)：Susanne had never bought red gloves until now.

Target sentence：Today, Susanne bought red gloves again and put them on right away.

(Tiemann,2014,p.68)

研究结果支持根据预设调节的必要性将预设触发语分为第一类和第二类的体系。除带有 *aufhören*（to stop）的句子，当被试在加工带有其他预设触发语的句子时，比起积极语境，被试在中性语境下需要更长的阅读时间，这说明预设调节是费力的。*aufhören* 的加工与所有其他触发语存在非常明显的区别，因为在积极语境中加工带有它的句子反而比在中性语境中加工需要的时间更长。Tiemann 解释到，一方面，*aufhören* 属于第二类触发语，有助于促进句子字面意义的解读；另一方面，这个触发语也具有回指性，在预设层面引入了时间变量[类似于 *wieder*（again）]。状态变化动词本身的特殊性要求被试考虑所有的信息，给被试带来了更大的加工压力和困难。总体来说，Tiemann 发现，一旦语境中有足够的信息表明话语中相关的预设是什么时，预设就会被快速地加工。当语境既不支持也不否定句子中的预设时（中性语境），句子的加工时间显著增加。

3.4 预设与等级含义

上一节中提到,不同类型的预设触发语之间存在差别。另外,预设和等级含义之间的关系也是学者们关注的焦点。学界主要存在两个主流观点,以下做详细讨论。

传统观点认为预设和等级含义从根本上来说是由不同的机制产生的。一种可以区分预设和等级含义的方法是将预设视为带有预设的句子在会话语境中的条件(Stalnaker,1974;Karttunen,1974;Heim,1982)。例如,例(1a)只有在会话语境已经包括了预设(1b)时才是恰当的。另外,预设可以投射,所以例(2)的否定句与例(1a)有同样的预设(1b)。当句子的预设与会话环境中的信息出现矛盾时,局部调节将会启动。

(1) a. The bear won the race.
   b. ~ The bear participated in the race.
(2) The bear didn't win the race.

在传统观点中,等级含义源于听者对说者交际意图的推导,尤其关注说者说了什么和没说什么(Grice,1975)。例如,听者注意到说者说的是例(3a),而不是信息量更大的句子例(3c)。假设例(3c)与会话目的相关,并且说者尽力传达他所掌握的信息量最大的句子,听者推导说者不说(3c)的原因很有可能是说者认为(3c)是错误的。因此,听者推导出(3b)。

(3) a. Some students passed the exam.
   b. Not all of the students passed the exam.
   c. All of the students passed the exam.

总而言之,传统观点认为预设和等级含义是截然不同的两种语用推导。而另外一种观点,即相似论,则认为有一些预设,比如动词"win"的预设,是等级含义的一种,其推导过程与间接等级含义的推导过程相似。参照上述例(3)等级含义的推导过程,预设例(1b)也可以以同样的方式从例(2)推导出来。听者听到说者说出(2),而不是信息量更大的"The bear didn't participate in the race"。由此,听者可以推导出说者不说这个信息量更大的句子的原因在于说者认为它是错误的。因此,听者推导出(2)的意思是"The bear participated in the race but did not win",此理解中包含预设(1b)。另外,相似论认为类似"win"的预设触发语也与其他预设触发语存在重要差异(Simons, 2001; Abusch, 2002, 2010; Chemla, 2009; Romoli, 2012, 2015)。其中一个差异是不同类型的预设在特定语境中被消除的容易度。比如,例(4)中的动词"win"所表达的预设("The bear participated")很容易被消除,因为说者只要明确地说明他对预设的内容不清楚就够了。正如前文提到,鉴于这一对比,例(4)中的预设触发语一般被标记为软预设,而例(5)的预设触发语则被标记为硬预设。

(4) I don't know if the bear participated in the race in the end… but if he won, he will celebrate with his friends.

(5) I don't know if anybody stole the honey… but if it was the bear who stole the honey, he should give it back.

另一个差异则涉及不同类型的预设触发语在带有量词的句子中的表现。硬预设在带有不同量词的句子中表现一致,但是软预设的推导在带有不同量词的句子中的表现不一致(详见 Charlow, 2009)。比如,例(6a)—(6d)中含有不同的量词,对于硬预设触发语"also",从这 4 个带有不同量词的句子中都可以推导出来预设(6e)。但是,对于软触发语"stop",例(7a)与例(7b)可以推导出(7c),但是例(8a)与例(8b)却无法推导出(8c)。

(6) a. Each of these students also smokes Marlboros.
   b. None of these students also smokes Marlboros.
   c. More/Less than three of these students also smoke Marlboros.
   d. Some of these students also smokes Marlboros.
   e. ~ Each of these students smokes something other than Marlboro.

(7) a. Each of these students stopped smoking.

　　b. None of these students stopped smoking.

　　c. ～ Each of these students used to smoke.

(8) a. More/Less than three of these students stopped smoking.

　　b. Some of these students stopped smoking.

　　c. ～Each of these students used to smoke.

总体来说，相似论认为软预设实际上是（间接）等级含义的一种。软预设触发语与强等级含义项的推导过程相似，在否定语境下仍然保持一致。所以，在其他条件相同的情况下，软预设和间接等级含义出现相似的推导模式。

3.5　汉语中的预设

总体来看，汉语中的预设触发语及预设的现象与英语中的情况大致相同(Bao，2005；Lei，2013；何自然，1988；蓝纯，1999)。蓝纯(1999)总结了包括特指描写、事实动词、状态变化、重复义副词、时间状语从句、强调句、对比结构、与事实相悖的条件从句和问句九种汉语预设触发语。下面，本节针对3.3中提到的英语预设触发语，对汉语中相对应的触发语做分析和举例。

a. 特指描写

常见的特指描写包括单数指示代词、人称代词、专名和限定性描述等。比如例(1)中的"北京"是专有名词，它触发的预设是存在这么一座叫北京的城市。例(2)中"那次"触发的预设是"那次银行抢劫事件是存在的"。

(1) 北京是一座美丽的城市。

　　～ 有这么一座城市叫北京。

(2) 我看见那次银行抢劫事件。

　　～那次银行抢劫事件是存在的。

b. 叙实动词

叙实动词或事实动词指的是能够预设宾语所指事物存在的动词,常见的叙实动词比如"知道""明白""了解""懂""意识""发现"等。与叙实动词相对立的是非叙实动词,这类动词无法预设其宾语所指的事物或状态,比如"说""声称""声明""指控"等。虽然例(3)和例(4)的表层结构相似,但是在例(3)中,叙实动词"知道"触发了预设"这家伙是个小偷",而例(4)中的非叙实动词"声称"则不触发此预设。

(3) 小王知道这家伙是个小偷。

～ 这家伙是个小偷。

(4) 小王声称这家伙是个小偷。

c. 状态变化

状态变化词是可以反映出句子中的人物或事物状态变化的动词,汉语中存在大量的状态变化动词,包括"开始""回到""结束""停止""改变""离开"等。比如,例(5)中状态变化动词"停止"预设之前的动作状态与现在的动作状态不同,即之前都是一直使用现金付钱。

(5) 从今以后停止使用现金付钱。

～ 以前一直使用现金付钱。

d. 重复义副词

重复义副词表示事件或状态的重新发生和出现,或者持续发生或出现的副词,比如"还""仍然""继续""又""再度""老是"等。例(6)中的重复义副词"再次"触发了预设小王过去当过学生会主席。

(6) 小王再次成为学生会主席。

～ 小王曾经当过学生会主席。

e. 隐涵动词

汉语中的"忘记""批准""回来"等属于强隐涵动词。比如,例(7)中的"忘记"有[应该要做某事]和[实际上没有做]两个语义特征,例(7)表达出的断言是小王实际上没有刷碗,而触发的预设是小王本应该刷碗。

(7) 小王<u>忘记</u>刷碗了。

～ 小王本应该刷碗。

f. 时间状语从句

时间状语从句触发的预设是这类小句中所指的事件一般被认为是已发生或存在。例(8)中的时间状语从句"入伍前"预设该句中的入伍已发生过,即小张入伍过。

(8) <u>入伍前</u>,小张没有出过城。

～ 小张入伍过。

g. 强调句

汉语中常见的强调句句型包括"是某人做了某事""某人做的某事是……"和"表示评价的'的'字结构+是"。这三类句型分别对应以下例句。

(9) 是小王找到了钱包。

～ 有人找到了钱包。

(10) 他从小王那里拿走了一瓶饮料。

～ 他从小王那里拿走了什么东西。

(11) 重要的是咱们进了决赛。

～ 咱们进了决赛。

正如3.2提到的,沈家煊(1993)提出了语用否定,其否定的是语句表达的"适宜条件",也就是为达到当前话语背景下所需的特定目的的需要,这并不是语句的真值条件。在汉语中也同样存在预设的否定和消除。比如在例(12)中,听者B认为称他的妻子为"女人"是不适合的,所以予以否定,在这里否定的只是说者A的表达方式,而没有改变句子的真值条件,即昨天晚上B和一位女士在一起。

(12) A:昨天晚上跟你在一起的那个女人岁数不小了吧?

B：她不是什么"女人"——她是我妻子。

预设在一定语境下是可以被取消的。比如，例（13）中，说者 A 的话语中带有叙实动词"后悔"，其触发了预设"张三搞语言学"，听者 B 判断说者 A 话语的预设为错误的，所以听者 B 否定的是预设的真值条件。

(13) A：张三后悔搞语言学了。

B：张三才不后悔搞语言学呢——他搞的是文学。

3.6 实证研究报告

3.6.1 实验 1：预设触发语"stop"在二语中的加工机制

本研究通过黑箱范式调查二语者对预设触发语"stop"在肯定句和否定句语境下的理解。对于本研究中的母语为汉语的英语学习者来说，由于与预设触发相关的语义和语用知识具有普遍性（von Fintel & Matthewson, 2008），除了习得"stop"的词汇表达外，二语者没有面临额外的学习任务。因此，二语者习得预设的主要任务是将他们母语中的预设机制复制到英语的"stop"上。也就是说，他们只需要将母语中已经存在的关于"停止"的理解映射到英语中的"stop"上。以往有关二语者习得等级含义的研究表明，二语者在语用推导中将普遍的语义和语用知识从母语转移到二语中几乎没有困难（Slabakova, 2010; Miller et al., 2016; Snape & Hosoi, 2018）。本研究中的二语者在生成"stop"的预设理解时也应当具有和母语者相似的表现。然而，二语者在理解等级含义时表现出一定的语用偏好，这可能归因于消除语用推导带来的困难（Slabakova, 2010）。所以在消除预设时，本研究预测二语者也许会面临一些困难。本研究旨在回答以下研究问题：

1. 母语者和二语者在肯定句和否定句中生成"stop"的预设是否不同？换句话说，当预设句处于否定结构中，理解预设是否给二语者带来了挑战？

2. 母语者和二语者在否定句中消除预设是否不同？

3.6.1.1 实验设计

本研究采用黑箱范式，使用 2×2 设计，即句子类型（肯定和否定）和可见图片类型（显示预设和不显示预设）。这两个因素交叉以创建 4 个实验条件：(1)可见图片带有预设的否定句(1b)；(2)可见图片不带有预设的否定句(1c)；(3)可见图片带有预设的肯定句(2b)；(4)可见图片不带有预设的肯定句(2c)。实验中一半的句子为肯定句，一半为否定句。

(1) a. 否定句：*Thomas didn't stop going to the hospital on Wednesday.*

　　b. 生成预设：Thomas went to the hospital before Wednesday.

　　c. 消除预设：Thomas didn't go to the hospital before Wednesday.

(2) a. 肯定句：*Thomas stopped going to the hospital on Wednesday.*

　　b. 生成预设：Thomas went to the hospital before Wednesday.

　　c. 消除预设：Thomas didn't go to the hospital before Wednesday.

为了将(1)和(2)转换成黑箱范式需要的视觉刺激，本研究采用了 5 天日历条设计（Schwarz，2014；Bill et al.，2015；Romoli & Schwarz，2015；Bacovcin et al.，2018）。日历条包含周一到周五的各种活动和活动地点的图标。一个活动或一个位置的连续出现意味着该动作每天都在重复。如果出现了图 5 中的"X"，则表示当天没有发生该动作。显示预设的图片显示托马斯在周一和周二去了医院，符合带有"stop"的预设语用理解。不显示预设的图片在周一和周二出现了"X"符号，表示托马斯周一和周二没有去医院，符合消除了"stop"预设的逻辑解读。

图 5　实验句 *Thomas stopped going to the hospital on Wednesday* 的图片

需要说明的是"stop"后使用的动词不会改变预设的生成和消除的机制。为了更加全面地了解二语者预设的习得,实验句中还包括除了"go"之外的 3 个动词,即"cook""play"和"drink"。选择这 3 个动词有两个原因:(1)类似于"go",它们是常见的动词;(2)它们很容易与一些动作或活动形成搭配,并较为容易用图标显示出来(比如打篮球、喝茶等)。每个动词与 4 个动作或活动形成搭配。比如,动词"go"用于搭配博物馆、医院、电影院和学校;动词"drink"用于搭配葡萄酒、可乐、啤酒和橙汁。因此,对于每个动词,共有 16 个目标句(4 个搭配词×4 个实验条件)。通过拉丁方设计,共有 4 套实验材料。每套包含 16 个目标句,8 个控制句和 52 个干扰句。

3.6.1.2　被试和实验流程

实验中共有两组被试:英语母语者被试和以汉语为母语的英语学习者被试。所有被试都完成了采用黑箱范式的测试和英语水平测试。被试还被要求提供关于性别、年龄和英语学习年限等信息。英语水平测试基于欧洲共同语言参考框架(Common European Framework of Reference for Languages),包含 40 道题目,最高分为 40 分。被试信息如表 1 所示。英语水平测试中,34 分以上的二语者被认为是高级学习者,而分数在 26 到 33 之间的二语者属于中级学习者(Cho,2017)。

表 1 被试信息

被试组别	年龄		学习英语的时间 （单位：年）		英语水平测试分数 （满分：40）	
	平均数 （标准差）	范围	平均数 （标准差）	范围	平均数 （标准差）	范围
英语母语者 ($n=38$)	20.4（4.1）	18—32	n/a	n/a	38.8（1.0）	37—40
二语者 ($n=41$)	23.7（5.8）	18—50	13.7（4.3）	5—20	34.9（2.4）	30—40

实验程序如下。首先，被试签署参与实验书面同意书。随后，被试完成一个图标识别任务，用于确保他们能够正确理解每个图标的含义。然后，被试完成 6 道采用黑箱范式的题目，用来熟悉任务。在完成正式实验后，被试完成英语水平测试，并提供个人基本信息。所有被试都在使用 E-prime 显示刺激和收集数据的计算机上完成黑箱范式任务。图片的选择是通过鼠标点击所选图片来实现的。两组被试平均需要 10 分钟完成黑箱范式的任务，整个实验持续 30—40 分钟。

本实验的两个因变量为选择黑色盒子或者可见图片的比例和做出选择的反应时间。数据剔除分两步进行。首先，实验中的控制句旨在检查被试是否理解任务并认真完成实验。所有控制句的正确回答均为选择黑色盒子。如果被试在控制句中选择可见图片的次数达到两次及以上，则被试的数据将会被删除。实验没有因为这一步删除任何数据，说明被试均正确理解该任务并且能够认真完成。其次，反应时超过平均数+/-3 个标准偏差之外的极端数据和图片选择无效的数据之后（Jegerski，2014），母语者和二语者中分别有 1.8% 和 1.7% 的数据被剔除。实验使用混合线性模型（linear mixed-effect regression）对反应时进行统计分析，使用混合逻辑回归模型（mixed-effect logistic regression）对图片选择进行统计分析。所有统计分析通过统计软件 R 来完成。为了纠正反应时数据的偏态分布,首先对反应时进行了对数转换(log transformed)。为遵循"保持最大化"的原则,所有模型均包括最大随机效应结构(Barr et al.,2013),如果模型出现难以聚拢(failure to converge)的问题,根据Bates 等(2015)的建议逐步简化随机效应结构。

3.6.1.3 实验结果

如图 6 所示,当可见图片显示预设时,无论句子类型是肯定句还是否定句,两组被试选择可见图片的比例都超过了 90%。这说明,两组被试都成功地生成了肯定句和否定句中的预设推导,符合实验预期。值得注意的是在元语言否定情况下,预设是不能在肯定句中被消除的。因此,在可见图片不显示预设的肯定句中,如果被试能够成功生成预设,他们应该选择黑色盒子。如图 6 所示,在可见图片不显示预设的条件下,选择黑色盒子的比例超过 80%。混合逻辑回归模型将可见图片显示预设的两个条件下选择可见图片的比例作为因变量,句子类型和被试组为固定效应,被试和项目为随机截距。如表 2 所示,结果显示句子类型的效应显著($\beta=0.497, SE=0.210, z=2.364, p=0.018$),表明在肯定条件下可见图

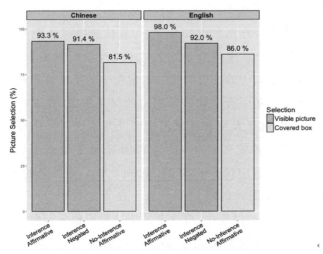

图 6　图片选择比例(代表预设生成比例)

片选择的比例与否定条件下可见图片选择的比例明显不同。然而,两组被试之间选择可见图片的比例没有显著差异。总体而言,二语者在预设推导上与母语者有相似的表现。

表 2　图片显示预设条件下的混合逻辑回归模型

类别	回归系数	标准误	z 值	p 值
(截距)	3.235	0.334	9.674	0.000***
句子类型	0.497	0.210	2.364	0.018*
被试组别	−0.392	0.228	−1.715	0.086
句子类型× 被试组别	−0.281	0.197	−1.426	0.154

在可见图片不显示预设的否定句条件下,母语者选择可见图片的比例是 64%,而二语者为 38.5%。逻辑混合效应模型(被试组作为固定效应,被试和项目为随机截距)的结果显示被试组组别的效应显著($\beta=-1.354, SE=0.616, z=-2.198, p=0.028$),母语者比二语者更加频繁地选择可见图片。这表明母语者比二语者更有可能消除预设的生成。

在两个可见图片显示预设的条件下,被试选择可见图片的比例高达 90% 以上(参见图 6)。这两个条件下的平均反应时取决于句子类型,因为两组被试在肯定句中的反应时比在否定句中的反应时更短。混合效应线性回归模型包括句子类型和被试组别的交互作用,被试和项目的随机截距。在表 3 中,句子类型和被试组别以及两者交互作用显著。事后分析显示,在肯定和否定条件下,二语者明显慢于母语者(肯定句:$t=5.907, p<0.0001$;否定句:$t=3.567, p<0.001$)。更重要的是,母语者在肯定句中选择可见图片的时间明显短于在否定句中($t=-4.485, p<0.0001$)。在肯定句的语境中,母语者的快速反应似乎得到了加强。二语者在相同方向上存在相似的趋势,但并不显著($t=-1.435, p=0.152$)。然而,我们应该谨慎对待这一结果,因为二语者整体较长的反应时可能掩盖了在肯定句和否定句之间任何复杂的反应时差异。

表 3　图片显示预设条件下的混合线性模型

类别	回归系数	标准误	t 值	p 值
（截距）	8.392	0.042	201.225	0.000***
句子类型	−0.080	0.022	−3.587	0.000***
被试组别	0.171	0.033	5.198	0.000***
句子类型× 被试组别	0.042	0.015	2.817	0.005**

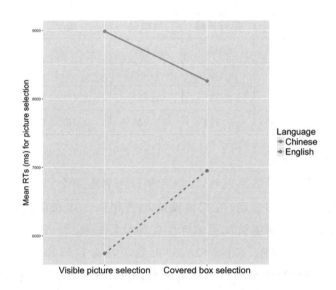

图 7　图片不显示预设、否定句条件下二组被试的平均反应时

图 7 显示了母语者和二语者在可见图片不显示预设的否定句条件下的平均反应时。结果发现被试组别和选择类型（可见图片或黑色盒子）之间的交互作用。如图 7 所示，二语者选择可见图片的速度比黑色盒子要慢（分别为 9150 毫秒和 8262 毫秒），而母语者则相反（黑色盒子选择：6950 毫秒，可见图片选择：5743 毫秒）。混合效应线性回归模型包括选择和被试组别之间的交互作用，被试和项目为随机效应。如表 4 所示，图 7 中的交互作用边缘性显著（$\beta=0.121, SE=0.068, t=1.762$,

$p=0.071$)。事后分析表明,对于母语者来说,接受可见图片比拒绝可见图片(即选择黑色盒子)要快很多($t=2.03$,$p=0.04$),而选择可见图片和黑色盒子之间的反应时差异对于二语者来说并不显著($t=-0.335$,$p=0.74$)。更重要的是,母语者仅在选择可见图片上比二语者要快($t=4.148$,$p<0.0001$),但在选择黑色盒子时却没有出现显著差异($t=1.694$,$p=0.09$)。

表4 图片不显示预设、否定句条件下的混合线性模型

类别	回归系数	标准误	t 值	p 值
(截距)	8.817	0.065	135.997	0.000***
句子类型	−0.090	0.069	−1.314	0.190
被试组别	0.091	0.054	1.694	0.092
句子类型×被试组别	0.121	0.068	1.762	0.071

3.6.1.4 讨论

总体而言,实验结果表明,二语者和母语者在两个可见图片显示预设的条件下(肯定和否定)生成预设的比例相似。这表明,当可见图片符合预设推导时,两组被试更偏好生成预设后的解读,并且预设生成的比例没有差异。同样,Bill 等(2018)报告了在肯定句和否定句语境中"stop"的解读以及两种类型的等级含义,并进一步提出了"推导偏好",指出无论是预设还是等级含义,语用推导后的解读是优选的。更重要的是,本研究的结果表明,否定的预设语境并没有给二语者带来更大的挑战,因为二语者的图片选择比例与母语者的比例没有显著差异。事实上,当等级含义中的等级项被否定时,二语者也没有出现任何推导困难(Feng & Cho, 2019)。

有关第二个研究问题,本研究结果显示,当可见图片中没有显示预设时,母语者明显比二语者更频繁地选择了可见图片,这表明母语者比二语者更有可能消除预设推导。此外,母语者选择可见图片明显快于二语者。这一结果说明,母语者不仅更频繁地消除预设推导,而且速度比二语者更

快。然而,两组被试在选择黑色盒子上的反应时没有差异,这表明两组在这种情况下生成预设所需的时间相似。总体来说,第一个研究问题的答案是,除了二语者的反应时更长,二语者和母语者在生成预设方面没有区别。然而,关于第二个问题的结果表明,两组被试在消除推导的比例和时间方面存在显著差异,即母语者消除推导的比例比二语者更高且所需时间更短。

下面,本文将进一步讨论有关二语者消除预设推导比例较低的现象。选择不显示预设的可见图片要求被试对触发消除的线索高度敏感,从而能进一步进行局部调节,生成逻辑解读,这就会导致比生成带有预设的语用解读具有更高的加工成本(Chemla & Bott,2011;Romoli & Schwarz,2015;Bill et al.,2016)。通过使用相同的黑箱范式,Bill 等(2016)发现成人母语者比儿童母语者更有可能消除对预设的生成。触发消除预设推导的一种可能情况是语境的相关性(Romoli,2015)。也就是说,预设的局部调节必须有明确的语境信息来激活。因此,在可见图片中识别触发消除推导线索的能力是消除预设的关键。

事实上,7 岁儿童母语者与本实验中二语者消除预设推导的比例相似(即大约 40%)。Bill 等(2016)解释儿童对嵌入在可见图片中的、能触发消除预设的语境线索不够敏感。在本实验中,对不显示预设的可见图片,被试需要考虑句子的含义并与其他可能的备选义进行比较。例如,如果二语者对图 5 可见图片中消除预设的线索敏感的话(此线索为托马斯在星期三之前没有去医院),需要评估的备选义之一是消除预设后的逻辑解读(托马斯周三并没有停止去医院……事实上,他在周三之前都没有去)。否则,二语者没有任何压力需要停止更容易理解和获得的语用解读。二语者选择黑色盒子的高比例可能表明他们对触发消除预设的语境信息不敏感。消除预设不仅对母语为英语的儿童来说有挑战,而且对具有成熟认知和交际能力的成年二语者来说也是如此。

除了二语者对语境的不敏感和局部调节的复杂性之外,造成消除预设的困难的另一个可能原因是二语者在这种涉及消除推导的特定情况下不确信他们的语言能力。尽管本研究中的二语者是中高级英语学习者，平均学习英语13.7年，但是他们可能仍然不确定消除预设后的理解，因此不愿意选择代表不太常见的逻辑解读的可见图片。黑色盒子代表的语用解读对二语者来说成了一个更安全的选择。事实上，即使是母语者，他们对消除预设后的理解也最不确定(Bacovcin et al., 2018)。此外，需要注意的是，一些关于等级含义的二语习得研究发现二语者存在一定程度上的语用偏好。例如，Slabakova(2010)研究中的母语为韩语的英语学习者更频繁地拒绝信息不足的句子"Some elephants have trunks"。这种语用偏好的行为也许是因为消除语用解读来推导出逻辑解读对二语者的要求很高。具体地说，由于加工资源有限，二语者更少可能想出一个场景使得这样信息不足的句子变得可以接受。然而，即使当前实验有带有逻辑解读的可见图片的帮助，二语者仍然更倾向于拒绝可见图片并选择代表语用解读的黑色盒子。这一结果表明，对于二语者来说消除推导是极具挑战的。

另一个相关的解释是预设触发语"stop"的特殊性。作为状态变化动词，"stop"表达动态事件时，包括事件的初始状态、变化和最终状态。在加工方面，Gennari和Poeppel(2003)通过比较表示状态变化的动词和表示稳定状态的动词(如"love")发现，表达动态事件的动词需要更长的加工时间和额外的认知资源。在本实验中，因存在否定语境，理解动态动词"stop"变得更加复杂。在面对"Thomas didn't stop going to the hospital on Wednesday"时，二语者需要产生三个移位的时间事件。第一个事件(初始状态)是预设："托马斯在星期三之前去了医院"。第二个事件(变化)，首先是没有否定，即"托马斯在星期三停止去医院"；加上否定后，改为"托马斯没有在周三停止去医院"。第三个事件(最终状态)是"托马斯从周一到周五一直去医院"。加工的难度体现在被试需要加工的含义的数量和嵌入语境的线索上。需要考虑的含义的数量越多，加工就越复杂。关于这种消除预设的难度是否只适用于动态动词"stop"，未来的研究仍需要对不同类型的预设触发语做进一步的研究。

3.6.2　实验 2：二语者加工不同类型的预设触发语

前人有关"接口假说"的研究主要集中在句法—语篇接口上，且结果存在差异。虽然一些研究证实了二语者在这一接口上存在对错交替（Sorace，2011，2016），但其他研究汇报了接近母语者水平的二语者的表现来挑战这一假说（Ivanov，2012；Slabakova，2015；Destruel & Donaldson，2017）。然而，关注句法—语篇接口以外的外接口上的研究相对较少。自 Slabakova(2010)以来，语义—语用接口上的语言结构（例如，等级含义和预设）引起了学界的关注。关注等级含义的二语研究发现，二语者能够生成等级词项的语用推导（Slabakova，2010；Miller et al.，2016；Snape & Hosoi，2018）。本研究的第一个目标是通过探索不同类型的预设触发语的习得和加工，将"接口假说"的研究扩展到语义—语用接口上。本研究中的四种预设触发语是带有"the"的定指性名词短语、叙实动词"know"、状态变化动词"stop"和重复义副词"also"。本研究尤其关注的是当预设触发语代表的预设信息在语境中没有得到明确支持时，二语者会忽略还是调节未满足的预设。通过预设调节，共同背景（common ground）中应该存在的预设信息被重新建立起来，以调节未满足的预设（Lewis，1979）。已有实证研究表明预设调节的必要性和可用性也取决于不同类型的预设触发语（Domaneschi et al.，2014；Tiemann，2014）。比如，Tiemann（2014）根据调节必要性的强弱将预设触发语分为两类。第一类触发语（Class One）的预设通常可以被忽略，不需要调节，因为这类触发语的预设对语句的语义内容和断言不产生重要影响，忽略预设内容并不影响语句的理解。此类触发语包括"again""too"和"even"。第二类触发语（Class Two）与第一类的不同之处在于这类触发语的预设内容对语句的语义和断言内容有重要的贡献，听者需要对未满足的预设进行调节以成功理解语句。

探索"接口假说"（Sorace，2011）提出的有关加工资源对外接口上习得的影响，离线和无计时的判断任务可能不是最合适的实验方法，因为离线任务允许二语者使用元语言知识、修改初始答案等,从而掩盖首次遇到实验刺激时加工效率低下的问题。鉴于鲜有研究使用探索实时加工的研究方法,关于二语者如何在外接口上整合不同类型信息的证据有限。心理语言学实验比传统的离线任务能反映出更加隐性和自动的信息整合过程(Jiang, 2007; Jegerski, 2014; Orfitelli & Polinsky, 2017)。因此,本研究使用在线的自定步速阅读任务(self-paced reading task)来探索二语者对未满足的预设的敏感性和预设调节能力,并使用离线的可接受性判断任务(acceptability judgment task)来研究二语者对未满足预设的判断和回答。

本研究旨在回答以下研究问题:

1. 当不同类型的预设触发语代表的预设在语境中没有得到满足时,二语者会调节缺失的预设还是会完全放弃预设加工?

2. 不同类型的预设触发语如何影响二语者的理解?

3.6.2.1 实验设计

本实验使用自定步速阅读任务来探究被试进行预设调节的在线加工的敏感性。自定步速阅读任务实验中的句子通常以单词或短语为一个窗口来进行显示,阅读每个窗口的反应时以毫秒为单位。离线的可接受性判断任务使用带有 7 级李克特量表的判断任务来完成。

自定步速阅读任务和可接受性判断任务的测试材料以 3×4 的设计来构建,其中语境(3 个条件:积极、中性和消极)和预设触发语(4 个条件:"the""know""stop"和"also")作为自变量。每个测试项由两个句子组成,即语境句和目标句。中性语境中没有给出明确的支持预设的信息。积极语境中出现明确的预设信息。消极语境中带有明显否定预设的信息。例(1)中的句子是预设触发语定冠词"the"的一组例子。积极语境中存在目标句中"the rose"的先行词"a rose"。在消极语境中无法加工目标句中的"the rose",因为语境句中明确否定了玫瑰的存在。被试应该在积极语境中对目标句给出最高的评分,而在消极语境中给出最低的评分。在中性语境下,如果被试能够在目标句中调节"the rose"的预设,他们会更新语境中的"a present"就是玫瑰。因此,在中性语境中,加工目标句中定冠词的预设可能会给二语者带来更大的加工成本。另一种可能性是在中性语境中,被试在阅读目标句子中的"the rose"时,无法调节定指名词短语带来的预设,从而拒绝该句子。例(2)—(4)是其他三种预设触发语的实验句示例。

(1) *the*

语境句:

a. 积极语境:Karen received a rose for Valentine's Day.

b. 中性语境:Karen received a present for Valentine's Day.

c. 消极语境:Karen didn't receive any roses for Valentine's Day.

目标句:She loves the rose and puts it on her desk.

(2) *know*

语境句:

a. 积极语境:Alice likes going to parties.

b. 中性语境:Alice likes socializing with friends.

c. 消极语境:Alice hates going to parties.

目标句:Ross knows that Alice likes parties and often holds one for her.

(3) *stop*

语境句:

a. 积极语境:Mrs. White is cooking in the kitchen.

b. 中性语境:Mrs. White is busy in the kitchen.

c. 消极语境:Mrs. White is not cooking in the kitchen.

目标句:She will stop cooking and pick up her son from the airport.

(4) *also*

语境句:

a. 积极语境:Sophie will go shopping after work.

b. 中性语境：Sophie will drive to the shopping mall after work.

c. 消极语境：Sophie will not go shopping after work.

目标句：Tina will also go shopping after work to get ready for Christmas.

每类预设触发语按照例(1)—(4)的形式创建了 6 个目标项，目标项的总和为 24(6 个目标项×4 类触发语)。除了目标项之外，本实验还包括 46 个填充项。与目标项的设计类似，每个填充项也存在一对句子，第二个句子的窗口数与目标项中的第二句的窗口数相同。使用拉丁方创建了三套实验材料，每套材料有 70 个项目，包括 24 个目标项和 46 个填充项。

自定步速阅读任务在 Gorilla.sc(Anwyl-Irvine et al.，2019)上以逐字、非累积移动窗口的方式来实施操作。第一个语境句作为一个整体出现，第二个目标句被分割成 11 个或 12 个窗口，如表 5 所示。每类预设触发语的关键窗口是知道预设的全部内容的最后一个词。目标句和填充句后面有一个"是/否"的理解问题。理解问题一半的答案是"是"，另一半是"否"。

表 5　自定步速阅读任务中目标句的设计

预设触发语类型	窗口1	窗口2	窗口3	窗口4	窗口5	窗口6	窗口7	窗口8
the	She	loves	the	关键 rose	关键+1 and	puts	it	on
know	Ross	knows	that	Alice	likes	关键 parties	关键+1 and	often
stop	He	will	stop	关键 trimming	关键+1 and	pick	up	his
also	Peter	will	also	go	关键 swimming	关键+1 this	morning	and

可接受性判断任务使用与自定步速阅读任务相同的材料，并且也在

Gorilla 上运行。与自定步速阅读任务不同的是,可接受性判断任务中两个句子一起呈现在屏幕上。其次,被试需要评估第二句话作为第一句话的延续的可接受度,并在 7 级李克特量表给出评分(1＝不可接受,7＝可接受)。可接受性判断任务有 70 个项目,有 24 个目标项和 46 个填充项。

3.6.2.2 被试和实验流程

共有两组被试参与本研究:39 名母语为英语的被试和 60 名母语为汉语的英语学习者。母语者从网站 Prolific 上招募。理解问题的准确率低于 75% 的被试被剔除,这导致 4 名母语者和 2 名二语者的数据被剔除,因此有 35 名母语者(含 21 名女性)和 58 名二语者(含 38 名女性)的数据做进一步分析。母语者的平均年龄为 30.9(标准差 5.4),二语者的平均年龄为 24.3(标准差 2.0)。二语者要自我报告他们参加的英语水平测试和分数。所有二语者都参加了大学英语 4 级或 6 级考试。49 名二语者报告了 4 级和 6 级的分数,5 名二语者仅报告了 4 级的分数,4 名二语者报告了雅思或托福成绩。根据二语者自我报告的英语水平,他们被认定为中高级至高级英语学习者。被试在线一次性完成整个实验。在签署电子同意书后,被试依次完成了自定步速阅读任务、背景调查问卷和可接受性判断任务。整个实验持续 40—50 分钟。

3.6.2.3 实验结果

为了纠正数据左偏的问题,首先对阅读时间进行了对数转换。随后,根据以下步骤对数据进行进一步剔除(参见 Jegerski,2014;Keating & Jegerski,2015;Hopp,2006):反应时小于 150 毫秒和大于 5000 毫秒的被剔除;与对数转换后的平均反应时相差三个标准差或更多的被剔除。这两个步骤共剔除了 4.3% 的母语者数据和 3.7% 的二语者数据。图 8 和图 9 分别显示母语者和二语者在每个区域的阅读时间。总体来说,二语者的阅读时间长于母语者。对于"the""also"和"and",两组被试在积极语境下阅读句子的时间最短。预设触发语"stop"看似与其他三类触发语呈现出不同的加工模式。

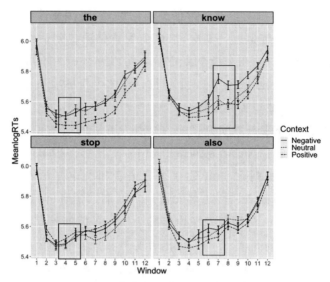

图 8　母语者在不同窗口中的平均反应时

（黑色方框表示关键窗口和溢出窗口）

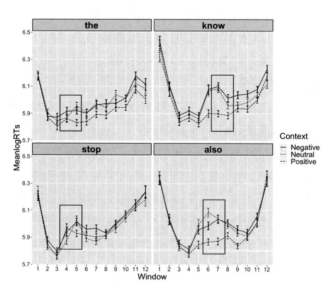

图 9　二语者在不同窗口中的平均反应时

（黑色方框表示关键窗口和溢出窗口）

对数阅读时间通过使用 R 软件中的 lme4(Bates et al., 2015)和 lmerTest(Kuznetsova et al., 2017)拟合线性混合效应模型(LMER)进行分析。按照 Barr 等(2013)提出的方法,分析首次进行了具有最大随机效应结构的模型。然而,由于最大模型不收敛,随机效应结构在后向消除过程中得到了简化(Bates et al., 2015)。

为了查看被试整体阅读模式,我们首先分析了整句的阅读时间。该模型包括语境(3 个水平:积极、中性和消极)和句子长度(因为有些句子有 11 个窗口,有的有 12 个窗口)作为固定效应,被试和项目作为随机效应。英语母语者和二语者的模型中,句子长度存在显著影响(母语者:$\beta=0.095, SE=0.019, t=5.080, p<0.0001$;二语者:$\beta=0.093, SE=0.021, t=4.402, p<0.0001$)。这说明窗口较多的句子比窗口较少的句子读得更慢。然而,两组被试在不同语境下的阅读时间相似。为了更好地探索预设调节和四类预设触发语如何影响加工,我们通过比较三种语境下每类触发语句子的阅读时间,进一步分析了单个窗口下的阅读时间。

母语者的关键窗口的模型结果如表 6 所示。在此窗口中,带有"the" "know"和"also"的句子在积极语境中的阅读时间比中性语境中的要短。带有"stop"的句子的阅读模式与其他三类触发语的阅读模式不同,即积极语境下的句子比中性语境下的句子具有更长的阅读时间。在关键区域+1 的窗口和句子最终窗口中,对于带有"the"的句子来说,处于积极语境中的句子比处于中性语境中的句子具有更短的阅读时间。其他三类触发语在关键区域+1 的窗口和句子最后窗口中,积极语境和中性语境之间不存在显著的阅读时间差异。

表 6 母语者关键窗口中的线性混合效应模型(语境的参照水平:中性)

类别	回归系数	标准误	t 值	p 值
$the(n=459)$				
截距	5.486	0.034	159.681	$<0.0001^{***}$
语境(积极)	−0.070	0.023	−3.056	0.002^{**}

续表

类别	回归系数	标准误	t 值	p 值
语境（消极）	−0.002	0.009	−0.088	0.930
单词长度	0.0003	0.0009	0.037	0.971
随机因素	方差	标准差		
被试	0.030	0.173		
项目	0.001	0.036		
$know(n=459)$				
截距	5.530	0.052	105.892	<0.0001***
语境（积极）	−0.050	0.023	−2.065	0.039*
语境（消极）	0.039	0.024	1.621	0.106
单词长度	0.001	0.009	0.121	0.906
随机因素	方差	标准差		
被试	0.037	0.192		
项目	0.004	0.062		
$stop(n=471)$				
截距	5.444	0.042	129.664	<0.0001***
语境（积极）	0.047	0.024	1.992	0.047*
语境（消极）	0.007	0.024	0.314	0.754
单词长度	0.004	0.009	0.443	0.668
随机因素	方差	标准差		
被试	0.032	0.178		
项目	0.002	0.017		
$also(n=461)$				
截距	5.487	0.043	127.412	<0.0001***
语境（积极）	−0.055	0.024	−2.267	0.024*

续表

类别	回归系数	标准误	t 值	p 值
语境(消极)	0.034	0.024	1.410	0.159
单词长度	0.003	0.007	0.475	0.645
随机因素	方差	标准差		
被试	0.038	0.194		
项目	0.002	0.040		

关于二语者的阅读时间,表 7 显示关键窗口的模型结果。在关键窗口中,二语者在阅读带有"the"的句子时,中性语境和积极语境之间没有表现出阅读时间差异。与母语者的数据相似,对于带有"know"和"also"的句子,二语者在积极语境中阅读句子的速度比在中性语境中要快;带有"stop"的句子表现出不同的阅读模式,即在积极语境中的阅读时间比中性语境中的要更长。在关键区域+1 的窗口中,二语者对所有四类触发语都表现出一致的阅读模式,而母语者的数据中没有这种模式,即对于所有四类触发语,在关键区域+1 的窗口中,中性语境中的阅读时间比积极语境的阅读时间要长。在句子的最后一个窗口中,与母语者类似,在积极语境中,带"the"的句子比在中性语境中读得更快。其他三类触发语在积极语境和中性语境中没有显著的阅读时间差异。

表 7 二语者关键窗口的线性混合效应模型(语境的参照水平:中性)

类别	回归系数	标准误	t 值	p 值
the($n=627$)				
截距	5.859	0.045	129.762	<0.0001***
语境(积极)	−0.013	0.028	−0.463	0.643
语境(消极)	0.034	0.028	1.192	0.234
单词长度	−0.0004	0.012	−0.033	0.975
随机因素	方差	标准差		

续表

类别	回归系数	标准误	t 值	p 值
被试	0.075	0.274		
项目	0.002	0.044		
know(n=611)				
截距	5.998	0.091	65.782	<0.0001***
语境（积极）	−0.143	0.032	−4.498	<0.0001***
语境（消极）	0.018	0.032	0.571	0.568
单词长度	0.004	0.018	0.234	0.820
随机因素	方差	标准差		
被试	0.084	0.289		
项目	0.017	0.131		
stop(n=611)				
截距	5.816	0.074	78.843	<0.0001***
语境（积极）	0.068	0.030	2.249	0.025*
语境（消极）	0.052	0.030	1.727	0.085
单词长度	0.016	0.019	0.863	0.408
随机因素	方差	标准差		
被试	0.085	0.283		
项目	0.004	0.066		
also(n=611)				
截距	5.850	0.050	117.071	<0.0001***
语境（积极）	−0.061	0.031	−1.979	0.048*
语境（消极）	0.042	0.031	1.370	0.171
单词长度	0.011	0.007	1.708	0.119
随机因素	方差	标准差		
被试	0.082	0.286		
项目	0.001	0.026		

图 10 显示可接受性判断任务中母语者和二语者的平均评分。在四类预设触发语中，消极语境下的语句获得最低评分，而积极语境下的语句获得最高的评分，中性语境下的评分尤为重要，因为它体现出被试是否成功调节未满足的预设。图 10 表明，对于两组被试，"stop"和"also"的评分低于"know"和"the"。评分数据进一步采用累积连系混合模型进行分析(Liddell & Kruschke, 2018)，使用 Ordinal 数据包(Christensen, 2019)中的 clmm 函数。该模型包括预设触发语(4 个水平："the""know""stop"和"also")、语境(3 个水平：积极、中性和消极)和被试组别(2 个水平：母语者和二语者)作为固定效应。最终模型包括被试和语境下的项目的随机截距和斜率。对于触发语，"also"被编码为参照水平。被试组别和语境的参照水平分别是母语者和中性语境。

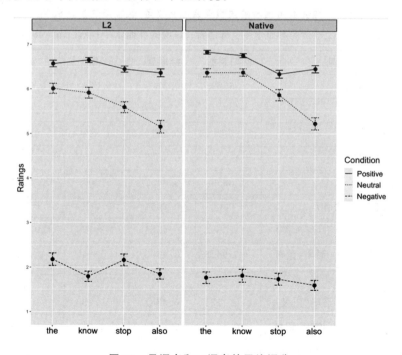

图 10 母语者和二语者的平均评分

表8的模型结果表明,触发语"the"和"know"的影响是显著的,积极和消极语境的影响也显著,被试组别的影响不显著。事后检验分析交互作用发现,在积极语境下,二语者对"the"评分略低于母语者($z=2.008$, $p=0.045$)。对于两组被试来说,三种语境之间的评分差异在四类触发语中都是显著的(均 $p<0.01$)。我们尤其关注母语者和二语者在中性语境下的评分。结果表明,在中性语境下,"also"比"the"和"know"的评分显著要低(母语者:also vs. the:$z=-6.288$, $p<0.0001$; also vs. know:$z=-4.383$, $p<0.0001$;二语者:also vs. the:$z=-4.653$, $p<0.0001$;also vs. know:$z=-2.654$, $p=0.039$)。更重要的是,"stop"与"also"之间不存在显著差异(母语者:$z=-1.853$, $p=0.249$;二语者:$z=0.325$, $p=0.988$)。

表8 二语者和母语者的累积连系混合模型(触发语的参照水平:"also";被试组别的参照水平:母语者;语境的参照水平:中性;$n=4656$)

类别	回归系数	标准误	z 值	p 值
触发语(the)	1.6529	0.2729	6.288	<0.0001***
触发语(know)	1.3771	0.3142	4.383	<0.0001***
触发语(stop)	0.4770	0.2574	1.853	0.063
语境(消极)	-4.9732	0.4828	-10.300	<0.0001***
语境(积极)	1.8656	0.3452	5.404	<0.0001***
被试组别(二语者)	0.0803	0.2534	0.317	0.751
触发语(the):语境(消极)	-1.3692	0.4384	-3.123	<0.001**
触发语(know):语境(消极)	-0.9626	0.4896	-1.966	0.049*
触发语(stop):语境(消极)	-0.1800	0.4470	-0.403	0.687
触发语(the):语境(积极)	-0.1131	0.4381	-0.258	0.796
触发语(know):语境(积极)	-0.4558	0.4488	-1.016	0.309
触发语(stop):语境(积极)	-0.9308	0.3887	-2.394	0.017*

续表

类别	回归系数	标准误	z 值	p 值
触发语（the）：被试组别（二语者）	−0.5667	0.2941	−1.927	0.054 .
触发语（know）：被试组别（二语者）	−0.5726	0.2948	−1.942	0.052 .
触发语（stop）：被试组别（二语者）	−0.5537	0.2708	−2.045	0.041 *
语境（消极）：被试组别（二语者）	0.2727	0.5227	0.522	0.602
语境（积极）：被试组别（二语者）	−0.1382	0.3561	−0.388	0.698
触发语（the）：语境（消极）：被试组别（二语者）	0.9164	0.4858	1.887	0.059 .
触发语（know）：语境（消极）：被试组别（二语者）	0.3259	0.4935	0.660	0.509
触发语（stop）：语境（消极）：被试组别（二语者）	0.9589	0.4685	2.047	0.041 *
触发语（the）：语境（积极）：被试组别（二语者）	−0.2910	0.5027	−0.579	0.563
触发语（know）：语境（积极）：被试组别（二语者）	0.3652	0.4829	0.756	0.450
触发语（stop）：语境（积极）：被试组别（二语者）	0.8569	0.4326	1.981	0.047 *

3.6.2.4 讨论

本研究旨在探究：(1)当预设在语境中既没有被否定也没有被确定

时,二语者是否会加工或忽略预设触发语;(2)二语者对语境中未满足的预设是否敏感;(3)不同类型的预设触发语是否对二语者理解预设有不同的影响。在本节中,我们首先讨论回答这三个研究问题的发现。在回答第二个问题时,本文进一步讨论预设调节的问题。在讨论第三个问题时,本文将对预设触发语"stop"的显著加工差异和定冠词的习得做进一步讨论。最后,本义将结合"接口假说"对研究发现做讨论。

关于第一个研究问题,本研究发现,二语者能够在离线判断任务中调节未满足的预设(而不是简单地忽略缺失的预设),其表现与母语者相似。离线判断任务的结果表明,在积极和消极的语境中,母语者和二语者分别提供了最高和最低的评分,符合实验预测。在中性语境中,比起"stop"和"also"的预设,母语者和二语者对带有"the"和"know"的句子给出了更高的评分,这意味着两组被试都更愿意为"the"和"know"缺失的预设进行调节。

针对第二个研究问题,与母语者一样,二语者在关键窗口中对未满足的预设表现出了敏感度(除了带有"the"的句子)。但是,与母语者不同的是这种受到未满足预设影响的加工在关键窗口＋1的窗口中也出现了。自定步速阅读任务的数据显示,中性语境对二语者在关键窗口和关键窗口＋1的窗口的阅读时间都有影响,但对母语者仅在关键窗口中有影响。这一结果表明,与母语者相比,调节预设对二语者的影响更加持久。实际上,调节预设并不容易。它要求被试对未满足的预设和语境的线索保持敏感。调节预设的另一个重要先决条件是,被试在加工时记住和利用语境中的旧信息[比如,例(1)中"the present for Valentine's Day"],并基于世界知识使用它以及与目标句中看似新的信息[例(1)中的"rose"]建立联系。在这个例子中,世界知识告诉被试,玫瑰很可能是情人节的礼物。最后一步是通过更新预设内容中的信息和修改初始理解来完成预设调节。尽管二语者在离线任务中对预设调节有着类似母语者的判断,但存储信息和调用世界知识的过程给二语者带来了额外的压力,正如他们在关键窗口＋1的窗口中仍然出现较长的阅读时间所示。当这种调节过程因引入其他语言结构(如否定)而变得更加复杂时,二语者完成预设调节的可能性将会变得更小。例如,Feng(2021)指出,在理解否定句中的触发语"stop"时,二语者对预设进行调节的比例显著低于母语者。在否定结构内调节"stop"的预设需要调用二语者局部调节的能力,让二语者面临更高的加工压力。

接下来,我们按照实验任务类型回答第三个研究问题。在离线的可接受性判断任务中,二语者的评分受到预设触发语类型的影响(比起"the"和"know","also"和"stop"更难进行调节),母语者同样受此影响。对"also"较难进行调节的原因在于"also"在Tiemann(2014)的分析中算作第一类触发语。这类触发语的特点是除了触发预设信息之外,对句子的语义内容没有实质性贡献;因此,人们往往忽视而不是调节这类触发语的预设。本研究的被试很有可能忽略了预设内容,只接受了句子的断言。例如,在例(4)中,"Tina will also go shopping after work to get ready for Christmas"这句话的意思很简单,其意义是"Tina will go shopping after work to get ready for Christmas","also"触发的预设并没有在此基础上带来重要的语义内容。本研究有关"stop"难以调节的发现出人意料。在中性语境下,"stop"的评分低于"the"和"know"。然而,这三个触发语在Tiemann(2014)的分析中都属于第二类触发语。与第一类触发语不同,第二类触发语的预设对句子的语义内容有实质性贡献,并且当预设没有语境信息的支持时,必须对其加以调节。需要注意的是,虽然"stop"与"the"和"know"同属于第二类触发语,但它与另外两者的不同之处在于,"stop"具有回指性(referential),在预设层面引入了时间变量,这一特点与第一类触发语的"also"相同("also"在预设层面引入人物个体变量)。本研究的发现表明分配变量似乎影响了离线任务中的预设调节,未来的研究需要着眼于未满足的预设的变量分配问题以及其如何影响预设的加工和调节,为二语加工带来新的启示(Felser et al.,2003;Marinis et al.,2005;McDonald,2006;Guo et al.,2009;Roberts & Felser,2011;Lim & Christianson,2013a,2013b;Cunnings 2017a,2017b)。

在在线的自定步速阅读任务中,阅读时间数据表明"stop"呈现出与其他预设触发语不同的加工模式。对于母语者和二语者,在关键窗口中,"stop"在积极语境下的阅读时间比在中性语境下的阅读时间更长,而其他三类触发语出现截然不同的加工模式(积极语境下的阅读时间比中性语境下的阅读时间更短)。这一发现与 Tiemann(2014)的结果一致。虽然离线判断任务的结果会把"stop"和"also"归入同一类型,但阅读时间的数据揭示了"stop"的独特性。正如上文提到,虽然"stop"在预设层面引入了一个时间变量,"also"引入了个体变量,但是"stop"与"also"的不同之处在于,"stop"引入的时间变量影响句子意义的生成,并对断言产生重要影响。"Stop"的预设在句子意义的计算中的重要作用要求被试考虑所有相关信息,积极语境下更长的加工时间似乎表明考虑所有相关信息给被试带来了额外的加工负担。这说明,在实时加工中,比起加工预设层面上"also"的个体变量,被试在预设层面加工"stop"的时间变量承受着更大的压力。

需要注意的是,习得词汇(lexical)类型的预设触发语不需要显性的课堂教学和重复练习(不包括"the")。词汇触发语的预设是在学习每个触发语的词汇含义时获得的,并且考虑到汉语和英语中的预设相似,母语迁移在一定程度上来说对二语预设的习得有正向作用。因此,预设知识可能属于隐性知识(implicit knowledge),它是"依赖直觉的,因为学习者不太可能意识到曾经学习过它,也可能不知道它的存在"(R. Ellis,1997,pp.110—111)。在本研究中我们发现,尽管二语者在在线任务中的预设调节过程不如母语者自动化的程度高,但二语者能够在离线任务中调节未满足的预设,与母语者的回答模式相似。这一发现表明,这种预设的隐性知识在二语者中虽然自动化程度不如母语者高,但是可以转化为接近母语水平的显性知识(explicit knowledge)。

众所周知,定冠词的习得对二语者来说存在显著困难。在本研究中,尽管在带有"the"的句子的最后窗口中,母语者和二语者在积极语境下的阅读时间较短,但二语者对关键窗口中缺失的预设并不敏感。然而,他们在关键窗口+1的窗口中显示出对缺失的预设的敏感性,在离线判断任务中对"the"的回答与母语者相同。与本研究结果不同的是,Cho(2020)发现,二语者在加工过程中具有与母语者相似的隐性知识,但在离线判断中未能将其转化为显性知识。有关本研究与Cho(2020)的发现不同的原因,本文想强调的是本研究的发现并不能说明二语者成功地习得了定冠词"the"。在Cho(2020)和许多其他有关定指性的二语研究中,带有定冠词的名词短语比本研究中的要复杂得多。例如,前人研究中的定指性名词短语的复杂情况为句子中不存在定指名词短语的先行词,且定指性需要通过世界知识来建构。本研究中的定指名词短语在语境中存在一个潜在的先行词,定指性的确定更加简单。被试只需要根据世界知识将目标句中的定指名词短语(如"the rose")和语境中的先行词(如"the present for Valentine's Day")联系起来即可。本研究表明,即使面对母语中不存在的语言结构,二语者仍然能够整合(尽管是以自动化程度较低的方式进行)语义知识和世界知识来调节未满足的预设,并且在语言复杂性降低的情况下二语者能够将这些隐性知识转化为相应的显性知识。

综上所述,离线数据显示,二语者在调节预设方面与母语者有相似的表现。在线加工的数据显示,总体上来看,二语者对未满足的预设很敏感,但他们在加工过程中需要更长的时间来完成调节。与母语者类似,二语者的离线判断和在线加工都受到预设触发语类型的影响。本研究发现,在两项不同的实验任务中,母语者和二语者的整体回答和加工模式不存在显著差异,这一发现与"接口假说"的观点不同。

前人在句法—语篇接口上的二语研究显示,离线任务中二语者出现与母语者相似的表现(Donaldson, 2012; Ivanov, 2012; Slabakova, 2015; Destruel & Donaldson, 2017)。最近一项同时使用在线和离线任务的研究也发现,二语者在同一接口上的判断和加工模式与母语者相同(Leal & Hoot, 2022)。对于二语者来说,在语义—语用接口上计算等级含义并不困难(Slabakova, 2010; Miller et al., 2016; Snape & Hosoi, 2018),尽管Cho(2022)研究中的在线数据表明,二语者在实时加工中对信息不足的句子不敏感。本研究结果表明，在语义—语用界面上调节预设在离线判断中没有出现外接口带来的习得困难。二语者在在线加工中对未满足的预设表现出敏感，但其调节的自动化程度低于母语者，这很可能是由于临时存储信息、调用世界知识以及实时整合语义和语用信息的过程带来了加工上的困难。然而，一旦句子结构变得更加复杂（比如，加入否定结构），二语者难以完成预设调节（Feng，2021）。前人的研究和本研究的发现都表明，需要更加谨慎对待"接口假说"认为外接口难以习得的说法。White 也提出"某一接口上的所有语言现象并不一定都存在习得困难"（White，2011，p.587）。外接口上的二语习得问题可能源于习得中涉及的不同结构和不同的习得任务，而不是外接口本身特有的困难。在外接口的习得研究中，比较哪些语言结构以及涉及哪些习得任务是未来研究中需要考虑的重要问题。此外，在线加工的任务也有助于探索"接口假说"提出的加工资源对二语者在外接口上习得的影响。未来研究应使用在线和离线的实验方法，同时扩大外接口上研究的语言结构的范围。

本研究的一个局限性是缺乏统一的语言水平测试来衡量二语被试的英语水平。值得注意的是，尽管 Sorace（2011）表明"接口假说"只关注最终状态下的二语者，但 White（2011）对这一观点存疑，并质疑为什么外接口上的语言接口习得困难仅针对最终状态下的二语者，而不是中级水平的二语者。未来关注外接口习得困难的研究应当关注不同水平的二语者的习得过程，以进一步讨论"接口假说"所提出的外接口的习得困难是否只存在于最终状态下的二语者。

本研究调查了母语为汉语的英语学习者调节未满足的预设的加工机制，以及不同类型的预设触发语在在线加工和离线判断中的影响。结果表明，二语者对预设的加工受到不同预设触发语类型的影响，并且"stop"与其他触发语呈现出不同的加工模式。此外，面对未满足的预设时，尽管二语者调节预设的自动化程度低于母语者，二语者能够调节而不是忽视未满足的预设。母语者和二语者之间总体相似的回答和加工模式与"接口假说"的观点不同。

3.6.3 实验3：二语者加工预设和等级含义的对比研究

预设和等级含义是语义学与语用学研究领域的重要课题之一，二者都处于语义—语用接口上。理论研究表明二者虽然存在相同之处，但也有明显的差别（如 Simons，2001；Romoli，2012；王跃平，2011）。为了全面地认识二语者对预设和等级含义的加工机制，并进一步探讨二语者习得语义—语用接口的情况，我们应当同时对二者进行考察。因此，本研究将采用黑箱范式，同时考察汉语母语者习得英语预设和等级含义的情况，着重探索二语者生成和消除预设与等级含义的加工过程。

正如 3.4 提到，预设与等级含义的推导是可以被强制消除的（Levinson，1983；Chierchia，2004）。本文涉及的预设消除需要通过元语言否定（metalinguistic negation）完成（Birner，2013）。比如，在否定的语境下，例（1）的第一句话的预设是 *John used to go to the beach*，这个预设通过局部调节（local accommodation，Heim，1983）可被第二句话消除，得到句子最终的逻辑语义。但在肯定的语境下，例（2）的第一句话的预设则无法被消除。

(1) John didn't stop going to the beach last week … In fact, he didn't even go before that!

(2) *John stopped going to the beach last week … In fact, he didn't even go before that!

相比之下，等级含义的消除既可在肯定语境（DSI）中完成，也可在否定语境（ISI）中完成。比如，例（3）为肯定语境，*sometimes* 的语用解读 *sometimes but not always* 可以被第二句消除，形成逻辑解读 *sometimes and possibly always*。在例（4）中，*always* 在否定语境下的语用解读 *not always but sometimes* 也可以被第二句消除，形成逻辑解读 *not always and possibly never*。

(3) Jason sometimes went to the beach … In fact, he always went!

(4) Jason didn't always go to the beach ... In fact, he never went!

传统的理论认为预设与等级含义是不同的(van der Sandt,1992;Beaver,2001等)。等级含义是听话人考虑说话人沟通意图而进行的推理(Horn,1972;Grice,1975),而预设是会话语境中需要被满足的前提条件(Karttunen,1974;Stalnaker,1974)。但是,近年来也有理论认为,至少有部分预设更像是等级含义(Simons,2001;Chemla,2009;Abusch,2010;Abrusan,2011;Romoli,2012,2015),比如 *stop* 更像是间接等级含义。在本文中,前者被称作传统理论,后者被称作相似理论。

前人的研究对后续预设和等级含义的实证研究具有一定的借鉴意义。但是,前期研究仍存在以下问题:首先,预设与等级含义虽然处于同一接口上,但它们之间存在差异,且此差异已体现在母语者的解读行为中,可以预测二语者在推导两者时也将面临不同的挑战,因此仅考察等级含义无法全面和准确地了解二语者在语义—语用接口上的习得情况。其次,关于揭示预设和等级含义之间关系,一语习得的实证研究结果看似相互矛盾,但实际上是由于使用了不同的实验范式,从而获得了不同的回答类型(Bill et al., 2018)。具体来说,前人研究往往提供一些包含(或不包含)预设及等级含义的句子,让被试判断"真"或"假",并比较其比例和反应时间。然而,"真"或"假"的二元回答一方面限制了被试的理解,另一方面在不同的句子类型下(存在或消除预设和等级含义)代表了不同类型的解读。这使得实验中出现了一个混淆变量(Romoli & Schwarz,2015),因此被试的回答不仅受到推导类型的影响,同时还受到回答类型性质的影响(即接受或拒绝句子)。

综上所述,本研究采用非二元回答的实验范式,同时考察预设和等级含义的推导和消除的加工过程,并在数据的分析中分开讨论被试接受或拒绝的行为,以期更加正确地解读被试的加工过程,并为基于"接口假说"的二语习得研究带来一定的借鉴和启发。本研究旨在回答以下两个问题:(1)二语者在加工预设和等级含义时的生成和消除机制是否一致?(2)在加工预设和等级含义的过程中,二语者与母语者是否存在不同?

3.6.3.1 被试

本实验的被试包括二语组与母语对照组。其中,二语组为 41 名以英语为第二语言的汉语母语者,对照组为 38 名英语母语者。二语组的英语水平测试根据欧洲共同语言参考标准而制定,测试共 40 题,每题 1 分,34 分以上为高级英语水平,26—33 分为中级水平。本实验的二语者的英语水平测试分数在 30—40 之间,平均分 34.9,方差 2.4,因此,被评定为中高级到高级水平学习者。

3.6.3.2 实验设计与材料

本实验采用的是 Huang 等(2013)使用的黑箱范式。每个测试项目由一句话和两幅图片组成。被试需要选出符合句子内容的图片。在实验开始前,被试被告知黑箱下面隐藏了一幅图片,如果被试认为左边的可见图片符合句子内容,则单击此图片;如果此可见图片和句子内容不符,那么符合的图片一定在右边的黑箱下面,被试需单击黑箱。本实验的目标测试材料采用了 2×2 析因设计(factorial design),涉及两个因素。第一个因素是语境,又分为"肯定语境"和"否定语境"两个水平;第二个因素是对可见图片的不同解读,也有两个水平,分别是表达出预设或等级含义的"语用解读"和消除预设或等级含义的"逻辑解读"。因此,等级含义和预设各有 4 个目标实验条件,如例(5)—(8)所示:

(5) 预设(肯定语境):<u>Thomas stopped</u> going to the hospital on Wednesday.

(6) 预设(否定语境):<u>Thomas didn't stop</u> going to the hospital on Wednesday.

(7) 等级含义(肯定语境,DSI):Nathalie <u>sometimes</u> went to the beach last week.

(8) 等级含义(否定语境,ISI):Nathalie <u>didn't always</u> go to the beach last week.

使用拉丁方设计(Latin square design)后,预设和等级含义各有 16

个目标句。除此之外,本实验还加入了同样使用黑箱范式的 8 个控制句和 36 个填充句,因此共 76 句。每位被试完成实验平均用时约 10 分钟。本实验使用 E-prime 编程,屏幕上出现每道题的测试句和两幅图片,被试移动鼠标点击符合句子的图片,点击后进入下一题。

3.6.3.3 实验结果

本实验有两个因变量——图片选择百分比和反应时间。对于反应时间的分析使用的是混合线性模型(linear mixed-effects regression),对于图片选择的分析使用的是混合逻辑回归模型(mixed-effects logistic regression)。所有统计分析通过软件 R 完成。下面将按照两个研究问题依次讨论本实验的结果。

二语者生成和消除预设和等级含义的加工过程

表 9 显示不同目标条件下二语者选择可见图片的百分比。由此表可知,当可见图片显示出预设或者等级含义(即语用解读)时,二语者选择可见图片的比例都超过了 90%,说明他们成功生成了预设和等级含义。

表 9 二语者在预设和等级含义条件下选择可见图片的百分比

	预设			等级含义	
	语用解读	逻辑解读（预设消除）		语用解读	逻辑解读（等级含义消除）
肯定	93.3%	18.5%	DSI	97.0%	14.0%
否定	91.4%	38.5%	ISI	95.1%	21.0%

数据分析的重点是逻辑解读条件下的图片选择。在此条件下,选择不同的图片代表了不同的加工过程:选择可见图片说明被试能够生成逻辑解读,拒绝可见图片从而选择黑箱则说明被试拒绝逻辑解读,生成语用解读。对于预设的分析集中于否定语境下的图片选择百分比情况。表 9 显示当可见图片显示预设被消除后的逻辑解读时,在否定的语境下,二语者选择可见图片的百分比为 38.5%。与预设不同的是,对于两种等级含义,当可见图片显示逻辑解读时,二语者选择可见图片的百分比为 14%

和21%,均低于否定预设条件下选择可见图片的百分比。

从反应时间上来看(图11),二语者选择可见图片的反应时间只受到可见图片类型(可见图片符合语用解读还是逻辑解读)的影响,没有因为推导类型的不同(预设还是等级含义)而改变,而选择黑色盒子的反应时间的长短则同时取决于可见图片类型和推导类型。

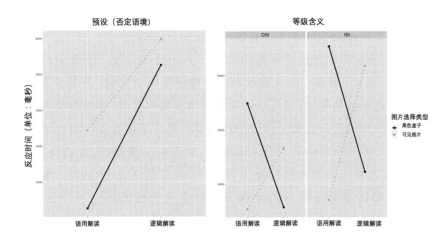

图11　二语者在预设否定和等级含义条件下的反应时间(单位:毫秒)

表10　二语组预设(否定语境)和等级含义混合线性模型中交互作用

	回归系数	标准误	t 值	p 值
预设模型	−0.386	0.1472	−2.62	0.009**
DSI 模型	0.715	0.250	2.857	0.016*
ISI 模型	1.099	0.225	4.876	0.000**

混合线性模型包括可见图片类型和图片选择类型的交互作用,被试和项目为随机因子。预设的混合线性模型只包括了否定语境下的反应时间,原因与前文提到的相同。图11和表10表明二语者在推导预设和等级含义时,可见图片类型与图片选择类型的交互作用显著,尤其是等级含义中出现了交叉交互作用(cross-over interaction),意味着当二语者"拒

绝可见图片"(即选择黑色盒子)时,语用解读比逻辑解读耗时更长;当他们"接受可见图片"(即选择可见图片)时,则出现了相反的情况。更重要的是,在两种等级含义类型中均观察到了这种模式。

总体来说,二语者在"生成"预设和等级含义时,加工过程相近,且两种等级含义之间不存在差别;但二语者在"消除"预设和等级含义时,加工过程存在差异,即比起等级含义,二语者更倾向于消除预设。

比较二语者与母语者预设和等级含义的加工过程

表 11 显示母语者选择可见图片的百分比情况。与二语者的情况十分相似(见表 9):当可见图片展示出预设或者等级含义时,母语者能够成功推导并选择可见图片;当可见图片展示出逻辑解读时,等级含义条件下选择可见图片的比例远低于预设(否定语境)条件下的比例。对比表 9 和表 11,二语者与母语者图片选择的差别出现在了预设(否定语境)条件下,母语者选择可见图片的百分比为 64%,而二语者是 38.5%。混合逻辑回归模型的结果显示这两个百分比存在显著性差异($\beta = -2.708$,$SE = 1.232$,$z = -2.198$,$p = 0.028$),也就是说母语者比二语者更倾向于消除预设后的逻辑解读,二语者更倾向于黑箱代表的语用解读。

表 11 母语者在预设和等级含义条件下选择可见图片的百分比

	预设			等级含义	
	语用解读	逻辑解读(预设消除)		语用解读	逻辑解读(等级含义消除)
肯定	98.0%	14.0%	DSI	100.0%	10.6%
否定	92.0%	64.0%	ISI	96.7%	16.2%

当直接对比逻辑解读条件下各被试组选择图片的百分比时,结果显示,在对比 DSI 和预设时,二语者和母语者的选择图片百分比都存在显著性差异(母语者:$z = 7.872$,$p < 0.001$;二语者:$z = 5.003$,$p < 0.001$),同样的显著性差异也存在于 ISI 和预设的对比中(母语者:$z = -6.979$,$p < 0.001$;二语者:$z = -3.432$,$p = 0.002$)。但是,在两种

等级含义类型之间对比时,两组被试的选择图片百分比都不存在显著性差异(母语者:$z=1.306$,$p=0.192$;二语者:$z=1.790$,$p=0.073$)。总体上,两组被试显现出相似的加工进程:两种等级含义内无差异,但与预设存在差异。

母语者的反应时间的结果(见图 12 和表 12)表明可见图片类型(语义解读或逻辑解读)与图片选择类型(选可见图片或黑色盒子)的交互作用显著。

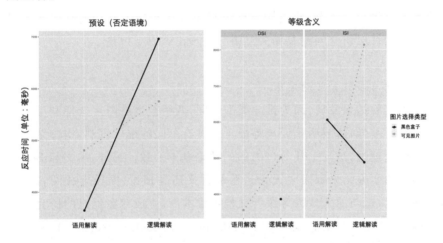

图 12　母语者在预设否定和等级含义条件下的反应时间(单位:毫秒)

表 12　母语组预设(否定语境)和等级含义混合线性模型中交互作用

	回归系数	标准误	t 值	p 值
预设模型	−0.407	0.1435	−2.84	0.005**
ISI 模型	0.702	0.253	2.781	0.006**

对比二语者与母语者的反应时间(图 11 和图 12),在预设条件下,当可见图片显示的是逻辑解读时,母语者选择黑箱的时间要长于选择可见图片所用的时间,这与二语者正好相反;当可见图片显示的是语用解读时,母语者和二语者选择可见图片的时间远远长于选择黑箱的时间。虽

然母语者与二语者的反应时间存在一定差异,但是总体上来说,逻辑解读条件下的反应时间都要明显长于语用解读条件。等级含义条件下,母语者与二语者的反应时间趋势一致,即当被试选择黑箱时,语用解读条件下选择的时间长于逻辑解读条件,当被试选择可见图片时,则呈现相反的情况。

3.6.3.4 讨论

本研究使用黑箱范式,同时考察语义—语用接口上预设和两种等级含义的二语习得情况,着重探索预设和等级含义的生成和消除的加工过程。我们针对研究问题及相关二语习得理论做以下讨论。

预设与等级含义的消除

本实验结果发现,因为推导类型不同,两组被试的图片选择和反应时间出现了差异,这表明预设与等级含义具有不同的推导机制,实验结果支持了传统理论,这与 Bill 等(2018)的结论基本一致。另外,本文与 Bill 等(2018)的研究结果都表明无论是等级含义还是预设,推导生成两者都不存在延迟,这与前人认为等级含义推导成本高、生成存在延迟的研究结果不同(如 Bott & Noveck, 2004; Huang & Snedeker, 2009a; Degen & Tanenhaus, 2011; Bott et al., 2012)。本研究结果显示延迟出现在消除等级含义和预设中,即在可见图片显示逻辑解读时,被试选择可见图片的反应时间比语用解读条件下要长。被试在理解含有等级含义的句子时,生成逻辑解读主要有两个途径:一是自动生成等级含义,在语境需要的情况下再消除等级含义,生成逻辑解读;二是首先生成逻辑解读,根据语境再推导出语用解读(Bill et al., 2015)。我们推测本实验中出现消除等级含义的延迟是因为被试遵循了第一条途径——被试先自动生成了语用解读,在发现与可见图片不符后再消除等级含义生成逻辑解读,因而反应时间更长。

值得注意的是,本实验发现母语者比二语者更常消除预设。我们把这一情况归因于否定语境下消除预设时需要的局部调节(Heim, 1983)。

预设的生成和消除取决于预设所应用的句子范围：当预设应用于整个句子时(globally)，推导成功，生成语用解读；当预设只应用于句子的局部时(locally)，推导被消除，生成逻辑含义。局部调节需要被试对语境信息高度敏感。在本实验中，当可见图片显示逻辑含义时，被试选择可见图片是因为他们能够捕捉到语境内的逻辑解读诱因，从而通过局部调节来消除预设。二语者之所以较少选择可见图片，很有可能是因为他们对语境内的信息不够敏感，从而无法进行局部调节，相似的结果也出现在儿童母语者的预设消除中(见 Bill et al., 2016)。

语义—语用接口上的二语加工与"接口假说"

"接口假说"(Sorace & Filiaci, 2006; Sorace, 2011)认为二语者在处理外接口上的语言信息时无法达到母语者水平，其原因是二语者受到了认知和加工资源的限制。本实验的结果和此观点不符，因为无论是在预设还是等级含义的条件下，二语者与母语者的加工过程是较为相似的，这一发现也与前人关于等级含义的二语习得研究结论一致(Slabakova, 2010; Miller et al., 2016; Snape & Hosoi, 2018)，他们发现生成 DSI 对二语者来说不是问题。比如 Miller 等(2016)探讨了英语母语者习得西班牙语等级含义的情况。西班牙语有"algunos"和"unos"对应英语的"some"，但是实验结果表明这种非一一对应的关系并没有给二语者带来困难，二语者能够成功推导出西班牙语的等级含义。类似的实验结果也出现在了 Snape 和 Hosoi(2018)的实验中。英语的"some"和日语的"ikutsuka"不同，实验结果发现学习英语的日语母语者能够成功推导出英语的等级含义，而且英语水平的高低也并不影响推导等级含义的能力。本研究的新发现是除了等级含义外，二语者生成预设的过程也与母语者十分相似。

本研究的另一贡献在于探究二语者消除推导的加工过程。Slabakova(2010)研究的是母语为韩语的英语学习者如何理解英语和韩语中的等级含义，比如"some"和"all"。结果表明在没有语境的情况下，二语者比母语者更依赖语用因素，即韩国学习者倾向将"some"理解为"some but not all"，Slabakova认为这是由于推导消除带来的困难。然而，前人研究并未探究其原因。本研究采用黑箱范式，发现母语者比二语者更常消除预设，换言之，消除预设对于二语者来说存在困难。正如上文提到的，预设消除需要额外的过程，如局部调节，而二语者的加工资源较少、二语知识的自动化程度较低，导致他们无法像母语者一样消除预设，这一发现又印证了"接口假说"提到的外接口习得的脆弱性（Sorace & Filiaci, 2006; Sorace, 2011）。综上所述，我们不难看出，即使是同一接口上的语言信息，由于推导类型（预设或等级含义）、解读行为（生成或消除）和回答类型（接受或拒绝的行为）存在差异，对其加工过程的分析也是极为复杂的。本研究认为，像"语义—语用"这样的接口概念，不应成为我们观察语言与非语言层面之间整合和映射细节的障碍。本文从预设和等级含义及其生成和消除的加工过程出发，展示了二语者在语义—语用接口上复杂的加工行为，与"接口假说"将"外接口"作为一个整体来对待不同，本研究认为：(1)语义—语用接口这一概念不应成为掩盖接口复杂性和细微差异的总括性术语；(2)"接口假说"应进一步被完善，更加准确和全面地反映接口上二语者面临的挑战。

本研究以推导的生成和消除为切入点，同时探索位于语义—语用接口上的预设和等级含义的二语信息加工过程。实验结果表明二者分属两种不同类型的推导，从而支持了传统理论。另外，二语者与母语者加工预设和等级含义的过程大体相似，差异主要出现在预设的消除上，我们认为此差异是由二语者对语境信息较低的敏感度以及局部调节的复杂性带来的。综上所述，通过调查同一接口上两种推导的加工，本研究结果展示了二语者在同一接口上所面临的不同程度的挑战，引发了我们对当前二语习得领域广受关注的"接口假说"的一些新的思考。鉴于本研究只调查了中国英语学习者在两种推导上的习得情况，后续研究应探讨不同母语的二语习得情况，并进一步扩大对推导类型和语用能力范围的考察。

第四章 指称表达的习得和加工研究

4.1 核心概念

在人际交谈中,说者通过不同的指称(reference)表达形式,包括零指称(zero)、代词(pronominal)和名词(nominal)等,让听者清晰识别语境中的对象,完成指称某一物体的交际需要。以英语为例,英语中常见的指称表达有定指名词短语("the mug")、代词("it")和具体明确的修饰名词短语("my favorite black mug")。假设说者和听者都知道某一语境中存在一个大杯子,说者使用例(1)可以清晰明确地说明自己指的是语境中存在的、唯一的杯子。如果语境中还存在一个小杯子,那么"the mug/it"这个指称表达就变得模棱两可,听者需要思考说者指的到底是哪一个杯子。所以,在后一个语境中,例(2)是更恰当、信息更充分的指称表达。

(1) My mom bought the mug/it for me.
(2) My mom bought the big mug for me.

指称表达(referential expressions)也是一种合作行为,遵循Grice的量的准则(Grice,1975):如果会话参与者是合作的,他们话语中提供的信息量应当不超过或低于交流背景和目的所要求的信息量。如果听者能够在语境中明确地识别物体(例如,语境中有两个大小不同的杯子,说者使用"the big mug"),那么指称表达所传递的信息量是最佳的;如果指称不明确、存在歧义(例如,相同语境下使用"the mug"),那么这个句子的信息量不足。第三种情况是句子的信息量大于当前语境或者会话目的的需求。比如,语境中只有一个大杯子,"the mug"或者"it"可以让听者清楚地识别说者所指,但是说者的指称表达如果是"the big mug",这句话则是信息过量(overinformative)。一般来说,当听到"the big mug"时,听者往往会意识到语境中应该还有其他杯子。这种推导是一种语用推导,即对比推导(contrastive inference)。

指称表达的理解和产出看似简单,实际上却极为复杂。比如,在理解例(1)时,若指称表达为"it",交际双方需要熟悉先前的会话内容,清楚地知道当下语境中存在哪些物体,听者还需要关注说者的非口头表达(比如手势、肢体语言等)。针对指称的目标物,说者在选择指称表达时,还需要考虑该目标物的各个或某个方面(比如颜色、尺寸、质地等)是否足够显著,达到与其他物体可区分的程度。所以,指称表达的选择、理解和产出是一个极为复杂的过程。以人称指代语(person reference)为例。Sack和Schegloff(1979)首次提出了人称指代语的可识别性原则和最小化原则。指称表达的选择是为信息的接受者而设计的(recipient design),采用何种指称表达往往要基于听者的能力和需求。人称表达中,专有名词和定指描述都属于信息量较大的表达。在一段会话中,说者首次指称某一实体时会优先选择这两类表达形式。这是因为专有名词更为固化,有助于直接激活听者记忆中的所指实体,而定指描述所蕴含的内容也可帮助听者快速搜寻所指对象。人类语言中普遍遵循的省力原则(the least effort)要求优先使用单个指称表达(Levinson,2007),一旦某个指称表达被重复使用或者叠加使用,带来更加复杂的语言形式时,那么这种形式是有标记的,即信息过量的指称可以传递特殊含义。除此之外,关联优选原则要求说者优先选用与当前会话直接相关的指代形式,例如"your wife"中的

"your"体现出与听者关联(Brown,2007;Hanks,2007)。

4.2 指称表达中的信息量

第二章有关等级含义的核心概念提到 Grice 的量的准则与交谈中的信息量有关(Grice,1975)。量的准则包含两点：第一，所说的话语应当提供当前交际所需要的信息；第二，所说的话语不应当提供当前交际以外的额外信息。会话含义的产生很大程度上来自交际双方的期待与实际产出话语之间的差距。Grice 的理论也为指称表达研究提供了理论基础，同时启发了一系列实证研究。

除 Grice 所阐释的理论之外，也有其他理论关注说者如何根据信息量选择指称表达(Deutsch & Pechmann, 1982; Brown-Schmidt & Tanenhaus, 2006, 2008; Engelhardt et al., 2006; Davies & Katsos, 2010; Arts et al., 2011a, 2011b; Hendriks et al., 2013; Pogue et al., 2016)。与 Grice 的理论一脉相承，这个基于信息量的理论的基本假设是，说者提供适当的信息量来实现合作，达到交流的成功，其中"适当的信息量"由语境确定。信息量的确定取决于语境(包括视觉和话语特征，以及说者意图)与指称表达之间的相互作用。也就是说，信息量会受到语境和/或表达方式变化的影响。因此，信息量是某语境中指称表达的一个属性，指称表达的信息量越强，与其匹配的候选物体的范围就越小。正如上文提到的，"the mug"在仅有一个杯子的语境中提供了适当的信息量，但随着更多的杯子进入语境中，这个指称表达的信息量减少，歧义增加。虽然"the big mug"在仅有一个杯子的语境中提供了足够的信息量，但是它并不是最优的指称表达，因为对尺寸的修饰是多余的。随着更多潜在的指称对象(比如小杯子)被引入语境中，"the big mug"才会变得更加合适。值得注意的是"the big mug"的信息量不会因为语境中引入更多小杯子而增加，因为它在单个杯子或者多个杯子的语境中指称物品的数量是一致的，影响其信息量的是语境的不同。学界一直关注语境约束(contextual constraints)是如何计算的,以及其如何被应用于说者和听者的语用推导中。不少研究将信息量认作是指称表达在多大程度上减少了指称对象的不确定性或歧义性的程度(Hale,2001;Levy & Jaeger,2007;Frank & Goodman,2012;Mahowald et al.,2013;Pogue et al.,2016)。

近十年来,实验语用学和心理语言学领域对言语交际中信息量的影响展开了丰富的研究。从研究方法上来说,很多研究使用了指称交际任务(referential communication tasks;Deutsch & Pechmann,1982;Mangold & Pobel,1988;Maes et al.,2004;Brown-Schmidt & Tanenhaus,2006,2008;Engelhardt et al.,2006,2011;Davies & Katsos,2010;Nieuwland et al.,2010;Arts et al.,2011b;Brown-Schmidt & Konopka,2011;Koolen et al.,2011;Davies & Kreysa,2017)、视觉情境范式眼动追踪方法(visual world paradigm,Brown-Schmidt & Tanenhaus,2006,2008;Engelhardt et al.,2006;Brown-Schmidt & Konopka,2011;Davies & Kreysa,2017)和事件相关电位研究(Nieuwland et al.,2010;Engelhardt et al.,2011)。实证研究中常见的指称交际任务旨在引出指称表达,该表达需要将目标物从与其具有相同特征的几个物体中区别出来。例如,实验场景显示两个类型相同但尺寸不同的物品(一个大星星和一个小星星)或者某一类型的一个物品(仅有一个星星)。在前一种情况下,为了能够准确区分目标物,表达中需要加入修饰成分(比如形容词)来消除歧义,而在后一种情况中则不需要。在 Brown Schmidt 和 Tanenhaus(2006)实验一的语境中,所描述的对象是带有或不带有三角形的正方形。研究发现,说者在描述目标物时,98%的情况下会使用"有三角形(的正方形)"这样的修饰语。研究者还发现当表达中的目标物名词前出现形容词作为修饰时,被试会出现对对比物的早期注视,而当形容词出现在名词后时,被试则出现对对比物的后期注视。Engelhardt 等(2006)也发现,比起不存在对比的语境(仅有一个物体),存在对比的语境中指称描述更常带有修饰语(98% vs. 30%)。Nadig 和 Sedivy(2002)发现,当语境中存在一个大杯子和一个小杯子时,成人总是会在表达中加上修饰语"大"来指称大杯子,而在只有一个杯子的语境中他们从来不会使用这样的修饰语。

虽然说者通常表达带有丰富信息的语句,但有时他们的表达也达不到提供充足信息这一期望。例如,他们没有注意到语境中存在的另一个物体可能与他们想要表达的目标物混淆。Ferreira 等(2005)的研究发现,比起发音一样但完全不同的两个物体(英语中"bat"可以指蝙蝠也可以指球拍),说者更有可能在对大小不同的同类型物体(比如"a big bat"和"a small bat")进行描述时加上修饰语。此项研究和其他的相关研究都表明,当说者在语境中注意到有竞争性的物体时,使用修饰语的可能性会增加(Brown Schmidt & Tanenhaus, 2006; Wardlow-Lane & Ferreira, 2008; Davies & Kreysa, 2017)。因此,对语境的熟悉程度或对语境的关注度会影响说者对指称表达的选择。

说者有时会在话语中提供过多的信息量。例如,Engelhardt 等(2006)向被试展示了一个场景,其中包括毛巾上的一个苹果、一条毛巾(无任何其他物品位于毛巾之上)、一个木偶和一个空盒子。被试在描述时会在话语中提供过多的信息量,比如"put the apple on the towel on the other towel"的信息量超过了最恰当的信息量,即"put the apple on the other towel"。即使第一句话的信息量过多,但是听者对这两个描述感到同样的满意。然而,Davies 和 Katsos(2013)认为这种信息量上的冗余还有其他作用,例如帮助听者更好地理解复杂场景,特别是当冗余的信息在场景中很显著时(在 Engelhardt 的实验中,"put the apple on the towel on the other towel"突出目标物由两个对象组成的事实)。因此,在确定必要的信息量时我们需要考虑到加工的实际情况,上述情况并不是真正违反 Grice 的量的准则的例子。有许多情况会导致说者为了帮助听者识别目标物而提供过度的信息(Koolen et al., 2011; Gatt et al., 2014)。下一节将详细讨论信息过量情况下的指称表达。

4.3 信息过量的指称表达

4.3.1 信息过量与对比推导

尽管 Grice 量的准则第二条规定，所言说的话语不应当提供超出当前交际所需的额外信息，但在实际交流中，当说者在构建指称表达式时，他们常常使用超出信息量最低要求的、比所需信息量更大的、更加详细的指称表达(Deutsch & Pechmann, 1982; Sonnenschein, 1982; Pechmann, 1984, 1989; Mangold & Pobel, 1988; Arts, 2004; Maes et al., 2004; Ferreira et al., 2005; Engelhardt et al., 2006; Carbary & Tanenhaus, 2007; Barr, 2008)。

实证研究发现，无论是在实验室控制的场景下还是在自然的话语中，说者都存在提供过多信息量的情况。在前文中提到的指称交际任务旨在引出指称表达，该表达需要将目标物从与目标物具有相同特征的几个物体中区别出来。信息过量(overinformativeness)即指称表达中包含的信息量超过了听者能够明确识别所指物体的最低信息量。例如，语境中包含一个红色的大三角形、一个红色的大正方形和一个蓝色的小三角形。如果说者想指称红色的大三角形，使用"the large triangle"或者"the red triangle"足以完成明确指称的任务，而使用"the large red triangle"则超出了明确指称所需要的最低信息量，因此属于信息过量的指称表达。一般来说，说者并不总是构建区分度最低的指称表达，这是因为构建区分度最低的指称表达在计算上十分复杂(Keysar et al., 1998, 2000, 2003; Nadig & Sedivy, 2002; Hanna et al., 2003; Hanna & Tanenhaus, 2004; Tanenhaus & Brown-Schmidt, 2008)。

事实上，当语境中仅存在唯一的一个高玻璃杯时，使用"the tall glass"来指称时，听者容易进行对比推导(contrastive inference)，也就是说，听者会假设语境中存在其他的竞争物(Sedivy et al., 1999); 听者往往可以快速从说者的话语中做出推导(Tanenhaus et al., 1995)。在一项调查纸牌游戏任务中对比推导出现比例的研究中,当说者提到手中的卡片上画有"the brown rabbit"时,听者在80%的情况下会推导说者手里应该还拿着一张带有其他颜色兔子的卡片(Kronmüller et al., 2014)。因此,成人常常会通过话语中的修饰成分来进行推导,丰富语境。另外一种情况是,当听者针对说者使用的形容词修饰进行了必要的推导后发现修饰语的出现没有任何目的时,对比推导可以被消除。例如,当听者发现语境中不存在画有其他兔子的卡片,只有一张棕色兔子的卡片时,颜色所提供的可以进行对比推导的额外信息在此时没有起到任何作用,因此对于信息过量的指称表达"the brown rabbit"的理解则简化为"the rabbit",对比推导被消除。Davies 和 Katsos(2010)发现信息过量的指称表达的可接受度虽然低于信息量恰当的表达,但是仍然高于信息量不足的表达。

4.3.2　信息过量的原因与影响

适宜的指称表达不仅需要描述指称目标物的一般特征,至关重要的是需要描述其与非目标物的差别。对比指称目标物和非目标物在构建指称表达时是极为重要的考量因素,它会影响指称表达所携带的信息量,范围从信息不足或产生歧义,到信息量恰好表达最小对比度,再到信息过量(引起推导消除)。Freedle(1972)提出了最小冗余假说(Minimal redundancy hypothesis),该假说认为成人的指称表达包含区分目标物和非目标物所需要的最小特征量。然而,Freedle 的数据并不支持这一假设,因为成人被试指称表达中对于目标物的描述特征远超过最小特征量,这一现象在非目标物数量较多的情况下尤为明显。鉴于在处理含有较多和较复杂的非目标物时,信息过量十分常见,从加工资源的角度来说,这似乎表明信息过量可以降低对加工资源的需求。更长、更全面的指称表达会让确定目标物变得更加容易。此外,由于指称和识别目标物是一个相互协作的过程,如果指称表达不够明确,说者知道听者会向他们提出疑问,并继续对话直到确认指称目标物。所以,这样一种合作的观念加深了共识,特别是在高度互动的语境中,说者可以不用十分仔细地对比目标物和非目标物之间的差别以提供最小特征量(Clark & Wilkes-Gibbs,1986)。

Pechmann(1989)的研究发现,在成人数据中,21%的指称表达是信息过量的,并且 Pechmann 认为这种信息过量现象是语言处理的递增性(incremental)导致的。也就是说,成人在观察整个物体集合(包含目标物和非目标物)和推导出目标物的区别特征之前已经开始表达了。在这项研究中,指称表达中信息过量的部分主要集中在颜色方面。由于颜色是一个物体的绝对属性(absolute attribute)而不是等级属性(scalar attribute),因此说者可以在不参考非目标物的情况下表达。根据这种说法,构建指称表达的第一步是找到目标物的位置,同时计算不同特征并且形成表达。因此,信息过量的一个潜在原因是说出指称表达前对目标物进行不断发展的、不完整的观察和定位。由于在此状态下的信息过量绕过了进行详细和精确对比的需要,因此信息过量相对来说也需要更少的加工成本。此外,在更为复杂或者是高度互动的语境中,对目标物较为粗略的观察和定位会更加常见。值得注意的是,在信息过量的指称表达中,某些特征出现的频率很高,前文中提到的颜色是其中之一。Pechmann(1989)发现在信息过量的表达中,有98%都和颜色有关。颜色源于视觉系统的快速加工,所以在感知层次上处于较高的位置(Arts,2004;Arts et al.,2011a),这也可能导致指称表达中人们对颜色可以进行快速编码或者是这一过程较难抑制。Mangold 和 Pobel(1988)的指称表达任务中包含了24个不同颜色、形状和尺寸的物体。目标物的指称可以提及一个完全区别特征(即只有目标物存在此特征)、或者是一个部分区别特征(有一些其他非目标物也存在的特征)、或者是一个完全无法区别特征(所有非目标物都存在的特征)。实验结果发现了两大类指称表达:部分区别特征在过度指称中比完全无法区别特征更常见;当完全区别特征在感知显著性(比如尺寸和形状)方面相对较低时,过度指称的频率增加。即使颜色属性不作为一个区别属性,它仍然较常出现在指称表达中。这可能说明颜色属性与其他的形容词是不同的。与其他形容词相比,它们常常缺乏"对比性"(contrastive)特征(Sedivy et al.，1999)。

　　Carbary 和 Tanenhaus(2007)关注非目标竞争物属性的增加是否会提高信息过量的比例。此实验包含两种物品合集：第一种物品合集中包含一个目标物和三个非目标物(非目标物和目标物不存在共同的属性)，第二种物品合集中的一个非目标物与目标物有一个共同的属性(比如都带有条纹)。研究结果发现，在第一种物品合集的情况下出现信息过量的比例为 11%，而在第二种情况下这个比例上升到了 25%。这个结果进一步表明，某个属性的显著性会因为该属性在非目标物中出现而增加；因此，该属性会变得更加明显，这种显著性的增加也同时提高了指称该属性的形容词在指称表达中出现的可能性。

　　从听者的角度考虑，信息过量的指称表达有时候是有益的，因为它可以帮助听者更加快速和准确地识别目标物。尤其是在语境十分复杂的情况下，由于说者并不总是知道听者可能注意到哪些特征，具有合作精神的说者会更有可能帮助听者减少需要搜索和考虑的竞争物，信息过量会增加目标物被识别的可能性，因此这种信息过量的指称表达出现的几率会增加(Arts，2004；Paraboni et al.，2007；Arts et al.，2011a)。与这一观点相一致的是，说者在指称时可选择用来描述属性的维度数量会影响详述的程度(Koolen et al.，2011)。当说者可使用的、潜在的属性较多且差异较大时，信息过量的指称表达更容易出现。相反，当一组物体都高度简化时，信息过量的几率会下降(Davies & Katsos，2010，2013)。基于 Grice(1989)的观点，指称表达应该信息量足够、有效，并对听者的需求敏感(Dale，1992)。说者需要评估共同空间(common ground)并判断听者需要知道什么。在最小共同空间的语境中，说者可能会利用多余的信息来传达目标物的显著性或相关性，并且进一步降低听者识别目标物的加工成本(Sperber & Wilson，1986/1995)。这些看似冗余的信息可能不是指称性的信息，而是交际或语用上更加适宜的信息。Ferreira 等(2005)发现，比起与一个假设的听者对话，承担说者角色的被试在与真实听者说话时更容易出现信息过量的指称表达，这更进一步说明信息过量是一种真正面向听者的机制。

虽然不少研究发现信息过量的指称表达可以加快识别目标物的过程（Shannon & Weaver, 1949; Mangold & Pobel, 1988; Arts et al., 2011b; Rubio-Fernández, 2016），但是其他研究也指出，信息过量的指称表达也会影响理解（Engelhardt et al., 2006, 2011）。不同的实验设计和方法可能是造成如此截然不同的实验结果的原因之一。例如，Engelhardt 等（2011）使用的是相对简单的实验材料。在他们的研究中，听者根据类似"the red circle"从两个物体中识别出目标物。当出现信息过量的指称表达时，被试的反应时间较长，这说明信息冗余影响理解。然而，这个实验方法无法清楚地解释被试反应时间长是因为视觉识别出现延迟，还是因为受到了对信息过量的指称表达进行了语用推导的影响。另外，得出信息过量的指称表达有助于理解的研究结论往往来自书面语言研究（例如 Arts 和同事的研究），而信息过量影响语言理解的证据则来自口语研究（例如 Engelhardt 与其同事的研究）。因此，未来的实验设计需要进一步考虑实验材料、实验数据来源对指称表达的影响。

4.4 二语习得中的指称表达研究

4.4.1 回指释义

在过去几十年里，二语习得领域中一个备受关注的研究话题是成人二语者如何习得和加工回指项（anaphor）（如显性代词和隐性代词）。回指是语言中普遍存在的现象，二语习得研究者尤其关注回指释义（anaphor resolution），即回指项如何回指其先行项（antecedent）的机制。不同语言的回指释义存在较大差别，当二语者的母语和目标语的回指释义机制存在差别时，二语者往往面临一定的习得困难。

依据是否存在显性的句法主语，语言可分为零主语（null-subject）语言和非零主语（non null-subject）语言。零主语语言允许出现空主语，比如汉语和西班牙语；非零主语语言除了省略句外，不允许出现空主语，比如英语。在例(1)和例(2)中，西班牙语的主语可以通过例(1)中的显性主语 Él 或者是例(2)中的隐性主语(零主语)来实现。而在例(3)中，符合语法的英语句子中必须存在一个显性主语。

(1) Él habla español.
'He speaks Spanish.'
(2) Habla español.
'(He) speaks Spanish.'
(3) He speaks Spanish.

早期的二语习得研究集中于探讨决定显性主语和空主语的不同句法结构的属性上。遵循普遍语法的原则和参数(Principles and Parameters)的理论框架，零主语参数(null-subject parameter，也称为 *pro*-drop parameter)是二语习得领域中最受关注的现象之一。零主语参数涉及三个重要语言现象。第一，名词性回指主语可为空，见例(2)。第二，"动词＋主语"的句法结构，比如西班牙语句"Vino Juan"(Juan came)中，动词"vino"位于主语"Juan"之前。第三，不存在"that"语迹效应(*that*-trace effect)。句法成分在移位后会留下一个语迹(trace)。在例(4a)中，"who"来自子句的宾语位置，此时"that"可以出现，也可以省略，见例(4a)与(4b)。但是，如果发生位移的成分来自子句的主语，"that"的出现就不符合语法，见例(5a)与(5b)。这种"that"和语迹不能相邻出现的现象被称为"that"语迹效应。值得注意的是，在西班牙语中，"that"和语迹是可以同时出现的，如例(6)。以上与零主语参数相关的三个重要语言现象常被视为一个特征簇(cluster)，即具有空主语参数的语言也同时具有这三个语言现象。二语研究者关注二语者是否会将母语中的参数设定迁移到二语中，或者是二语者是否能够习得新的参数。

(4) a. Who do you think 〔that [John kissed $t_{who(m)}$]〕?
b. Who do you think 〔[John kissed $t_{who(m)}$]〕?

(5) a. * Who do you think [that [t_{who} kissed Mary]]?
    b. Who do you think [[t_{who} kissed Mary]]?

(6) Quien   dijiste   que   vino?
    Who do you say that came?

其他研究关注显性代词和空代词的回指特性差异。Montalbetti（1984）提出了有关零主语语言的显性代词制约（Overt Pronoun Constraint），聚焦主句主语和从句主语之间的回指关系，即当零主语语言中的主句主语是量词短语（quantifier phrase）或是 wh-短语时，从句中的显性主语不能回指。比如，在例(7)中，从句中的显性主语"él"不能回指主句中作主语的量词短语"nadie"，但是空主语可以回指它。在例(8)中，当主句主语变为有指称的短语（referential phrase）时，从句的显性主语"él"可以回指 Juan，且显性主语和空主语在回指上不存在差异。

(7) a. *Nadie$_i$cree que [él$_{*i/j}$es inteligente]*.
    b. *Nadie$_i$cree que [pro$_{i/j}$es inteligente]*.
    'Nobody$_i$ believes that he$_{*i/j}$/pro$_{i/j}$ is intelligent'.

(8) a. *Juan$_i$cree que [él$_{i/j}$es inteligente]*.
    b. *Juan$_i$cree que [pro$_{i/j}$es inteligente]*.
    'John believes that he$_{i/j}$/pro$_{i/j}$ is intelligent'.

（Montalbetti，1984）

显性代词制约被认为是一种普遍语言现象，也是"刺激贫乏（poverty-of-the-stimulus）"现象之一。作为一种普遍语言现象，二语习得研究者也开始探索显性代词限制是否会被二语者习得。研究发现存在争议：一部分研究证实了这种观点，即二语者能够习得显性代词制约（Kanno，1997；Lozano，2002；Rothman，2009），但是 Gürel（2006）有相反的发现，并进一步反对显性代词制约作为普遍语言现象。

在语言习得的研究中，有关回指释义的有影响力的理论之一是 Sorace 及其同事提出的"接口假说"（Interface Hypothesis；Sorace，

2004,2011,2012;Sorace & Serratrice,2009)。回指释义处于句法—语篇接口上,因为零主语语言中的回指形式(显性/空代词主语)受到句法结构的制约,但它们在实际语篇中的使用则主要受到信息结构(主题连续性与主题转换)等因素的影响。正如第一章提到,"接口假说"认为,不同的双语群体(包括成人二语学习者、儿童双语者等)在句法—语篇接口上,尤其是在回指释义上,存在习得困难,这主要是由于他们无法同时整合和加工句法方面(显性/空代词主语)和语篇方面(信息结构制约)的信息所致。最近,Sorace(2016)认为,在双语者中观察到的回指释义的习得困难可能源于抑制控制(inhibitory control)与整合或更新信息之间的权衡。因为回指释义中的关键是不仅要根据信息结构选择正确的回指形式,而且还要持续追踪先行项。虽然许多受"接口假说"启发、有关回指释义的研究表明二语者在句法—语篇接口上无法达到接近于母语者的水平,但正如White(2011)所提到的,许多研究也表明不少句法—语篇接口上的语言现象可以被二语者完全习得。White(2011)总结到,位于同一接口上的语言现象并不是完全一致的,即使回指释义位于句法—语篇接口上,但并不意味着所有与回指释义有关的语言现象都拥有同等的习得难度。

　　Patterson 等(2014)对经典的约束原则 B(Binding Principle B)进行了讨论。该原则的内容是宾语回指代词的先行词必须是约束域外的名词性短语。比如在句子"Lee believes that Jason hates him"中,"him"的先行词可以是从句外的 Lee 或者是没有出现在句中的人物,而不能是约束域内的 Jason。另一个典型的回指释义的情况存在于连续性复句中,如"Hans and Peter are working at the office. While Hans is working, he is eating an apple"。对于非零主语语言,比如英语,第二个句子中的"he"可以回指句内的 Hans 或句外的 Peter。但是在零主语语言中,比如西班牙语,零主语回指句内先行词 Hans,而显性的"él"指称非句内的先行词 Peter。零主语和非零主语在回指项上的不同回指策略被总结为"先行语位置假设"(Position of Antecedent Strategy,PAS,Carminati,2002)。Cunnings 等(2017)探讨了母语为希腊语的英语学习者在先行语位置假设情况下的眼动情况。比如,例(9)是一个典型的先行语位置假设的情况,即在有两个先行项的语境下(一个先行项处于主语的位置,第二个不在主语位置上),回指[在例(9)中是显性代词"he"]如何倾向于其中一个先行项。希腊语是零主语语言,在话题连续的语境中,显性代词倾向回指主语位置的先行词;而在话题转换的语境中,显性代词倾向回指宾语位置的先行词。但是在非零主语语言英语中,代词"he"必须出现且可以回指两个先行项中的任何一个。研究结果表明英语母语者在例(9a)和例(9b)的条件下表现出明显的显性代词回指主语的倾向,而在(9c)中表现出使用显性代词回指宾语的倾向。母语为希腊语的英语二语者虽然整体加工比英语母语者要慢,但是他们的眼动情况与英语母语者一致。这也表明二语者没有将母语(希腊语)的零主语参数迁移到二语中。

(9) a. After Peter$_i$ spoke to Mrs. Jones$_j$ by the till in the shop, he$_i$ paid for the expensive ice cream that looked tasty. [偏向主语,无歧义]

b. After Peter$_i$ spoke to Mr. Smith$_j$ by the till in the shop, he$_{i/j}$ paid for the expensive ice cream that looked tasty. [偏向主语,有歧义]

c. After Mr. Smith$_i$ spoke to Peter$_j$ by the till in the shop, he$_{i/j}$ paid for the expensive ice cream that looked tasty. [偏向宾语,有歧义]

在回指释义相关的二语研究中(例如 Jegerski et al., 2011; Ryan, 2015; Bel et al., 2016; Contemori & Dussias, 2016; Clements & Domínguez, 2017; Cunnings et al., 2017)还存在一个较为重要的研究点,即对先行语位置的研究。在有两个先行项的语境中(例如,Marry 和 Jenni),一个回指代词(比如"she")指称其中某一个先行项的可能性及倾向性。研究发现,二语者通常在话题连续(topic-continuity)的语境中遇到困难,但在话题转换(topic-shift)语境中不存在问题(Lozano, 2009,

2016; Contemori & Dussias, 2016; Clements & Domínguez, 2017)。更重要的是,即使不存在跨语言影响,比如母语和二语在零主语参数和回指释义的机制上趋同,二语者也存在习得困难(Bel & García-Alcaraz, 2015; Judy, 2015; Lozano, 2018;)。具体来说,在话题连续的语境中,二语者过度接受或产出冗余的主语。"接口假说"(Sorace, 2011)认为,二语者之所以出现这种表现,是因为对他们来说同时加工并整合句法(零主语或非零主语的语法知识)和话语(信息结构约束)的信息是有难度的。而显性主语给二语者带来了最小的加工负担。换言之,信息过量是优选的,因为它可以减轻追踪语境中先行项的加工负担。

有关二语者指称表达的另一个重要发现是,尽管二语者接受信息过量的句子,但是他们并不接受歧义句,这一点得到了二语者在对比焦点(contrastive focus)语境中表现的支持。构造对比焦点的一个典型情景是在语境中引入两个性别不同的潜在先行词,回指两个先行词之一的主语必须是显性代词。例如,如果用西班牙语表述句子"Although Marry and John worked very hard for the final exam, he/she/null subject received higher grade",那么第二句中的主语必须用一个显性代词才能解决歧义,使用空主语只会造成歧义。一些关注对比焦点语境下二语者使用代词的研究发现(例如 Rothman, 2009; Lozano, 2018; Judy, 2015),二语者在使用显性代词方面有着和母语者相似的表现。总的来说,二语者对于指称表达遵循"信息冗余比歧义好"的原则,这一点在"语用原则违反假说"(Pragmatic Principle Violation Hypothesis; Lozano, 2016)中得到了很好的解释。下一节将详细讨论"语用原则违反假说"。

4.4.2 "语用原则违反假说"

"语用原则违反假说"来源于 Lozano(2016)一项有关二语者指称表达的语料库研究。该研究使用的是名为 Corpus Escrito del Español L2 (CEDEL2; Lozano, 2009; Lozano & Mendikoetxea, 2013)的语料库,该语料库中包含西班牙语母语者和母语为英语的高级西班牙语学习者的书面语言数据,来自1500位被试,总数据量将近八十万字。该研究仅包括第三人称单数和复数的主语,并对每个主语进行了11个特征标记,比如回指形式、回指项性别、回指项单/复数等。研究结果表明,在母语和二语西班牙语语法中,回指表达的分工比先前假设的更为复杂:零代词编码话题连续性,显性代词编码话题移位,但名词性短语被证明是话题移位语境中首选的回指表达。此外,语境也有不同的效果:比起在话题连续语境中,二语者在话题转换语境中更严格地遵循语用原则(比如Grice的量的准则),因为他们在话题转换语境中只是偶尔出现信息不足的情况(比如歧义),但是在话题持续语境中却常常出现信息冗余的情况(违反量的准则)。最后,潜在先行词的数量及其性别差异在回指释义中起着关键作用。在话题连续语境中,两个先行词的出现更容易引发多余显性代词的使用。在话题转换语境中,母语者和二语者通常都会避免歧义:名词性短语常常出现在含有三个(或更多)先行词或者是两个性别相同的先行词的语境中,而显性代词更常出现在先行词是两个不同性别的词语的情况下。

许多学者用Grice(1975)的量的准则和方式准则来解释回指释义中不同的回指形式。比如,Chomsky(1981)将他的"避免代词原则"(Avoid Pronoun Principle)看作是量的准则的一个子集(不要说超出必要的信息,比如,尽量使用空代词)。Blackwell(1998)提出了"方式原则"(Manner Principle,"不要无缘无故地使用冗长、晦涩或有标记的表达")和"信息性原则"(Informativeness Principle,"尽可能少地说,即产生最少的语言信息以达到交际目的")。Geluykens(2013)提出了"清晰原则"(Clarity Principle,"尽可能多地说以避免歧义")和"经济原则"(Economy Principle,"在不出现歧义的情况下尽量少说")。值得注意的是Geluykens提出的这两个原则之间的差别是非常细微的,即说者往往不得不在信息过量和信息节约之间做出非常精确的选择。总体来说,当回指无法通过最简单的形式解决时,方式原则和清晰原则要求使用主语的完整形式,而信息原则和节约原则要求只要回指能够解决,就使用最简单的形式(比如,在主题连续语境中使用零主语)。简而言之,这些原则要求只要回指可以解决,就应尽量避免歧义和冗余。

针对二语者在回指释义中的表现,Lozano(2016)提出了一个新的解释,即"语用原则违反假说",见图1。该假说根据二语者违反语用准则的严重度不一样,将违反的语用原则分为两类:违反数量或信息性原则(例如,在先行词清晰的话题连续语境中过度使用显性代词)属于轻微违反,因为其后果是信息冗余,没有造成任何交际障碍;严重的语用原则违反是对方式原则的违反(例如,在话题转换语境中,回指的先行词模棱两可),由于无法解决歧义,导致交际中断。

图1 "语用原则违反假说"(Lozano,2016)

上述对语用原则违反的不同反应不仅存在于二语者中,也存在于成人和儿童母语者中(见 Alonso-Ovalle et al., 2002;Jegerski et al., 2011)。例如,前文提到的研究结果表明,西班牙语母语者在话题连续语境中偶尔会产生多余的显性代词(Blackwell, 1998),并在倾向回指主语先行语的语境中过度接受显性代词(Alonso-Ovalle et al., 2002; Jegerski et al., 2011),但二语者在话题转换和对比焦点语境中几乎不会产生意思模糊的零代词。有研究结果表明母语者往往更倾向于信息过量,而不是信息不足(Engelhardt et al., 2006)。换句话说,母语者偶尔会违反信息性或节约原则,但很少违反方式或清晰原则。Lozano(2016)发现西班牙语高级学习者在回指释义的语境中的表现与母语者的表现一致。此外,有研究发现,西班牙语儿童母语者学习如何避免歧义的时间(大约在9岁以前)比学习避免冗余(大约在15岁以后)更早(Shin & Smith Cairns, 2009)。也就是说,他们违反信息性和节约原则的时间比违反礼貌和清晰原则的时间更长。简而言之,"语用原则违反假说"从违反语用原则的角度阐释了回指释义中交际双方的表现。"语用原则违反假说"捕捉到了其他回指释义理论没有捕捉到的语言发展和不同语境效应对回指释义的影响。

在探讨影响回指释义的因素时,前人的研究大多关注的是信息结构或语境的变化(话题连续还是话题转换语境),Quesada 和 Lozano(2020)则关注了前人忽略的其他影响因素,比如句法结构、潜在先行项的数量、话题中主角的特征等。通过分析从 Corpus of English as a Foreign Language 语料库(COREFL)中获得的母语为西班牙语的英语学习者数据,他们发现,与"语用原则违反假说"的观点一致,二语者总体来说接受信息过量的表达,但是他们并不接受歧义表达,而且这个表现会因为二语者的英语水平和语境类型而发生变化,这说明不是所有处于句法—语篇接口上的语境都会给二语者带来同等程度的困难。

4.5 实证研究报告

实验:信息过量下的二语对比推导

本节汇报的是有关二语者指称表达中对比推导的情况,本研究的另一部分是特设含义,2.6.5 详细讨论了实验设计和结果。本研究将特设含义和指称表达的对比推导放在一起的原因是两者都存在信息不足的情况,且实验设计相似,可以在同一个实验中完成。另外,过往的研究大多关注等级含义信息不足的情况,忽略了对其他语用推导类型的考察。前人关于等级含义的二语习得研究发现,二语者能够成功推导出语用解读(Slabakova, 2010; Miller et al., 2016; Snape & Hosoi, 2018),因此,本研究预测二语者在理解对比推导时能够推导出语用解读。前人有关指称表达的二语习得研究十分丰富(Yuan, 1995; Ekiert, 2010; Donaldson, 2012; Crosthwaite, 2014; Cunnings et al., 2017; Mitkovska & Bužarovska, 2018)。此外,"语用原则违反假说"(Lozano, 2016)发现导致交流出现障碍的语用违规比导致诸如冗余等轻微问题的语用违规更为严重。因此,本研究预测:(1)在对比推导中,二语者给信息过量的句子的评分会高于给信息不足的句子的评分;(2)指称表达中信息不足的句子的得分会低于特设含义中信息不足的句子的得分,这是因为指称表达中信息不足的句子会引起混淆,而特设含义中的信息不足的句子只是存在不完整的描述,虽然在语用上不恰当,但不会引起歧义。本研究旨在回答以下三个研究问题:

1. 母语为汉语的英语学习者在理解对比推导(contrastive inference)时,对信息不足(underinformativeness)和信息过量(overinformativeness)的句子是否存在不同的语用容忍度?

2. 二语者是否会区别对待特设含义和指称表达中信息不足的句子?

3. 二语者的语用容忍度模式是否与母语者存在不同?

实验设计和被试

本研究的实验设计参考 Davies 和 Katsos(2010)的语句接受度判断任务(sentence judgment task)。每项测试题目有一张图片,包含一个人物杰克,一个篮子和一些日常食物和物品。实验中,杰克会给出指令,被试需要根据杰克所给指令的自然度,在 7 级李克特量表(1=不自然,7=自然)上进行评分。

实验设计采用 2×2 的设计,包括对比(体现在图片中,有对比和无对比)和修饰语(体现在实验句中,有形容词修饰和无形容词修饰)两个自变量,共有 4 个实验条件,详见表 1。在带有两个物品的信息最优实验条件(Optimal-2 condition)中,图片中显示出对比(例如长袜与短袜),实验句带有形容词修饰(例如"Pass me the long sock")。只有当形容词"long"出现时,被试才能准确地判断出被指称的对象。另外一个信息最优实验条件(Optimal-1 condition)是当图片中没有出现两个物品的对比,而只出现一个物品时,没有形容词修饰的是最优的,因为此时信息量是足够的。例如,图片中只有一只袜子,搭配的实验句是"Pass me the sock"。否则,在只有一只袜子出现时,带有形容词的实验句是信息过量的(Overinformative condition)。信息不足的实验条件(Underinformative condition)下存在两个具有对比特征的对象(长袜和短袜),而实验句并不包含形容词修饰成分来区分杰克到底指的是哪一只袜子(实验句为"Pass me the sock")。信息不足和信息过多的目标句共有 12 个(6 个×2 个实验条件),两个信息最优的目标句有 8 个(4 个×2 个实验条件)。此外,本实验包含 4 个错误句,即实验句中所指对象在篮子中不存在,这 4 个错误句应当获得最低的评分。本实验还包括填充句和有关特设含义的测试题目,所以共有 70 个测试句,大约需要 10-15 分钟完成。

表 1 指称表达的实验设计

		对比	
		有	无
修饰语	有	信息最优-2（Optimal-2） Pass me the long sock.	信息过量（Overinformative） Pass me the long sock.
	无	信息不足（Underinformative） Pass me the sock.	信息最优-1（Optimal-1） Pass me the sock.

共有两组被试参与了本实验。一组为 49 名(含 33 位女性)母语为汉语的英语学习者,另一组为 21 名(含 11 位女性)英语母语者。本实验使用 Credamo(www.credamo.com)在线完成。母语者在 Prolific 上完成招募(类似于 Amazon Mechanical Turk)。签署同意书后,母语者和二语者首先阅读一个实验示例,随后进行了 4 次练习测试,以进一步熟悉实验任务。

数据分析使用 R 软件(R Core Team,2018)完成。本实验的因变量是李克特 7 级量表,作为定序变量(ordinal variable),统计分析采用累积连系混合模型(cumulative link mixed-effect model,clmm;Christensen,2019)。所有 clmm 模型都是使用 ordinal 数据包中的 clmm()函数完成(Christensen,2019)。为遵循"保持最大化"的原则,所有模型均包括最大随机效应结构(Barr et al.,2013),即被试和项目的随机截距和随机斜率。如果模型出现难以聚拢(failure to converge)的问题,根据 Bates 等(2015)的建议逐步简化随机效应结构。

结果与讨论

两组被试在 4 个实验条件下对指称表达的评分如图 2 所示。总体来说,母语者和二语者都能够在错误句条件下给出最低分,在两个信息最优条件下给出最高分,信息不足和信息过量条件下的评分位于中间。信息过量条件下的实验句评分高于信息不足条件下的实验句评分。两个信息最优条件下的高评分似乎没有显著区别。

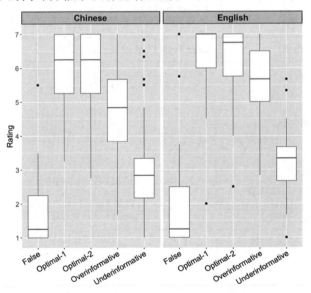

图 2　指称表达中的评分(均值)

累积连系混合模型以 7 级李克特量表作为因变量。自变量是修饰语(2 个水平:实验句中形容词修饰的存在或不存在)、对比(2 个水平:图片中对比的存在和不存在)和被试组别(2 个水平:母语者和二语者)。表 2 中的结果表明对比和修饰语的效应显著。两个变量之间的交互作用也显著,这表明带有形容词修饰的实验句评分高于没有修饰的实验句评分;在图片中显示对比的实验句评分高于没有对比的实验句。事后分析表明,信息不足和信息过量实验句的评分分别显著低于两个信息最优实验条件下相对应的实验句的评分(信息不足:$z=-10.059$,$p<0.0001$;信息过量:$z=5.217$,$p<0.0001$)。信息过量和信息不足的句子之间的评分也存在显著差异($z=6.077$,$p<0.0001$)。然而,两个信息最优实验条件下的句子之间不存在显著差异($z=0.138$,$p=0.999$)。虽然被试组别的效应显著,但是因为被试组别没有与其他任何变量有交互作用,上述评分模式在两个被试组之间没有差异。

表 2　指称表达累积连系混合模型(对比的参照水平:无对比;修饰语的参照水平:无修饰语;被试组别的参照水平:母语者)

类别	回归系数	标准误	z 值	p 值
对比 (无对比 vs. 有对比)	−5.305	0.709	−7.485	$<7.15e-14$***
修饰语 (无修饰语 vs. 有修饰语)	−2.132	0.597	−3.568	<0.0001***
被试组别 (母语者 vs. 二语者)	−1.198	0.572	−2.095	0.036*
对比:修饰语	7.149	1.001	7.096	$1.29e-12$***
对比:被试组别	0.768	0.778	0.987	0.323
修饰语:被试组别	−0.016	0.551	−0.029	0.977
对比:修饰语:被试组别	−0.299	1.113	−0.269	0.788

Note:* $p<0.05$;** $p<0.01$;*** $p<0.001$

第二章讨论了特设含义,2.6.5 的实证研究汇报了二语者对特设含义的习得。值得注意的是特设含义和本章的对比推导中都存在信息不足的句子。因此,本研究还关注在这两类语用推导下二语者的回答是否存在差别。

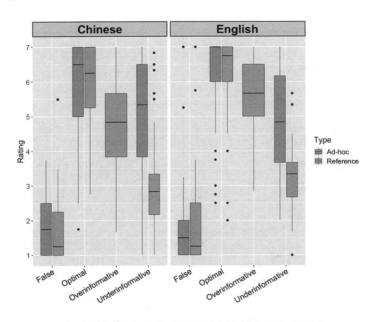

图 3　特设含义和指称表达中两组被试的评分(均值)

表 3　累积连系混合模型(实验条件的参照水平:信息不足;
推导类型的参照水平:对比推导;被试组别的参照水平:母语者)

类别	回归系数	标准误	z 值	p 值
实验条件				
信息不足 vs. 错误	-2.771	0.857	-3.233	0.001**
信息不足 vs. 信息最优	4.827	0.672	7.181	6.92e-13***
推导类型 (对比推导 vs. 特设含义)	2.022	0.577	3.504	0.0004***

续表

类别	回归系数	标准误	z 值	p 值
被试类型 （母语者 vs. 二语者）	-0.290	0.430	-0.673	0.501
实验条件：推导类型				
错误：特设含义	-2.279	0.722	-3.155	0.002***
信息最优：特设含义	-1.271	0.667	-1.906	0.057
实验条件：被试组别				
错误：二语者	-0.413	0.883	-0.468	0.640
信息最优：二语者	-0.685	0.661	-1.036	0.300
推导类型：被试组别 特设含义：二语者	0.597	0.514	1.163	0.245
实验条件：推导类型： 被试组别				
错误：特设含义：二语者	0.326	0.536	0.609	0.543
信息最优：特设含义： 二语者	-0.825	0.494	-1.668	0.095

图 3 显示两组被试在两类语用推导中的评分。因为指称表达中的信息过量条件仅在指称表达中存在，因此，统计分析不包含与此相关的数据。统计分析仍然采用 clmm 模型，固定效应包括实验条件（3 个水平：信息最优、信息不足和错误）、推导类型（2 个水平：特设含义和对比推导）和被试组别（2 个水平：母语者和二语者）。表 3 的结果表明，信息不足的句子评分与其他两种实验条件下的句子评分存在显著差异。推导类型也有显著影响，但是被试组别没有显著影响。实验条件和推导类型的事后检验结果表明，在错误和信息最优实验条件下，这两种推导类型之间的评分是相似的（错误：$z=-0.431, p=0.998$；信息最优：$z=-1.535$，$p=0.642$）。但在信息不足的条件下，两类推导之间的评分存在显著差

别($z=-5.350, p<0.0001$),即特设含义中信息不足句子的评分显著高于对比推导中信息不足句子的评分。

根据"语用原则违反假说"(Lozano,2016),信息过量是对信息原则的轻微违反。例如,在只有一只长袜子的语境中,"Pass me the sock"中的信息量足以识别被指称的对象,而信息过量的表达"Pass me the long sock"包含识别指称对象所需的额外信息。虽然信息过量的表述存在冗余信息,但是指称对象仍然可以被识别出来。然而,信息不足的表述会导致听者无法识别指称对象。例如,当语境中存在一只长袜子和一只短袜子时,"Pass me the sock"包含的信息不足以让听者判断出说者所指的到底是哪一只袜子。以往的研究发现英语母语者经常在交流中提供冗余的信息(Belke,2006;Engelhardt et al.,2006)。额外的信息实际上有助于听者更加快速地锁定被指称的对象(Arts,2004;Davies & Katsos,2010)。因此,尽管信息过量的陈述违反了量的准则,但仍被视为语用较为恰当的表达。所以,在对比推导中,比起信息不足的句子,听者对信息过量的句子更加宽容(Lozano,2016)。本研究中的一个重要发现是二语者对信息过量句子的评分显著高于信息不足句子的评分(但仍低于信息最优条件中的句子),说明二语者对信息不足的句子的容忍度更低,这与母语者的回答一致。另一个重要发现是二语者对于对比推导中信息不足句子的容忍度显著低于特设含义中信息不足的句子。以上发现均支持了"语用原则违反假说"。虽然此假说最初提出是用于解释回指释义,但是本研究进一步发现此假说还可以解释涉及不同语言结构(零主语、显性主语、简单和复杂的名词性短语)的一系列语用现象(话题连续和转换、对比推导和特设含义等)。

二语者两种违反信息原则的行为之间的微妙差异为日后的研究开辟了新的方向。例如,目前尚不清楚信息过量如何具体影响二语者的语用推导。冗余的信息对语用推导的具体影响是什么?是否会加速或阻碍对比推导中的理解?未来的研究不仅需要关注等级含义中信息不足的情况,还需要更好地了解信息过量如何影响二语者的语用推导。未来研究的另一个方向是调查一语研究中发现的"逻辑型"和"语用型"被试是否在二语者的语用推导在线加工中也存在不同表现(Noveck & Posada, 2003; Bott & Noveck, 2004)。此外,自闭症谱系障碍量表(Baron-Cohen et al., 2001)等认知测试也有助于探讨个体差异和性格等因素如何影响语用推导的差异(Nieuwland et al., 2010; Yang et al., 2018)。

第五章 等级形容词的习得和加工研究

5.1 核心概念

程度(degree)也许是形容词在语义上最为重要和普遍的特征。程度的表达方法在不同语言中普遍存在。从程度这一特性诞生出形容词的等级性(gradability; Bierwisch, 1989; Cresswell, 1976; Kennedy, 1997, 2007; Seuren, 1973; von Stechow, 1984)。等级性是指形容词在语义真值意义的确定上是否有程度差异,是否要依赖某一标准。例如,等级形容词"tall"引发有关身高比例的等级排序,并且它对应一个函数,该函数在一定程度上赋予个体拥有身高属性。当等级形容词使用其原始形式时,如"John is tall",一个空运算符引入了一个语境中对比的标准,该句子因此被解释为"John 的身高超过了语境中'高'的对比标准"。如果语境中出现了某一特定前提,如该地区男性平均身高为 1.6 米(已知 John 身高为 1.7 米),则与该标准相比,可以推导出"John is tall"为真;如果该地区男性平均身高为 1.8 米,则"John is tall"为假。

由此可以看出,等级形容词的理解需要依据一定的比较标准,且明显依赖语境。像"高、大、多、少"这类等级形容词也被称为开放等级形容词(open scale gradable adjective),它们的语义比较模糊,本身不存在一个内在的比较标准,语义内容会根据不同的语境发生变化。与开放等级形容词相对立的是封闭等级形容词(closed scale gradable adjective),这类形容词存在一个内在的最小或者最大量值标准,且这个标准无需通过语境来理解(Kennedy & McNally, 2005; Wechsler, 2005; Boas, 2000)。比如,对于封闭等级形容词"wet"来说,如果桌子上有一滴水就可以说"The table is wet"。类似的形容词还有"空、满、关闭的"等。另外一个区分两者的方法为看其能否用程度副词修饰,例如"completely","half"等。程度副词可以修饰封闭等级形容词,但是无法修饰开放等级形容词(Kennedy & McNally, 2005; Wechsler, 2005)。

许多形容词都有反义词,即它们与不能兼容的形容词对立(Lehrer & Lehrer, 1982; Cruse, 1986)。例如,不可以说某人同时又高又矮。根据反义形容词语义的传统观点,像"tall"与"short"这样的词是相对的(contraries),因为它们允许中间量,如中等高度(Horn, 1989),但是相反(contradictory)形容词(如"dead"和"alive")排除中间量。对于相反形容词来说,否定一对形容词中的一个意味着肯定该对中另一个形容词(例如,说某人没有死意味着某人还活着)。但对于相对形容词,否定其中一个形容词通常不等同于肯定该对另一个形容词(例如,说某人不矮并不一定意味着某人高)。相对形容词通常是可分级的等级形容词,如"tall"和"short"都与高度等级有关。如果一个物体的高度高于高的标准,那么它就是高的;如果一个物体的高度低于矮的标准,那么它是矮的。高度在这两个标准之间的物体既不高也不矮。这种方法可以推广到所有相对形容词上。如图1所示,形容词"tall"的否定区域包含"short"的部分,也包含了中间的无差别带(zone of indifference)。由此可看出,"not tall"并不一定意味着"short"。

在实际交流中,等级形容词的理解更加复杂。第一,正如前文提到,高的阈值是依赖语境的。第二,对话参与者一般没有一个明确的高的阈值。如果某人的身高略高于比较标准,则不清楚此人是否可判定为高,这

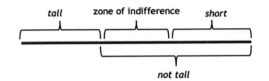

图 1 "tall"与"short"的语义分布

种情况被称为临界（borderline）情况。"高"通常不用于身高可能高于或可能不高于阈值的人，说一个人高意味着这个人明显很高。Kennedy（2007）指出，个人拥有可分级的程度（如 John 的身高程度）必须比语境中的比较标准更加"突出"。如果 John 的身高不是绝对超过了高的阈值，"John is tall"和"John is not tall"都难以被界定。其他观点认为，基于 Grice 的量的准则（Grice，1975），如果要说"John is tall"，John 的身高则必须要超过高的阈值；如果要说"John is not tall"，John 的身高必须低于阈值。对于"tall/short"和"tall/not tall"这两对形容词，它们都存在无差别带，即两对形容词都无法形容身高处于这个无差别带的人。无差别带也是高度依赖于语境，且边界较为模糊，所以很多时候"not tall"可以与"short"互换。也正因此，在实际交流中，很多情况下"not tall"隐含"short"，"not large"隐含"small"等。

汉语形容词的程度特征也得到很多汉语语法学家的关注（朱德熙，1956；石毓智，1992；张国宪，1993；沈家煊，1995；李宇明，1996）。例如，陆俭明（1989）提出了"量度形容词"这一概念，比如"大、长、高、宽、厚"和"小、短、低（矮）、窄、薄"等。这些形容词用来说明体积、面积、长度、高度、宽度、厚度等，都是表示量度的。量度形容词的句法格式存在较为复杂的情况。吕叔湘（1982）通过考察 140 个形容词与三组表示程度的词语搭配，也从受程度修饰的方面讨论了形容词内部的复杂情况。罗琼鹏（2018）区分了等级性形容词（如"漂亮"）和非等级性形容词（如"万能"）。两者的区别方式包括等级性形容词可以用于比较句句式中，等级性形容词能够用程度副词"非常、相当"等来修饰等。

5.2 一语习得中等级形容词的理解

有关儿童如何理解形容词的研究主要关注儿童如何利用句法信息来区分形容词和名词,何时使用语言来区别特征和种类,以及种类信息如何限制形容词的理解等(Gelman & Markman,1985;Hall et al.,1993;Klibanoff & Waxman,2000;Mintz,2005;Mintz & Gleitman,2002;Waxman & Booth,2001)。总体来说,研究发现儿童需要时间逐步习得形容词。例如,11 月大的儿童倾向于将形容词形式的新词理解为指种类,而不是物体的特征(Waxman & Booth,2003)。14 月大的儿童能够将颜色形容词和物体的属性联系起来(Booth & Waxman,2003)。直到 3 岁,儿童仍然需要借助语境丰富的信息学习形容词指示物体的特征,而不是种类(Klibanoff & Waxman,2000;Mintz & Gleitman,2002)。然而,儿童可以像成人一样确定等级形容词的对比标准。例如,Barner 和 Snedker(2008)研究了 4 岁儿童对于"tall"和"short"的理解。实验一中,儿童被试需要检查一排随机排列的物体(被称为"pimwits"),这些物体的高度不一样,最高的为 9 英寸,最矮的为 1 英寸,每个物体间隔 1 英寸。当儿童听到实验者说"Can you look at all of the pimwits and find the tall/short pimwits and put the tall/short pimwits in the red circle?"时,儿童需要找到符合"tall"或"short"条件的物体并放进红色圆圈中。结果表明该组合中最高的三分之一的 pimwits 被选为高(7.19 英寸以上),最矮的三分之一的 pimwits 被选为矮(3.19 英寸以下)。实验二探讨儿童能否获取语境中有关组合成员数量的信息来重新计算组合中的标准。实验二在实验一的基础上新增了更多高或矮的物体,如为了扩大"矮"的组合成员,实验者加入了 4 个新的物体,它们的高度从 0.5 英寸到 2 英寸不等,间隔 0.5 英寸。加入了新物体后,组合的平均高度从实验一的 5 英寸降到了 3.85 英寸。实验二的这一改动带来了儿童行为上的变化。当组合中的成员数量出现变化时,4 岁的儿童可以相应地调整他们"高"的比较标准。同时，如何理解高度分布差异也影响了儿童对"矮"的理解，但该影响并不显著。这一发现也与其他发现一致，即消极形容词的习得落后于积极形容词的习得(Donaldson & Wales, 1970)。

理解"高"或"大"这种等级形容词关键在于对"程度"的理解。但是，什么程度对应"高"或"大"，以及程度是否会改变等问题仍需要进一步研究。有的理论认为程度是抽象的(abstract)，它的存在独立于它所衡量的实体(von Stechow, 1984; Kennedy, 2007)。还有一些理论认为程度和等级(scale)是从个体的排序关系中推导出来的(Klein, 1991; van Rooij, 2011; Lassiter, 2011)。Solt 和 Gotzner(2012)的实证研究关注等级形容词的程度问题。Solt 和 Gotzner(2012)受到 Barner 和 Snedeker(2008)和 Schmidt 等(2009)实验设计的启发，调查了4个等级形容词("tall""big""dark"和"pointy")。每个等级形容词搭配符合该比较类别的36个图形，这些图形覆盖11个程度。Solt 和 Gotzner 在实验一中通过调整这36个图形的统计分布来探究4种不同的统计分布(见图2)如何影响被试理解这些形容词，包括基线分布(中等程度图形的数量最多，高、低程度图形的数量较少)、左偏分布、右偏分布和移动分布(其整体分布与基线分布特征相似，只是整体向更大的尺寸或高度移了3度)。结果表明，这些等级形容词的理解依赖于程度，而不是简单地依赖于某个图形在分布中的排序(比如，"高"并不是要在这组图形中处于最高的百分之多少以内才算是"高")。实验二中，4个等级形容词和每个形容词需要的36个图形的设计不变，出现变化的是3种分布和每种分布中都存在一个缺口(gap)。每种分布都有6个有序的，按照大小、高度和颜色深度排序的程度(见图3)：在基线分布(baseline)中，缺口出现在第3和4序数之间；在序数等价分布(ordinal equivalent)中，缺口出现在第4和5序数之间；在测量等价分布(measurement equivalent)中，缺口在第5和6序数之间。该实验发现这些形容词的理解不能从比较图形中构建出的序数等级推导出来，与 Klein(1991)和 van Rooij(2011)等提出的理论不符。

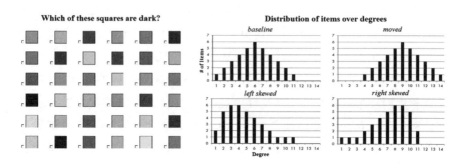

图 2　实验一中的 4 种统计分布
(Solt & Gotzner, 2012, p.175)

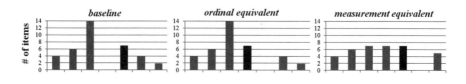

图 3　实验二中的分布和缺口
(Solt & Gotzner, 2012, p.179)

Tribushinina(2008, 2009a, 2009b, 2011)的一系列研究采用不同的研究视角来探讨等级形容词的理解。她认为每个形容词都可以从不同的参照点(reference point)来解释,例如标准(norm)、原型(prototypes)、等级的端点和自我。并非所有的参照点都显著,因为其中一个往往获得主导地位。有的参照点是默认的(default),有的则需要语境的支持。Tribushinina(2011)关注的是两类参照点,一种是基于视觉呈现的图片的中间点,另外一种是基于世界知识的参照点。在实验中,不同物体类型(例如,大象、老鼠、气球)的图片具有相同的尺寸范围(1—7 厘米)。另外,图片中的所有物体都比现实中的要小。因此,如果被试只利用世界知识,而不依赖视觉提供的场景,他们会判断所有的物体都是小的。如果被试只依赖语境中出现的物体,而不参考物体在实际生活中的尺寸,那么在不同的物体类别中被认定为"大"和"小"的范围不会有显著差异。如果被试能够同时利用两类参照点,他们应当会认为更多的物体是小的,而不是大的。值得注意的是,Tribushinina(2011)的研究与其他研究的不同之处在于其他研究大多利用图形的分布来影响被试,而 Tribushinina 是利用物体在现实世界中的实际大小来影响被试。在该实验中,现实中较小的物体被认定为"小"的范围应该比较大,现实中较大的物体被认定为"大"的范围应该比较小。结果发现,无论是哪种物体类型,最大的物体始终被标记为"大",最小的始终被标记为"小"。但是,被试更常将现实中较小物体的大物体标记为"大",他们也更常将现实中较大物体的小物体标记为"小"。总体来说,结果发现被试可以动态地利用两种参照点来理解等级形容词。

本章第一节提到等级形容词的一个重要特点是其比较标准的模糊性。正如前文提到,一个成年男子的身高如果是 1.95 米或者是 1.5 米,我们都可以较为明确地选择"高"或"矮"来形容这个人。但是,如果他的身高是 1.8 米,很难说这个人是高还是矮,该身高处于一个临界状态(borderline)。Alxatib 和 Pelletier(2011)的研究关注等级形容词的临界状态。在该实验中,被试会看到 5 名身高介于 1.63 米到 1.98 米之间的嫌疑人,如图 4 所示。每位嫌疑人的脸被一个号码覆盖。在被试看到 5 名嫌疑人的照片后,他们将会针对每位嫌疑人回答 4 个问题,如例(1a)—(1d)。以 1 号嫌疑人为例:

(1) a. ♯1 is tall.
  b. ♯1 is not tall.
  c. ♯1 is tall and not tall.
  d. ♯1 is neither tall nor not tall.

被试的回答必须从以下 3 个选项中作出选择:真、假或不知道。在这 5 位嫌疑人中,最值得关注的是被试如何针对身高为 1.8 米的 2 号嫌疑人做出回答。当句子是例(1a)时,回答"真"和"假"的比例较为接近,分别为46.1%和44.7%。当句子为例(1b)时,回答出现了差别,回答"真"的比例仅为25%,然而回答"假"的比例为67.1%。这一结果表明,比起肯定一个否定命题,被试体现出否定命题的显著倾向。也就是说,比起判断不高为真,被试更倾向于判断临界个体高为假;同样,比起判断高为真,他们也更倾向于认为临界个体不高为假。这出现了与经典逻辑(classical logic)不同的情况。根据经典逻辑,如果"某人高"这一命题为真,则这句话的否定亦真。当且仅当其否定为真时,命题为假。

图4 实验用图
(Alxatib & Pelletier, 2011)

Ripley(2011)采用不同的实验方法继续探索临界问题。在实验中,被试会看到7组图形,每组图形里面包含一个圆形和一个方形,如图5。第一组图形中的圆形和方形距离非常远,最后一组中的圆形和方形紧挨在一起。中间的五组中,圆形一点点地移向方形。除了看到这些图形外,被试还会读到类似"The circle both is and isn't near the square"这样的句子,他们需要针对看到的图形情况对句子做出判断(1代表不同意,7代表同意)。

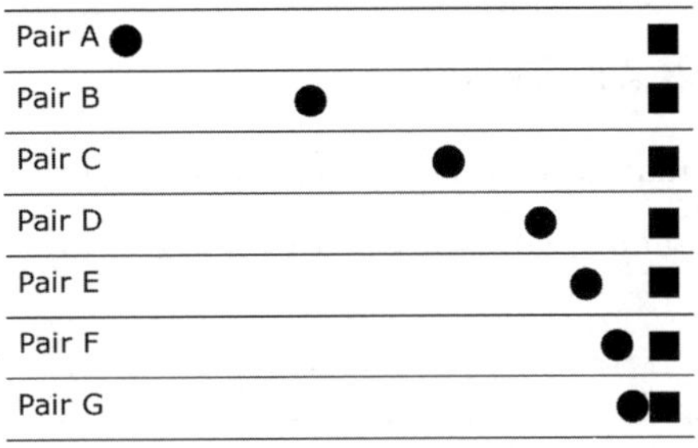

```
Pair A  ●                    ■
Pair B       ●               ■
Pair C            ●          ■
Pair D                 ●     ■
Pair E                    ● ■
Pair F                       ●■
Pair G                       ●■
```

图 5　实验用图

(Ripley，2011，p.173)

与 Alxatib 和 Pelletier(2011)中"高"难以被界定的情况类似,本研究中很难说清楚什么是靠近方形(near the square)的临界情况。像"near"这样模糊词的理解非常依赖语境,很难区分出临界线在哪里。例如,如果我们讨论城市之间的距离,这提供了一个语境,实验中的圆形在每对中都接近方形;最远的一对的距离永远不会超过实验所用屏幕的大小,这肯定比最近的城市之间的距离还要小。然而,这个实验虽然没有提供这样清晰的语境,但也提供了一些背景。在最远的那对中,圆形明显是"接近方形"的反例(也就是说,圆形非常明显不接近方形),而在最近的那对中,圆形显然是"不接近方形"的反例。介于两者之间的是临界的情况。结果发现,正如预料的情况,被试对于两端的图片是不可接受的,中间的情况接受度更高,尤其是 C 组(Pair C)的接受度是最高的。

5.3　否定语义加强及其极性不对称性

等级形容词在被否定时会产生指向其反义词的含义,这类现象称为否定语义加强(inference towards the antonym/negative strengthening; Horn,1989; Ruytenbeek et al.,2017)。比如,例(1a)可以推导出例(1b),因此在语言使用中,如图 6 所示,"not happy"的语义范围从虚括号所括的逻辑语义范围向"unhappy"方向缩小,致使中间地带的词汇(如"calm""content")语义被排除在外。

(1) a. Lieberman is not happy with his parents' decision.
  b. Lieberman is unhappy with his parents' decision.

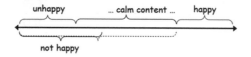

图 6 "happy"和"not happy"的语义分布

极性(polarity)是反义形容词的一个重要特征(Cruse,1986)。极性是二元的(binary),可根据极性将形容词分为积极(positive)形容词和消极(negative)形容词。一种常见的区分方法是依据形容词的前缀来分。比如"happy"和"unhappy",带有否定前缀的形容词为消极,另一个是积极(Horn,1989)。除此之外,还有三个常见的区分标准,即维度(dimensional)、评价(evaluative)和标记性(markedness)。从维度的角度来看,积极形容词指的是可以代表其所在等级的衡量标准(von Stechow,1984;Bierwisch,1989;Kennedy,1997)。比如"tall"是＜short,tall＞这一对形容词的积极形容词,因为它的等级代表了高度的等级,越高的物体其高度的数值也越大。从评价的角度来看,形容词的极性来自主观愿望的判断(Boucher & Osgood,1969;Horn,1989;Paradis et al.,2012;Sassoon,2013)。积极形容词代表了更加渴望得到的特征。比如,＜bad,good＞中的"good"是积极形容词。从标记性来看,无标记的一般是积极形容词,而有标记的是消极形容词。实际上,标记性和形容词的形态(带有否定前缀)是分不开的(Lehrer,1985)。比如,在＜happy,unhappy＞中,"unhappy"带有否定前缀 un-,所以是有标记的,同时也是消极形容词。

否定语义加强在等级反义形容词的内部存在极性不对称(polarity

asymmetry)的现象,即积极形容词的否定语义加强程度高于消极形容词(Jesperson,1917;Ducrot,1973;Hoffmann,1987;Horn,1989)。比如,不同于上述的积极形容词"happy",含有消极形容词"unhappy"的例(2a)无法推导出例(2b)。因此,在否定条件下,"(not) happy"指向其反义词"unhappy"的程度高于"(not) unhappy"指向其反义词"happy"的程度(如图7所示)。

(2) a. Lieberman is not unhappy with his parents' decision.
  b. Lieberman is happy with his parents' decision.

图7 "happy"和"not happy"的否定语义加强

积极形容词的否定语义加强比消极形容词的更强。也就是说,"not tall"更可能理解为"short",而"not short"则不容易理解为"tall"(Krifka,2007)。Krifka在Horn(1984,1989)的基础上,从形态学的角度提出了一个更加明确的理论来解释出现这种情况的原因。除此之外,也有学者从礼貌理论和面子的角度来解释这一现象。下面将详细讨论这两种解释。

5.3.1 等级形容词的形态

Krifka(2007)主要从形态上来讨论反义形容词。这类形容词存在否定前缀,即一对反义形容词中的一个词通过添加否定前缀成为另一个词的反义词,如"unhappy"和"happy"。然而,他也明确地提到了与形态无关的反义形容词,如"few"和"many"。对于前文讨论的"tall"和"short"这一对形容词来说，Krifka 认为这类形容词的真值条件可能并不总是已知的，尤其是在临界情况下。因此，在中间情况下，即使我们知道某人的确切身高，也很难判断此人是否是高的。例如，如果约翰是中等身材，例（1）的真值很难确定。

(1) John is not tall.

根据 Krifka，"short"与"not tall"同义，"tall"与"not short"同义。也就是说，对反义词的推导（从"not tall"到"short"，从"not short"到"tall"）被视为一种蕴涵（entailment）。如果"John is not tall"为真，那么"John is short"这个句子亦为真。

然而，在实际交流中，"not tall"并不一定被理解为"short"。Horn 的 Q 原则（Quantity Principle）和 R 原则（Relation Principle）被认为是相互作用和约束的两个矛盾的原则（Horn，1989，pp. 192—203）。根据 Q 原则，说者应该尽可能提供更多的信息；如果说者尊重 R 原则，那么他们不应该提供超过要求的信息。Krifka 基于 Horn 的两个原则进一步来解释反义形容词。与 Horn(1984，1989)的 R 原则一致，"tall"和"short"等模糊谓词的意思需要得到进一步推导，因此"tall"和 short"的使用仅限于非常特定或刻板的情况（stereotypical examples）中。换句话说，模糊谓词往往用于描述清楚的情况，因为对于这种情况，谓词应用范围的不确定性是无关紧要的。此外，根据 Horn 的语用劳动分工（Division of Pragmatic Labor），比起简单的表达，更复杂的表达倾向于用来描述不那么刻板的情况。因此，"not tall"用来描述属于"short"的字面含义的情况不太常见，"not tall"更倾向于那些通常不用"short"描述的矮的对象。由此可见，"not tall"的意思更接近于相对来说比较矮的意思，"not tall"与"short"的含义并不完全相同。

Krifka(2007)的推理同样适用于"not short"（字面上，与"tall"相同），但也存在一些差别。因为"short"在形式上被定义为"tall"加上（隐性的）否定前缀，所以"short"本质上比"tall"更复杂。根据"否定形容词复杂性假设"(Negative Adjectives Complexity Hypothesis),否定形容词比其对应的肯定形容词更为复杂,因为它们是由一个否定语素和相应的肯定形容词组合而成(另见 Heim,2006,2008)。因此,正如"unhappy"(形态上)比"happy"更复杂一样,虽然"short"和"tall"的差异在形态上并不明显,但是"short"比"tall"更加复杂。另外,"not short"也比"tall"更加复杂:一是因为"short"本身已经比"tall"复杂,二是"not short"又多包含了一个词。实际上,"not short"可以被视为"tall"加上两个否定(与"not unhappy"相似)。这意味着"not short"和"tall"之间的复杂度差异大于"not tall"和"short"之间的复杂度差异。因此,"not short"将被用于比"not tall"更不刻板的情况。

总体来说,"not tall"的否定语义加强比"not short"的更强。因此,Krifka 预测了极性对否定语义加强强度的影响:相较于消极形容词,积极形容词会产生更强的否定语义加强。Krifka(2007)从形态学视角提出,形容词否定结构本身的复杂性差异是造成极性不对称现象的根本原因。词缀型(morphological)消极形容词拥有显性单一否定结构(single negation),由否定词缀体现(如"unhappy"中有否定词缀 un-);词汇型(lexical)消极形容词拥有隐性单一否定结构,在语义层面体现(如"short"则无词缀)。在图 8 中,在等级的左侧,"否定+积极词"("not happy")与"消极词"("unhappy")均为单一否定结构。由于二者的复杂程度差异不大,二者的语义范围有较大的重叠。在等级的右侧,"否定+消极词"("not unhappy")为双重否定结构,"积极词"("happy")为不含否定的简单结构,二者的复杂程度差异较大,因此"积极词"的语义范围接近端点,"否定+消极词"的语义范围接近中心,且二者的语义范围重叠不大。两侧的对比结果在整体上表现为积极词的否定语义加强程度高于消极词。

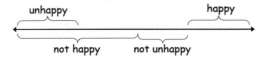

图 8 "happy"和"not happy"与其否定结构的语义分布

Ruytenbeek 等(2017)通过实证研究验证 Krifka 和 Horn 提出的有关否定语义加强的理论。在实验的主体任务中,被试看到以下两类句子,见例(2)与例(3)。

(2) Paul is not tall. Peter is short too.

(3) Paul is not short. Peter is tall too.

实验材料包括带有否定前缀的反义形容词对(如"accurate/inaccurate"),带有否定前缀的为消极形容词;也包括没有否定前缀的反义形容词对(如"true/false"),根据维度和评价来决定极性。被试需要在7级李克特量表上给句子打分(1=非常不自然,7=非常自然)。如果被试对否定语义加强敏感且反义形容词存在极性不对称性,积极形容词的否定语义加强应该强于消极形容词,即例(2)的评分应该高于例(3)。根据 Krifka 的理论,带有否定前缀的形容词的否定语义加强应该强于不带有否定前缀的形容词。研究结果证实了以上两个预测,同时也进一步说明,显性的、词缀上的复杂("unhappy"比"happy"复杂)比隐性的复杂("short"比"tall"更复杂是因为包含一个隐性的否定前缀)对否定语义加强的影响更为明显。

5.3.2 礼貌—面子

作为人类社会生活的一个基本机制,面子被定义为"每个成员都想为自己主张的公共自我形象"(Brown & Levinson, 1987, p. 61)。无论是会话参与者自己的面子还是其他共同参与者的面子,他们都倾向于去维护。一个人的面子由两个部分组成:积极面子希望得到他人的认可,消极面子希望在自己的行动中不受到他人阻碍。虽然每位会话参与者都希望在交流中维持面子(无论是自己的还是他人的),但是这两种类型的面子还是可能会受到某种程度上的威胁。例如,当说者的会话目标对面子构成潜在威胁时(比如自由表达自己的真实信仰或提到贬低他人的信息),说者需要尝试采取一些保全面子的做法。更重要的是,一个人的面子和其他人的面子的维护是紧密交织在一起的(Goffman,1967)。

在有关否定反义词的解释的讨论中,Brown和Levinson(1987)从面子的角度解释否定形容词的极性不对称性。他们认为,当一个人做出诸如批评之类的威胁面子的行为时,"表达的比你的意思少存在一个很好的社会动机"(Brown & Levinson,1987,p.264)。两位学者立足于Grice(1989)的会话原则和推导模型,假设人类交流是理性的、有目的的和目标导向的(Brown & Levinson,1987)。这样,在互动者的面子受到威胁的情况下,说话者应采取"补救行动"以尽量减少甚至消除这种威胁的影响。因此,听者在理解话语时应考虑说话者的礼貌意图。出于以上原因,在"John is not a friend"中,否定一个积极词很可能会被理解为一种轻描淡写的说法,是一种出于维护面子的策略。也就是说,"John is not a friend"通常会被认作是对其相应的反义句"John is an enemy"的肯定。与此相反,因为通常没有好的动机阻止说者直接表达"John is a friend",所以像"John is not an enemy"这样的说法不容易被理解为"John is a friend"。因此,否定反义词中的极性不对称可能源于消极反义词(通常存在面子威胁)和积极反义词(通常不存在面子威胁)威胁面子的程度不同(另见Ducrot,1973)。

同样也基于面子理论,Horn(1989,p.360)认为,否定语义加强是"为了避免直接表达某些消极主张,尤其是在一种倾向于冒犯听者或以其他方式被视为不恰当的情况下"。说者会通过采用一种看似较弱的表述来部分隐藏自己的不赞同,这种表述鼓励听者通过语用推导来理解隐含的负面判断。为了营造友好、和谐的气氛,使交际更加顺畅,说者为保护听者的面子一般会使用"否定+积极词"的委婉形式代替伤面子的消极词。比如,不直接说某人"虚伪",而说成"不诚实"。深谙这一心理机制的听者会将委婉形式反推回去,更易将"不诚实"理解为"虚伪"。但对于不伤面子的积极词来说,说者不再需要用否定形式来委婉表达,比如评价某人"诚实"无需说成某人"不虚伪",听者也因此不会将其反推。出于这个原因,Horn认为否定形容词的极性不对称性是出于面子和礼貌的考虑,即消极的话不要直接表达(Horn,2017)。

总体来说,否定形容词的极性不对称性来源于它们在面子威胁行为中的影响和作用。考虑到消极形容词比积极形容词更可能引发面子威胁,说者倾向于用与消极形容词相对应的、较弱的表达来替代前者,而不是后者。因此,听者也更有可能加强对积极形容词的否定,而不是对消极形容词的否定。

探讨面子理论对否定语义加强影响的实证研究均未找到支持伤面子理论的证据(Gotzner et al.,2018;Gotzner & Mazzarella,2021; Mazzarella & Gotzner,2021)。Gotzner 和 Mazzarella(2021)聚焦伤面子因素对否定语义加强的影响,具体来说是听者和说者之间权力(power)的差别、性别差异和社交距离(social distance)的影响。实验句包含 20 对否定结构下的反义形容词(比如"not kind"和"not mean"),以对话的形式出现。回答为 7 级李克特量表,1 分为句子中的形容词(比如"kind"),7分为该形容词的反义词(比如"mean")。实验一关注权力差别和被试性别的影响。实验对话中,双方的权力存在差别,比如老板和下属,教授和学生,总编和实习生。实验结果复制了 Ruytenbeek 等(2017)的实验结果,发现否定结构下的积极形容词的否定语义加强比消极形容词更加明显。另外,权力的差别也影响否定语义加强程度:当说者处于较低地位时,否定语义加强更容易出现。被试的性别差异似乎也影响否定语义加强程度,女性被试在否定语义加强时更容易受到对话双方权力差别的影响。实验二关注实验对话双方的社交距离的影响,社交距离近的双方是非常亲密的朋友,社交距离远的双方为刚刚认识。与实验一的发现一致,积极形容词的否定语义加强更加明显,且此现象在女性被试中更加明显。然而,形容词极性、社交距离和被试性别出现显著的交互作用。这意味着对于男性被试/说者来说,否定语义加强更容易出现在以下两种情况中:形容词为消极且对话双方存在较近的社交距离时;形容词为积极且双方有较远的社交距离时。但是,对于女性被试/说者来说,积极形容词没有受到社交距离的影响。对于消极形容词且双方具有较近的社交距离时,女性说者(不包括女性被试的情况下)更容易出现否定语义加强。总体来说,两个实验的发现没有给礼貌理论对否定语义加强的影响提供清晰的支持,而是发现了比礼貌理论更加复杂的影响,尤其是性别对于否定语义加强的影响。

5.4 等级形容词与等级含义

不少研究发现,等级形容词作为等级含义的一类,其推导过程与等级含义的推导过程相似。正如本书第二章提到的,对例(1a)进行语用推导后可理解为不是所有的学生都通过了考试("Not all students passed the exam")。与此相同,对例(1b)进行语用推导后可以理解为 Lisa 不是一名出色的学生("Lisa is not an excellent student")。

(1) a. Some students passed the exam.
b. Lisa is a good student.

类似像"some"和"good"这样的词可以激活其他替代的表达,这些表达根据语义强弱排列在一个等级上。比如,例(1a)中"some 来自＜some, all＞这一等级,例(1b)中的"good"来自＜good, excellent＞。说者选择两组等级词项中较弱的词项("some"与"good"),听者推导出相应的较强的等级词项("all"与"excellent")是无法运用在当下情况中的,即听者推导说者认为带有强等级词项的命题为假。

本书第二章详细讨论了不同类型的等级含义,等级形容词是其中一种重要的类型。正如 van Tiel 等(2016)提出的,有关等级含义的研究大多只关注等级词项＜some, all＞,并默认这组等级词的生成机制代表所有的等级词项(一致性假设,uniformity assumption;van Tiel et al., 2016)。然而,有关等级形容词的研究挑战了这个一致性假设。比如,Doran 等(2009,2012)设计了一种研究范式,旨在将字面含义与语用含义分开,考察不同类型的等级含义被纳入话语真值条件意义的程度。以 Doran 等(2009)为例,他们的研究包含了四类等级含义,包括基数词

(cardinals)、等级形容词（gradable adjectives）、可排序的词项（ranked orderings）和等级量词（quantificational items）。实验材料以两个角色（Irene 和 Sam）之间的对话为主，Irene 问，Sam 回答，Sam 的回答可以进行等级含义的推导。除此之外，被试还会看到一条与对话内容相关的信息，这条信息是事实，而且该信息与 Sam 的回答生成出的等级含义相斥。以下例子为＜pretty，attractive＞的实验句。

（2）Irene：How attractive is Kate?
　　　Sam：She's pretty.
　　　FACT：Kate was voted "World's Most Beautiful Woman" this year.

该实验不要求被试直接对实验句进行判断，而是引入了 Literal Lucy 这个角色。这个角色总是按照字面意思来理解句子，因此容易曲解非字面的意思，比如一些比喻和间接言语行为。Literal Lucy 的出现让被试更加关注句子的真实条件意义，而不是让他们依赖自己对说者可能试图传达的内容的理解。研究发现，与等级量词、基数词和可排序的词项相比，来自等级形容词（比如"pretty""big"和"annoyed"）的语用推导更少被纳入真值条件意义。另外，只有在等级形容词的情况下，等级含义生成的比例取决于语境。当明确提及替代词时，等级含义生成的比例更高。

van Tiel 等（2016，2019）有关等级含义词项多样性的研究在第二章已做详细阐述，在此不做赘述。值得注意的是 Benz 等（2018）认为 van Tiel 等（2016）的实验设计存在一定问题，并在其基础上做出了修改。在 van Tiel 等（2016）的实验中，被试看到 John 说"She is content"后，需要回答"Would you conclude from this that，according to John, she is not happy?"这一问题是对还是错。然而，当被试回答"否"时，他们可能出于不同的原因。比如被试从语义的角度来理解，"She is content"与她不高兴（"She is not happy"）在语义上是一致的。如果被试进行否定语义加强，将问题中的"She is not happy"理解为"not content"，这种理解与

"content"的语义和等级含义理解都不符合,所以被试也会选择"否"。因此,为了能够让被试的回答更加明确,并更清楚探究"not happy"与"not content"之间的关系,Benz等修改了问题设计:被试看到John说"He is not happy",需要回答的问题是"Would you conclude from this that, according to John, he is not content?"如果被试回答"是",这说明他们进行了否定语义加强,将"not happy"理解为"not content"。他们发现较低的等级含义生成比例与较高的否定语义加强比例相关,一对形容词中较强词项的否定会被增强,从而也否定较弱的词项。例如,"not happy"可以与"content but not happy"和"unhappy"的理解相似,但是从语用上来说,其理解更接近于"unhappy"。McNally(2017)认为,van Tiel等使用的实验方法过于粗糙,因而无法探测出某些等级含义,也无法深入考察影响不同等级词项生成语用推导的原因。尤其值得关注的是形容词是多义词,在缺乏一定语境的情况下,被试可能会快速构建一个意义,而不会将理论上是一对等级形容词的词项作为考虑对象。因此,未来研究在讨论等级形容词时需要仔细考虑语境的设计。

5.5 实证研究报告

实验:中国英语学习者对等级形容词的习得研究

根据"接口假说"(Interface Hypothesis; Sorace, 2011),语义—语用接口属于外接口,涉及语言与非语言层面的信息加工和匹配,因而需要更多的认知资源,习得难度较大。在此接口上的语言现象中,虽然等级含义的二语习得情况被广泛研究(Slabakova, 2010; Miller et al., 2016; Snape & Hosoi, 2018; Feng & Cho, 2019),其他语言现象却少有关注。一方面,即使是加工同一接口上的语言信息,其加工和习得的难度仍有可能存在差别(White, 2011; Sorace, 2011;戴曼纯, 2014);另一方面,此接口上的习得研究关注的语用因素在不同文化中存在共性(比如,格莱斯的合作原则和准则),鲜有研究探索受到不同文化影响的其他语用因素。因此,本研究关注语义—语用接口上等级形容词的否定,具体来说是否定语义加强及其极性不对称性的习得,以及伤面子语境如何影响等级形容词在否定句中的推导。

等级形容词的否定语义加强及其不对称现象在一语习得领域受到广泛关注(比如 Colston,1999;Giora et al.,2004;Fraenkel & Schul, 2008;Shabanov & Shetreet,2022)。Ruytenbeek 等(2017)首次通过实证研究,系统地探究了否定句中等级形容词的理解,并在此基础上验证了形容词极性与否定语义加强的不对称现象之间的关联性。另外,针对造成极性不对称性的原因,Ruytenbeek 等(2017)在复杂程度差异假说的基础上进一步提出,由于词缀型等级反义词内部的复杂程度的差别大于词汇型等级反义词,因此词缀型等级反义词产生的极性不对称现象也较词汇型等级反义词更为明显。此后,一语领域的研究视角逐渐聚焦伤面子语境对否定语义加强的影响,但是均未找到支持伤面子理论的证据(Gotzner et al., 2018;Gotzner & Mazzarella,2021;Mazzarella & Gotzner,2021)。

大多位于语义—语用接口上的二语习得研究关注等级含义的习得情况(Slabakova,2010;Miller et al.,2016;Snape & Hosoi,2018;Dupuy et al.,2019;Mazzaggio et al.,2021;张军、伍彦,2020)。等级含义指的是根据信息强弱或者语义力度排成语义等级关系的一些词语(Horn, 1972;Grice,1975)。等级含义的推导依赖于格莱斯的量的准则(Quantity Maxim;Grice,1975)和霍恩的 Q 准则(Quantity Principle;Horn,1989), 即要求会话参与者提供符合当下会话条件的充足的信息量。例如,当语境是所有的同学都通过了考试时,*Some students passed the exam* 在逻辑上可行,但是在语用上是不合理的,因为它没有提供当前会话条件下足够的信息量,违反了语用准则。二语实证研究发现成人二语者能够生成等级含义,然而二语者在语用推导的消除上存在困难,比母语者更加依赖语用解读(Slabakova,2010;Snape & Hosoi,2018)。也有研究发现二语者与母语者等级含义生成的比例相近(Miller et al.,2016;Dupuy et al.,2019;张军、伍彦,2020),甚至二语者生成语用解读的比例低于母语者(Mazzaggio et al.，2021)。值得一提的是 Feng 和 Cho(2019)探究了否定语境下等级含义的生成和消除。否定句的理解比肯定句的理解更加复杂,包括两步加工(Kaup & Zwaan，2003):首先是忽略否定词,对事件的肯定状态进行模拟,其次是将否定意义整合进句子的表征中,对事件的实际状态进行模拟。他们发现,比起肯定句,二语者在理解否定句中的等级含义时面临更多的困难(尤其是消除等级含义),这可能是因为否定句中需要计算的句子意义更多。

前期二语习得研究具有一定的借鉴意义,但仍存在以下不足。第一,有关等级含义的二语习得研究大多只关注等级词项＜some，all＞,并默认这组等级词的生成机制代表所有的等级词项。然而,已有一语研究表明不同类型的等级词项(比如等级形容词、动词、助词、副词等)在语用推导的生成比例上存在巨大差异(Doran et al.，2012；van Tiel et al.，2016，2019),尤其是等级形容词较低的语用推导生成比例引起学界关注。虽然等级形容词也处于语义—语用接口上,但是等级形容词(在否定句中)的否定语义加强现象涉及与上述不同的语用原则。等级形容词在否定句中的语用推导涉及格莱斯的方式准则(Manner Maxim；Grice，1975)和霍恩的 R 准则(Relation Principle；Horn，1989),即要求会话参与者语言简洁,不要提供冗余的信息。莱文森会话含三原则中的方式原则(M-principle)同样也提到不要无故使用冗长、复杂或标记性的表达方式(Levinson，2000)。如果说者使用了更加复杂的表达,那么他的意思与他使用简洁表达的意思是不同的。比如,针对＜intelligent，brilliant＞这一组等级形容词,当说者想要表达"John is intelligent",却用了形式更加复杂的"John is not brilliant"时,听者更容易将这句话理解为"John is rather stupid or less than intelligent",这正是前文提到的否定语义加强现象。在二语习得领域,少数有关外国留学生习得汉语反义形容词的研究发现外国留学生较难掌握反义形容词的极性不对称性(张丽，2018；张亮，2020)。等级词项内部的多样性对二语语用推导的影响不容小觑,更多位于语义—语用这一外接口上的其他的等级词项的习得情况需要得到进一步探究。

第二,一语研究表明伤面子语境对否定形容词的理解不起任何作用,但作为"文化特定"型因素,伤面子语境在二语语用推导中所起的作用还有待考察。"面子"在不同文化中虽然具有共性和普遍性,但是不同文化对"面子"的理解仍具有差异性。比如,中国文化被普遍认为是面子文化,更加强调集体意识,尤其在乎积极面子,希望得到别人的肯定和赞许,个体价值的界定深受他者乃至集体的影响(Brown & Levinson, 1987; Heine et al., 1999, 2008)。因此,在面对伤面子的话语时表现得更加敏感和突出。虽然推导等级形容词使用的语用准则在不同文化中是相通的,但是伤面子语境在否定语义加强中的作用则会随着文化的不同而产生一定差异。涉及"面子"的研究应跳脱出以西方英语为主导的研究范畴,聚焦特定文化背景下的情况(周凌,2018)。因此,中国英语学习者在否定语境下等级形容词的习得和语用推导中,伤面子语境或许发挥不同于英语母语中的作用,其具体影响值得进一步探索。

综上所述,本研究计划通过两个实验探究中国英语学习者对等级形容词的否定语义加强及其极性不对称现象的习得,丰富对语义—语用接口上二语习得的认识。针对影响否定语义加强现象的因素,本文将探讨伤面子理论和复杂程度差异假说对二语语用推导的影响。实验一包含无语境的句子,旨在明确二语者对否定句中的等级形容词的基本解读。两个实验的唯一差别为实验二包含涉及伤面子的语境,以深入探讨伤面子语境对否定语义加强的具体影响。本研究具体回答以下两个研究问题:

1. 在理解无语境句子中的等级形容词时,二语者是否出现否定语义加强和极性不对称性?是否会受到形态(morphology)与极性(polarity)相互作用的影响?

2. 伤面子语境如何影响二语者推导否定语境下的等级形容词?

5.5.1 实验一

实验一采用可接受度判断任务,以探查无语境条件下二语者如何理解等级形容词,尤其关注形容词的形态类别与否定语义加强的程度之间的关系(研究问题1)。

本实验包含两组被试:母语组被试由40位英语母语者组成,被试通过线上平台 $Prolific$(www.prolific.co)招募;二语组由60位以汉语为母语、以英语为第二语言的学习者组成。二语者在实验中自行报告英语水平。其中,27.8%通过大学英语四级考试(CET-4),46.3%通过大学英语六级考试(CET-6),16.7%通过英语专业八级考试(TEM-8),其余二语者取得了雅思、托福等国际考试的水平认证。因此,二语组被认定为拥有中级至高级的英语水平。

实验通过 $Credamo$ 实验平台(www.credamo.com)进行编写和数据收集。被试在签署实验知情同意书后,首先阅读实验介绍和示例,并完成练习题。实验结束后,被试填写母语、年龄、英语水平等背景信息。

5.5.1.1 实验设计与材料

本实验采取 Ruytenbeek 等(2017)中的实验句形式和设计:$X\ is\ not\ P.\ Y\ is\ Q,\ too$($P$、$Q$为一对等级反义形容词)以及7级李克特量表,见图9。在第二个小句中,too 会诱发预设:$X\ is\ Q$。因此,实验句整体的可接受度越高,即在李克特量表上的得分越高,$not\ P$ 与 Q 的语义就越相近,形容词 P 的否定语义加强程度就越高。

```
I have two friends, Kathy and Zara.
Kathy is not rich. Zara is poor, too.

What do you think of the sentence in bold?

    very unnatural                    very natural
                1   2   3   4   5   6   7
```

图9 实验形式示例

在这一形式下,本实验采用 2×2 的设计,包括形容词形态(词缀型或词汇型)和极性(积极或消极),如表1所示。本实验测试了20对等级形容词,包含10对词缀型形容词与10对词汇型形容词。当 P 为积极形容词或消极形容词时,各产生20个实验句。

表 1 实验句示例

<P, Q>形态	形容词 P 极性	实验例句
词缀型	积极	Darin is not **lucky**. Fitch is **unlucky**, too.
词汇型	积极	George is not **tall**. Kevin is **short**, too.
词缀型	消极	David is not **unhappy**. Parker is **happy**, too.
词汇型	消极	Kathy is not **poor**. Zara is **rich**, too.

本实验还包括了四类填充句。本实验采用拉丁方设计生成两份测试列表,每份列表包含 20 个实验句与 50 个填充句。针对每类句子,词缀型与词汇型形容词均匀分布。

5.5.1.2 实验结果

从得分的总体分布上看,两组被试评分的总体分布较为一致。积极形容词实验句的得分整体略高于消极形容词实验句(见图 10)。另外,词缀型形容词内部的极性差异(消极与积极形容词间的差异)略大于词汇型形容词内部的极性差异,而且这一现象在母语者中更为明显。

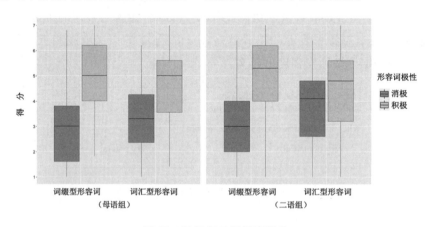

图 10 目标句 7 级量表得分

统计分析采用累积连系混合模型(cumulative link mixed-effect model,clmm,Christensen,2019),使用 R 软件(R Core Team,2018)的

ordinal 数据包完成。为遵循"保持最大化"的原则,所有模型均包括最大随机效应结构(Barr et al.,2013),如果模型出现难以聚拢(failure to converge)的问题,根据 Bates 等(2015)的建议逐步简化随机效应结构。模型包括形容词形态类型、极性类型和被试组别为固定效应,被试和测试题目为随机效应。结果显示积极形容词得分高于消极形容词($\beta=1.62$, $SE=0.31$, $z=5.13$, $p<0.0001$),两组被试间无差别($\beta=0.61$, $SE=0.44$, $z=1.41$, $p=0.16$),形态与极性之间有显著交互作用($\beta=1.48$, $SE=0.44$, $z=3.34$, $p<0.001$),极性和被试组别的交互作用为边缘性显著($\beta=-0.76$, $SE=0.40$, $z=-1.88$, $p=0.06$)。关于形态和极性交互作用的事后检验进一步发现无论是词缀型还是词汇型形容词,积极形容词的否定义加强作用强于消极形容词(所有 $ps<0.05$);同一极性下,带有词缀型积极形容词与词汇型积极形容词的实验句的得分存在显著性差异($z=-3.870$, $p<0.001$)。这说明对于积极形容词,词缀型形容词的否定义加强作用强于词汇型形容词。极性和被试组别的事后检验发现无论是积极还是消极形容词,母语者和二语者之间无显著差别(积极形容词:$z=0.300$, $p=0.991$;消极形容词:$z=-1.462$, $p=0.460$);两组被试内,积极形容词和消极形容词之间呈现显著性差别(母语:$z=-7.949$, $p<0.0001$;二语:$z=-6.002$, $p<0.0001$)。所以,总体来说二语者表现出与母语者相似的评分趋势。

5.5.1.3 讨论

针对研究问题 1,实验一的结果表明,两组被试在对否定等级形容词的理解上呈现出相同程度的否定语义加强与极性不对称性,具体表现为否定积极形容词的加强程度高于否定消极形容词。另外,与母语者一样,二语者在理解否定形容词时也受到了形态和极性的相互作用,即词缀型形容词的极性不对称现象相较于词汇型形容词更为明显,但仅积极形容词的否定语义加强程度存在不同,而消极词的否定语义加强程度无差异。母语者的表现也与前人的发现一致(Ruytenbeek et al.,2017;Gotzner & Mazzarella,2021;Mazzarella & Gotzner,2021)。二语者的表现说明,在无语境的条件下,二语者理解否定等级形容词没有遇到显著困难。与汉语相比,英语的否定语义可由否定词缀如 *un*-、*im*-表达。本实验中对词缀型消极形容词的否定还涉及"not"与否定词缀相结合的双重否定结构。二语者在本研究中的表现进一步表明,二语中与一语形态不一致的否定语素得以被二语者习得,且双重否定结构也没有带来习得上的困难。

5.5.2 实验二

实验二考察伤面子语境如何影响二语者对等级形容词的推导(研究问题2)。

本实验包含两组被试。母语组被试由45位英语母语者组成,二语组由58位以汉语为母语、英语为第二语言的英语学习者组成。两组被试的招募方式与实验一相同。二语者同样自行报告英语水平:25.89%通过大学英语四级考试(CET-4),46.6%通过大学英语六级考(CET-6),17.2%通过英语专业八级考试(TEM-8),其余二语者取得了雅思、托福等国际考试的水平认证。二语组被试的英语能力水平也与实验一大体一致,为中级至高级水平。

实验流程与实验一相同。

5.5.2.1 实验设计与实验材料

本实验参考了 Mazzarella 和 Gotzner(2021)的设计,将伤面子语境分为"普通型伤面子语境"(ordinary face-threatening context)与"非普通型伤面子语境"(non-ordinary face-threatening context),如例(1)与例(2)所示:

(1) 普通型伤面子语境:

> Your friend recently moved to a new house. Knowing that he works hard all year round, you carefully selected a massage chair and sent it to him as a housewarming gift. After trying the chair, your friend told you: The chair is not{comfortable / uncomfortable}.

(2) 非普通型伤面子语境：

You are a sofa designer. The sofa your competitor designed broke the sales record. You thought this sofa to be a trash, so you told your colleague you could not accept this result. After trying the sofa, your colleague told you: The sofa is not {comfortable / uncomfortable}.

在普通型伤面子语境中，对于1对等级形容词，使用消极形容词的表述会损伤听者的面子。比如，在例(1)中，如果"你"的朋友使用"uncomfortable"来评价按摩椅，"你"的面子就会受到损伤。出于礼貌原则，说者会倾向于使用"not comfortable"的委婉说法代替"uncomfortable"以减少对听者面子的伤害，而听者也会十分清楚说话人的这一倾向性。因此，如果听者对话语中的伤面子倾向敏感，听者对"not comfortable"的理解会更接近"uncomfortable"。此外，在这一故事中，使用"comfortable"完全不会损伤"你"的面子，但如果"你"的朋友选择了更为复杂的表达形式"not uncomfortable"，那就证明按摩椅远非"comfortable"，"你"对"not uncomfortable"的理解也会更远离"comfortable"。因此，在普通型伤面子语境中，形容词的消极极性会伤面子。如果伤面子因素对等级形容词的理解有影响，那么积极形容词的否定语义加强程度会强于消极形容词的否定语义加强程度。

在非普通型伤面子语境中，使用积极形容词的表述会损伤听者的面子。比如，在例(2)中，同事用"comfortable"来评价"你"的竞争对手设计的沙发会损伤"你"的面子。因此，同事会倾向于用"not uncomfortable"来代替"comfortable"，而"你"倾向于将"not uncomfortable"反向推导回"comfortable"。如果同事使用表达形式更为复杂的"not comfortable"代替不会损伤面子的"uncomfortable"时，"你"也很难将其理解为不损伤面子的"uncomfortable"。因此，在非普通型伤面子语境中，形容词的积极极性会伤面子。如果伤面子因素对等级形容词的理解有影响，消极形容词的否定语义加强程度会强于积极形容词。

本实验采用2×2×2的设计和7级李克特量表，包括形容词形态(词缀型或词汇型)、极性(积极或消极)和语境(普通型或非普通型),测试了8对等级形容词,包含4对词缀型与4对词汇型形容词,普通型和非普通型伤面子语境的实验场景各16个①。实验形式与实验一相同(见图9)。其中,李克特量表的左端点始终由实验句中被否定的形容词标记,右端点由该形容词的反义词标记。在量表上的得分越高,被否定的形容词与其反义词在语义上就越接近,其否定语义加强程度就越强。

本实验还包含两类填充场景。本实验同样采用拉丁方设计生成两份测试列表,每份列表包含16个实验场景与16个填充场景。针对每类场景,词缀型与词汇型等级形容词均匀分布。

5.5.2.2 实验结果

图11显示两组被试在不同实验条件下对目标句的评分情况。总体来说,母语者和二语者的结果表明无论是语境还是形态类型,带有积极形容词的句子的得分高于带有消极形容词的句子。与母语者不同的是,二语者在普通型语境中,消极形容词的得分偏低,积极形容词在非普通型语境中的得分也明显变低。

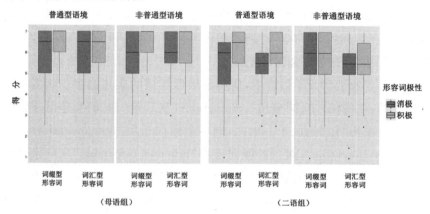

图11 目标句7级量表得分

---

① 在实验二开始前,我们设置了一个前置实验,为了确保两类语境能够明确表现出伤到听者的面子。

统计分析采用累积连系混合模型进行统计分析,模型包括形容词形态类型、极性类型、语境类型和被试组别为固定效应,被试和测试题目为随机效应。结果显示,除了被试组别的显著效应外($\beta=-1.64$,$SE=0.76$,$z=-2.17$,$p=0.03$),还有语境、极性和被试组别的交互作用($\beta=2.65$,$SE=1.08$,$z=2.46$,$p=0.01$)。事后检验发现,对于母语者,在非普通型语境中,积极和消极形容词的得分仅存在边缘显著性差异($z=2.953$,$p=0.063$),而在普通型语境中则不存在差异($z=2.268$,$p=0.312$)。对于二语者,在非普通型语境中,带有积极和消极形容词句子的得分不存在显著差异($z=-2.074$,$p=0.432$),而在普通型语境中,带有积极形容词的句子的得分显著高于带有消极形容词的句子($z=4.347$,$p<0.001$)。总体来说,母语者在普通型和非普通型语境中几乎不存在极性不对称性,而二语者在普通型语境中表现出强烈的极性不对称性。另外,与实验一不同,形容词形态类型在实验二中没有显著影响等级形容词的推导。

5.5.2.3 讨论

针对研究问题2,实验二的结果发现伤面子语境对母语者有关等级形容词否定语义加强的理解没有明显影响:从两个极性否定语义加强程度差异的变化来看,在普通型语境中,积极形容词与消极形容词的加强程度不存在差异;在非普通型语境中,积极形容词与消极形容词的加强程度仅存在边缘显著性差异。这与前期的一语研究结果相似,均发现有关否定语义加强生成机制的伤面子理论不受支持(Gotzner et al., 2018; Gotzner & Mazzarella, 2021; Mazzarella & Gotzner, 2021)。然而,伤面子语境在一定程度上影响二语者对等级形容词的理解,即二语者仅在普通型语境中存在明显的极性不对称现象。我们推测这有可能是因为普通型语境的特殊性在于此语境中的伤面子行为直接作用于听者"你",而非普通型语境中伤面子行为是间接的,即通过赞美"你"的竞争者来伤害"你"的面子。结果发现二语者在普通型语境中出现极性不对称现象,这一现象来源于消极形容词的得分偏低。以例(1)为例,这意味着二语者在普通型语境中听到对方评价自己精心挑选的椅子是"not uncomfortable"时,二语者的理解比起母语者更偏向于椅子是"uncomfortable"。这表明二语者没有直接将此双重否定结构理解为肯定,而是在伤面子语境的影响下更倾向于将"not uncomfortable"看作是对方不想伤二语者"自己"面子的委婉表达。

5.5.3 总讨论

本研究通过两个实验探究语义—语用接口上否定等级形容词的二语习得情况,尤其关注伤面子语境如何影响中国英语学习者对否定语义加强及其极性不对称性的习得,旨在丰富对语义—语用接口上二语习得的认识。总体来说,本实验中二语者的表现与前人有关等级含义的研究发现较为一致(Slabakova, 2010; Miller et al., 2016; Snape & Hosoi, 2018; Feng & Cho, 2019),即二语者在语义—语用接口上表现出和母语者相似的语用推导能力。详细来说,在实验一的无语境情况下,二语者的否定语义加强同时受到了形态和极性的影响,表现出与母语者相同程度的否定语义加强和极性不对称性,支持了复杂程度差异假说。然而,在实验二的伤面子语境中,二语者出现了与英语母语者不同的表现,且此表现很大程度上受到了普通型伤面子语境的影响,这极有可能与二语者的母语来自面子文化有关。在普通型伤面子语境中,语境中的"自己"费尽心思为对方准备礼物[以(6)为例]。虽然对方话语中更加复杂的表达形式[如(6)中的 *not uncomfortable*]从规约意义上来说是礼貌的,但此否定话语仍然表现出对礼物的不满,损害的是"自己"的积极面子,不给"自己"留情面。实际上,周凌(2018)也发现看似礼貌却不真诚的表达在汉语交际中容易被认作是虚伪的,因为这样委婉的表达仍然表达出否定含义。正如前文提到,中国文化中的面子是以渴求得到他人肯定、赞许的积极面子文化为主。在汉语文化语境下,人情、面子、情面难以分离,人际关系是以构建或维护人际关系为主要取向的过程(冉永平,2018;冉永平、黄旭,2020)。人际关系的构建具有互惠性特征,离不开一方的给予和付出,更离不开另一方的肯定和回报(Gouldner,1960)。伤面子因素对语用推导的影响也体现在一项研究汉语母语者理解汉语等级含义的研究中(Zhang & Wu,2020)。当听到"有些同学讨厌你写的诗"时,从礼貌的角度考虑,汉语母语者更容易认为说者出于保护听者的面子有意减小对听者面子的伤害,所以他们更倾向于把这句话理解为"所有同学都讨厌你写的诗"。本研究的新发现是二语者在使用非母语进行语用推导时,仍然会用本民族的面子文化标准和观念来进行语用推导,并以此作为标准来判断他人的言行和思想,体现出了与文化特定因素有关的语用迁移。

  本研究的另一贡献是将语义—语用接口上的二语习得研究的范围从量词<some,all>扩展到等级形容词。虽然两类等级词项共同位于语义—语用接口上,但是二者基于不同的语用准则。而且,一语研究表明不同的等级词项在语用推导的比例上存在巨大差异(Doran et al.,2012;van Tiel et al.,2016,2019)。基于此,研究二语者习得量词<some,all>以外的等级词项十分重要。本研究发现二语者在否定语义加强上具有与母语者相似的语用推导能力,与前人有关<some,all>等级含义生成的研究结果较为一致。否定语义加强推导涉及的否定词缀、双重否定结构未给二语者带来困难。根据"接口假说"(Sorace,2011),内接口上的知识对于二语者来说没有习得困难,涉及外接口的知识却难被习得。这一观点屡次受到聚焦句法—语篇和语义—语用接口上的习得研究的挑战。本研究的发现同样与该观点不符。另外,"接口假说"(Sorace,2011)认为母语迁移(L1 transfer)并不是造成二语者出现与母语者不同表现的原因。即使母语呈现出正向迁移(positive transfer),二语者与母语者之间的差异仍然存在。以往研究中关注的母语迁移大多聚焦涉及句法或语义的语言结构,比如零主语和显性主语等。本研究首次将"接口假说"下的母语迁移扩展到与文化特定因素相关的语用信息上,结果发现这类语用信息会发生迁移并影响二语者进行语用推导。因此,本研究认为"接口假说"排除母语迁移对外接口习得难度的影响有待商榷,未来的研究应深入探讨母语迁移对外接口上习得的影响。

本研究考察中国英语学习者对等级形容词在否定句中的语用推导，深入探讨了否定语义加强和极性不对称性的习得情况，以及伤面子因素如何影响二语者理解等级形容词。研究结果发现二语者表现出与母语者相似的否定语义加强和极性不对称性的表现。但是，与母语者不同的是，二语者在推导否定句中的等级形容词时会受到伤面子因素的影响。当两种语言在与文化相关的语用因素上存在差异时，二语者出现了与文化特定方面有关的语用迁移。综合来看，本研究拓宽了语义—语用接口上的二语习得研究的研究视角，引入了文化特定的语用因素，丰富了我们对"接口假说"的认识，为二语语用推导能力带来了新的启示。

参考文献

Abramson, M., & Goldinger, S. D. (1997). What the reader's eye tells the mind's ear: Silent reading activates inner speech. *Perception & Psychophysics*, 59, 1059—1068.

Abrusan, M. (2011). Predicting the presuppositions of soft triggers. *Linguist and Philos*, 34, 491—535.

Abusch, D. (2002). Lexical alternatives as a source of pragmatic presupposition. In B. Jackson (Ed.), *Proceedings of Semantics and Linguistic Theory (SALT) 12* (pp. 1—19). NY: Cornell University. DOI: http://dx.doi.org/10.3765/salt.v12i0.2867

Abusch, D. (2010). Presupposition triggering from alternatives. *Journal of Semantics*, 27, 1—44.

Ahn, H. (2015). *Second language acquisition of Korean case by learners with different first languages* [Doctoral dissertation, University of Washington].

Alexiadou, A. (1999). On the properties of some Greek word-order patterns. In A. Alexiadou, G. Horrocks, & M. Stavrou (Eds.), *Studies in Greek Syntax* (pp. 45—65). Amsterdam: Kluwer Academic Publishers.

Alonso-Ovalle, L., Fernandez-Solera, S., Frazier, L., & Clifton, C. (2002). Null vs. overt pronouns and the topic-focus articulation in Spanish. *Journal of Italian Linguistics*, 14(2), 151—169.

Alxatib, S., & Pelletier, F. J. (2011). The psychology of vagueness: Borderline cases and contradictions. *Mind and Language*, 26, 287—326.

Anderson, B. (2008). Forms of evidence and grammatical development in the acquisition of adjective position in L2 French. *Studies in Second Language Acquisition*, 30, 1—29.

Antoniou, K. (2019). Multilingual pragmatics: Implicature comprehension in adult L2 learners and multilingual children. In N. Taguchi (Ed.), *The Routledge Handbook of Pragmatics and Second Language Acquisition*. New York: Routledge.

Antoniou, K., & Katsos, N. (2017). The effect of childhood multilingualism and bilectalism on implicature understand. *Applied Psycholinguistics*, 38, 787—833.

Antoniou, K., Veenstra, A., Kissine, M., & Katsos, N. (2019). How does childhood bilingualism and bi-dialectalism affect the interpretation and processing of pragmatic meanings? *Bilingualism: Language and Cognition*, 23(1), 186—203.

Anwyl-Irvine, A. L., Massonnié, J., Flitton, A., Kirkham, N., & Evershed, J. K. (2019). Gorilla in our midst: An online behavioral experiment builder. *Behavior Research Methods*, 52(1), 388—407.

Aoun, J., & Li, Y. H. A. (1989). Scope and constituency. *Linguistic Inquiry*, 20(2), 141—172.

Arts, A. (2004). *Overspecification in instructive texts* [Doctoral dissertation, Tillburg University].

Arts, A., Maes, A., Noordman, L. G., & Jansen, C. J. (2011a). Overspecification in written instruction. *Linguistics*, 49(3): 555—574.

Arts, A., Maes, A., Noordman, L. G., & Jansen, C. J. (2011b). Overspecification facilitates object identification. *Journal of Pragmatics*, 43(1), 361—374.

Ashby, J. (2006). Prosody in skilled silent reading: Evidence from eye movements. *Journal of Research in Reading*, 29, 318—333.

Ashby, J., & Clifton, C. (2005). The prosodic property of lexical stress affects eye movements during silent reading. *Cognition*, 96, B89—B100.

Babel, M., & Russell, J. (2015). Expectations and speech intelligibility. *The*

Journal of the Acoustical Society of America, 137(5), 2823—2833.

Bacovcin, H. A., Zehr, J., & Schwarz, F. (2018). To accommodate or to ignore?: The presuppositions of again and continue across contexts. *Glossa: A Journal of General Linguistics*, 3(1), 16. DOI: http://doi.org/10.5334/gjgl.402

Baker, R., Doran, R., McNabb, Y., Larson, M., & Ward, G. (2009). On the non-unified nature of scalar implicature: An empirical investigation. *International Review of Pragmatics*, 1(2), 211—248.

Bao, F. (2005). *Contrastive study of presupposition in English and Chinese*. [Unpublished MA thesis, Henan University].

Barner, D., & Bachrach, A. (2010). Inference and exact numerical representation in early language development. *Cognitive Psychology*, 60(1), 40—62.

Barner, D., & Snedeker, J. (2008). Compositionality and statistics in adjective acquisition: 4-year-olds interpret tall and short based on the size distributions of novel noun referents. *Child Development*, 79(3), 594—608.

Barner, D., Brooks, N., & Bale, A. (2011). Accessing the unsaid: The role of scalar alternatives in children's pragmatic inference. *Cognition*, 118(1), 84—93.

Baron-Cohen, S., Wheelwright, S., Skinner, R., Martin, J., & Clubley, E. (2001). The autism-spectrum quotient (AQ): Evidence from Asperger syndrome/high-functioning autism, males and females, scientists and mathematicians. *Journal of Autism Development Disorder*, 31, 5—17.

Barr, D. J. (2008). Pragmatic expectations and linguistic evidence: Listeners anticipate but do not integrate common ground. *Cognition*, 109(1), 18—40.

Barr, D., Levy, R., Scheepers, C., & Tily, H. (2013). Random effects structure for confirmatory hypothesis testing: Keep it maximal. *Journal of Memory and Language*, 68, 255—278.

Bartholow, B. D., Fabiani, M., Gratton, G., & Bettencourt, B. A. (2001). A psychophysiological analysis of cognitive processing of and affective responses to social expectancy violations. *Psychological Science*, 12, 197—204.

Bates, D., Maechler, M., Bolker, B., & Walker, S. (2015). Fitting linear mixed-effects models using lme4. *Journal of Statistical Software*, 67, 1—48.

Beaver, D. (2001). *Presupposition and Assertion in Dynamic Semantics*. Stanford,

CA: CSLI Publications.

Beaver, D. & Geurts, B. (2011). Presuppositions. In C. Maienborn, K. Heusinger & P. Portner (Eds.), *Semantics: An International Handbook of Natural Language Meaning Volume* 3 (pp. 2432—2460). Berlin: De Gruyter Mouton.

Bel, A., & García-Alcaraz, E. (2015). Subject pronouns in the L2 Spanish of Moroccan Arabic speakers. In T. Judy & S. Perpinan (Eds.), *The Acquisition of Spanish in Understudied Language Pairings* (pp. 201—232). Amsterdam: John Benjamins.

Bel, A., Sagarra, N., Cominguez, J. P., & Garcia-Alcaraz, E. (2016). Transfer and proficiency effects in L2 processing of subject anaphora. *Lingua*, 184, 134—159.

Belacchi, C., Scalisi, T. G., Cannoni, E., & Cornoldi, C. (2008). *CPM coloured progressive matrices: standardizzazione italiana: manuale*. Firenze, Italy: Giunti OS.

Belke, E. (2006). Visual determinants of preferred adjective order. *Visual Cognition*, 14, 261—294.

Belletti, A., & Leonini, C. (2004). Subject inversion in L2 Italian. In S. Foster-Cohen et al. (Eds.), *EuroSLA Yearbook* 4 (pp. 95—118). Amsterdam: John Benjamins.

Belletti, A., Bennati, E., & Sorace, A. (2007). Theoretical and developmental issues in the syntax of subjects: Evidence from near-native Italian. *Natural Language and Linguistic Theory*, 25, 657—689.

Bentin, S., & Ibrahim, R. (1996). New evidence for phonological processing during visual word recognition: The case of Arabic. *Journal of Experimental Psychology: Learning, Memory, and Cognition*, 22, 309—323.

Benz, A., Bombi, C., & Gotzner, N. (2018). Scalar diversity and negative strengthening. In U. Sauerland & S. Solt (Eds.), *Proceedings of Sinn und Bedeutung* 22 (pp. 191—203). Berlin: ZAS.

Bergen, L. & Grodner, D. (2012). Speaker knowledge influences the comprehension of pragmatic inferences. *Journal of Experimental Psychology: Learning, Memory, and Cognition*, 38(5), 1450—1460.

Bialystok, E. (1993). Symbolic representation and attentional control in pragmatic competence. In G. Kasper & S. Blum-Kulka (Eds.), *Interlanguage pragmatics* (pp. 43—59). New York: Oxford University Press.

Bierwisch, M. (1989). The semantics of gradation. In M. Bierwisch & E. Lang (Eds.), *Dimensional Adjectives* (pp. 71—261). Berlin: Springer-Verlag. doi: https://doi. org/10. 1007/978-3-642-74351-1_3

Bill, C., Romoli, J., & Schwarz, F. (2015). Are some presuppositions scalar implicatures? *Assessing evidence from reaction times*. Retrieved from: https://www. academia. edu/17390559/Are_some_presuppositions_scalar_implicatures_Assessing_evidence_from_Reaction_Times

Bill, C., Romoli, J., & Schwarz, F. (2018). Processing presuppositions and implicatures: Similarities and differences. *Frontiers in Psychology*, 3, 44. doi: https://doi. org/10. 3389/fcomm. 2018. 00044

Bill, C., Romoli, J., Schwarz, F., & Crain, S. (2016). Scalar implicatures versus presuppositions: The view from acquisition. *Topoi*, 35(1), 57—71.

Bini, M. (1993). La adquisición del italiano: más allá de las propiedades sintácticas del parámetro pro-drop. *La lingüística y el análisis de los sistemas no nativos*, 126—139.

Birner, B. J. (2013). *Introduction to Pragmatics*. Chichester: John Wiley & Sons.

Blackwell, S. E. (1998). Constraints on Spanish NP anaphora: The syntactic versus the pragmatic domain. *Hispania*, 81(3), 606—618.

Boas, H. C. (2000). *Resultative constructions in English and German* [Doctoral dissertation, University of North Carolina].

Boduch-Grabka, K., & Lev-Ari, S. (2021). Exposing individuals to foreign accent Increases their trust in what nonnative speakers say. *Cognitive Science*, 45(11), e13064.

Booth, A. E. & Waxman, S. R. (2003). Mapping words to the world in infancy: Infants' expectations for count nouns and adjectives. *Journal of Cognition and Development*, 4, 357—381.

Bott, L. & Noveck, I. A. (2004). Some utterances are underinformative: The onset and time course of scalar inferences. *Journal of Memory and Language*, 51, 437—457.

Bott, L., Bailey, T. M., & Grodner, D. (2012). Distinguishing speed from accuracy in scalar implicatures. *Journal of Memory and Language*, 66, 123—142.

Boucher, J., & Osgood, C. E. (1969). The pollyanna hypothesis. *Journal of Verbal Learning and Verbal Behavior*, 8(1), 1—8. doi: https://doi.org/10.1016/S0022—5371(69)80002—2

Bourdieu, P., & Thompson, J. B. (1992). *Language and symbolic power*. Cambridge, UK: Polity.

Breheny, R., Ferguson, H. J., & Katsos, N. (2013). Investigating the time course of accessing conversational implicatures during incremental sentence interpretation. *Language and Cognitive Processes*, 28(4), 443—467.

Breheny, R., Katsos, N., & Williams, J. N. (2006). Are generalised scalar implicatures generated by default? An on-line investigation into the role of context in generating pragmatic inferences. *Cognition*, 100(3), 434—463.

Brookhuis, K. A., de Waard, D., Steyvers, F. J. J. M., & Bijsterveld, H. (2011). Let them experience a ride under the influence of alcohol: A successful intervention program. *Accident Analysis & Prevention*, 43, 906—910.

Brown, P. (2007). Principles of person reference in Tzeltal conversation. In *Person Reference in Interaction: Linguistic, Cultural, and Social Perspectives* (pp. 172—202). Cambridge: Cambridge University Press.

Brown, P., & Levinson, S. C. (1987). *Politeness: Some universals in language usage* (Vol. 4). Cambridge: Cambridge University Press.

Brown-Schmidt, S., & Konopka, A. E. (2011). Experimental approaches to referential domains and the on-line processing of referring expressions in unscripted conversation. *Information*, 2(2), 302—326. https://doi.org/10.3390/info2020302

Brown-Schmidt, S., & Tanenhaus, M. K. (2006). Watching the eyes when talking about size: An investigation of message formulation and utterance planning. *Journal of Memory and Language*, 54, 592—609.

Brown-Schmidt, S., & Tanenhaus, M. K. (2008). Real-time investigation of referential domains in unscripted conversation: A targeted language game approach. *Cognitive Science*, 32(4), 643—684.

Carbary, K. M., & Tanenhaus, M. K. (2007). Syntactic priming in an unscripted dialogue task. *Poster presented at the 20th CUNY Conference on Human Sentence Processing*, La Jolla, CA: UCSD Center for Research in Language.

Carminati, M. N. (2002). *The processing of Italian subject pronouns* [Doctoral dissertation, University of Massachusetts Amherst].

Carpenter, P. A., & Just, M. A. (1975). Sentence comprehension: A psycholinguistic processing model of verification. *Psychological Review*, 82(1), 45—73.

Carston, R. (1998). Informativeness, relevance and scalar implicature. In R. Carston & S. Uchida (Eds.), *Relevance Theory: Applications and Implications* (pp. 179—236). Amsterdam: John Benjamins.

Carston, R. (2006). Relevance theory and the saying/implicating distinction. In L. R. Horn & G. Ward (Eds.), *The Handbook of Pragmatics* (pp. 633—656). Oxford, UK: Blackwell.

Castro, T. (2012). Null Subject Behavior in the Attrition of Brazilian Portuguese. *University of Pennsylvania Working Papers in Linguistics*, 18, 31—40.

Charlow, S. (2009), "Strong" predicative presuppositional objects. In *Proceedings of ESSLLI* (Vol. 109). Bordeaux.

Chemla, E. (2009). Presuppositions of quantified sentences: Experimental data. *Natural Language Semantics*, 17, 299—340.

Chemla, E., & Bott, L. (2011). Processing presuppositions: Dynamic semantics vs pragmatic enrichment. *Language and Cognitive Processes*, 38(3), 241—260.

Chemla, E., & Spector, B. (2011). Experimental evidence for embedded implicatures. *Journal of Semantics*, 28, 359—400.

Chierchia, G. (2004). Scalar implicatures, polarity phenomena, and the syntax/pragmatics interface. In A. Belletti (Ed.), *Structures and Beyond* (pp. 39—103). Oxford: Oxford University Press.

Chierchia, G., Crain, S., Guasti, M. T., Gualmini, A., & Meroni, L. (2001). The acquisition of disjunction: Evidence for a grammatical view of scalar implicatures. *Proceedings from the Annual Boston University Conference on Language Development*, 25, 157—168.

Cho, J. (2017). The acquisition of different types of definite noun phrases in L2-

English. *International Journal of Bilingualism*, 21(3), 367—382.

Cho, J. (2020). Memory load effect in the real-time processing of scalar implicatures. *Journal of Psycholinguistic Research*, 49, 865—884.

Cho, J. (2022). Scalar implicatures in adult L2 learners: A self-paced reading study. *Second Language Research*, 1—24. https://doi.org/10.1177/02676583221134058

Choi, J. E. (2019). *The syntax-pragmatics interface in L2 acquisition of Korean case, topic and focus particles* [Doctoral dissertation, Indiana University].

Chomsky, N. (1981). *Lectures on government and binding*. Dordrecht: Foris.

Chomsky, N. (1995). *The minimalist program*. Cambridge: MIT Press.

Chomsky, N. (2001). Derivation by phase. In Kenstowicz, M. (Ed.), *Ken Hale: A Life in Language* (pp. 1—52). Cambridge, MA: The MIT Press.

Chomsky, N. (2008). On phases. In F. R. C. P. Otero & M. L. Zubizarreta (Eds.), *Foundational Issues in Linguistic Theory—Essays in Honor of Jean-Roger Vergnaud* (pp. 133—166). Cambridge, MA: The MIT Press.

Christensen, R. H. B. (2015). Ordinal-regression models for ordinal data. *R package version*, 28, 2015.

Christensen, R. H. B. (2019). Ordinal-Regression Models for Ordinal Data. *R package version* 2019.12—10. URL http://www.cran.r-project.org/package=ordinal/

Chung, E. S. (2009). Challenging a single-factor analysis of case ellipsis in Korean. Qualifying paper, University of Illinois at Urbana-Champaign, Department of Linguistics.

Chung, E. S. (2013). Sources of difficulty in L2 scope judgments. *Second Language Research*, 29(3), 285—310.

Chung, E. S., & Shin, J. A. (2022). Native and second language processing of quantifier scope ambiguity. *Second Language Research*.

Clahsen, H., & Felser, C. (2006). Continuity and shallow structures in language processing. *Applied Psycholinguistics*, 27(1), 107—126.

Clark, H. H., & Chase, W. G. (1972). On the process of comparing sentences against pictures. *Cognitive Psychology*, 3(3), 472—517.

Clark, H. H., & Wilkes-Gibbs, D. (1986). Referring as a collaborative process.

Cognition, 22(1), 1—39.

Clements, M., & Domínguez, L. (2017). Reexamining the acquisition of null subject pronouns in a second language: Focus on referential and pragmatic constraints. *Linguistic Approaches to Bilingualism*, 7(1), 33—62.

Colston, H. L. (1999). "Not good" is "bad," but "not bad" is not "good": An analysis of three accounts of negation asymmetry. *Discourse Processes*, 28(3), 237—256.

Contemori, C., & Dussias, P. E. (2016). Referential choice in a second language: Evidence for a listener-oriented approach. *Language, Cognition and Neuroscience*, 31(10), 1257—1272.

Crain, S. (2012). *The emergence of meaning*. Cambridge, UK: Cambridge University Press.

Crain, S., Gardner, A., Gualmini, A., & Rabbin, B. (2002). Children's command of negation. *Proceedings of the Third Tokyo Conference on Psycholinguistics* (pp. 71—95). Tokyo: Hituzi Publishing Company.

Crain, S., Goro, T., Notley, A., & Zhou, P. (2013). A parametric account of scope in child language. In S. Stavrakaki, P. Konstantinopoulou & M. Lalioti (Eds.), *Advances in Language Acquisition* (pp. 63—71). Cambridge: Cambridge Scholar Publishing.

Cremers, A., & Chemla, E. (2014). Direct and indirect scalar implicatures share the same processing signature. In S. P. Reda (Ed.), *Pragmatics, Semantics and the Case of Scalar Implicatures* (pp. 201—240). Basingstoke: Palgrave Macmillan.

Cresswell, M. J. (1976). The semantics of degree. In B. Partee (Ed.), *Montague Grammar* (pp. 261—292). New York: Academic Press.

Crosthwaite, P. (2014). Definite discourse—new reference in L1 and L2: A study of bridging in Mandarin, Korean, and English. *Language Learning*, 64(3), 456—492.

Crowder, R. G. (1989). Imagery for musical timbre. *Journal of Experimental Psychology: Human Perception & Performance*, 15, 472—478.

Cruse, D. A. (1986). *Lexical semantics*. Cambridge: Cambridge University Press.

Cunnings, I. (2017a). Parsing and working memory in bilingual sentence processing. *Bilingualism: Language and Cognition*, 20(4), 659—678.

Cunnings, I. (2017b). Interference in native and non-native sentence processing. *Bilingualism: Language and Cognition*, 20(4), 712—721.

Cunnings, I., Fotiadou, G., & Tsimpli, I. M. (2017). Anaphora resolution and reanalysis during L2 sentence processing: Evidence from the visual world paradigm. *Studies in Second Language Acquisition*, 39, 621—652.

Dale, R. (1992). *Generating referring expressions: Constructing descriptions in a domain of objects and processes*. Cambridge, MA: MIT Press.

Dale, R., & Duran, N. D. (2011). The cognitive dynamics of negated sentence verification. *Cognitive Science*, 35, 983—996.

Davies, C., & Katsos, N. (2010). Over-informative children: Production/comprehension asymmetry or tolerance to pragmatic violations? *Lingua*, 120, 1956—1972.

Davies, C., & Katsos, N. (2013). Are speakers and listeners 'only moderately Gricean'? An empirical response to Engelhardt et al. (2006). *Journal of Pragmatics*, 49(1), 78—106.

Davies, C., & Kreysa, H. (2017). Looking at a contrast object before speaking boosts referential informativeness, but is not essential. *Acta Psychologica*, 178, 87—99.

Davis, M. H., Johnsrude, I. S., Hervais-Adelman, A., Taylor, K., & McGettigan, C. (2005). Lexical information drives perceptual learning of distorted speech: Evidence from the comprehension of noise-vocoded sentences. *Journal of Experimental Psychology: General*, 134(2), 222—241.

De Neys, W., & Schaeken, W. (2007). When people are more logical under cognitive load: Dual task impact on scalar implicature. *Experimental Psychology*, 54, 128—133.

Degen, J., & Tanenhaus, M. K. (2011). Making inference: The case of scalar implicature processing. In L. A. Carlson, C. Holscher & T. F. Shipley (Eds.), *Proceedings of the 33rd Annual Conference of the Cognitive Science Society* (pp. 3299—3304). NY: Curran Associates.

Degen, J., & Tanenhaus, M. K. (2015). Processing scalar implicature: A constraint-based approach. *Cognitive Science*, 39(4), 667—710.

Degen, J., & Tanenhaus, M. K. (2016). Availability of alternatives and the processing of scalar implicatures: A visual world eyetracking study. *Cognitive Science*, 40(1), 172—201.

Degen, J., & Tanenhaus, M. K. (2019). Constraint-based pragmatic processing. In C. Cummins & N. Katsos (Eds.), *The Oxford Handbook of Experimental Semantics and Pragmatics* (pp. 21—38). Oxford: Oxford University Press.

Destruel, E., & Donaldson, B. (2017). Second language acquisition of pragmatic inferences: Evidence from the French *c'est*-cleft. *Applied Psycholinguistics*, 38, 703—732.

Deutsch, W. & Pechmann, T. (1982). Social-interaction and the development of definite descriptions. *Cognition*, 11(2), 154—184. doi: 10.1016/0010-0277(82)90024-5

Dieussaert, K., Verkerk, S., Gillard, E., & Schaeken, W. (2011). Some effort for some: Further evidence that scalar implicatures are effortful. *Journal of Experimental Psychology*, 64, 2352—2367.

Dixon, J. A., Mahoney, B. & Cocks, R. (2002). Accents of guilt? Effects of regional accent, 'race' and crime type on attributions of guilt. *Journal of Language and Social Psychology*, 21(2), 162—168.

Domaneschi, F., Carrea, E., Penco, C., & Greco, A. (2014). The cognitive load of presupposition triggers: Mandatory and optional repairs in presupposition failure. *Language, Cognition and Neuroscience*, 29(1), 136—146.

Donaldson, B. (2012). Syntax and discourse in near-native French: clefts and focus. *Language Learning*, 62, 902—930.

Donaldson, M., & Wales, R. J. (1970). On the acquisition of some relational terms. In J. R. Hayes (Ed.), *Cognition and the Development of Language* (pp. 235—268). New York: Wiley.

Döpke, S. (1998). Competing language structures: The acquisition of verb placement by bilingual German-English children. *Journal of Child Language*, 25, 555—584.

Doran, R., Baker, R. E., McNabb, Y., Larson, M., & Ward, G. (2009). On the non-unified nature of scalar implicature: An empirical investigation. *International Review of Pragmatics*, 1, 1—38.

Doran, R., Ward. G., Larson, M., McNabb, Y. & Baker, R. E. (2012). A novel paradigm for distinguishing between what is said and what is implicated. *Language*, 88, 124—154.

Ducrot, O. (1973). *La Preuve et Le Dire*. Paris: Maison Mame.

Dupuy, L. ,Stateva, P. , Andreetta, S. , Cheylus, A. , Deprez, V. , Henst, J. B. V. D. , Jayez, J. , Stepanov, A. , & Reboul, A. (2019). Pragmatic abilities in bilinguals: The case of scalar implicatures. *Linguistic Approaches to Bilingualism*, 9(2), 314—340.

Dupuy, L. , van derHenst, J. B. , Cheylus, A. , & Reboul, A. C. (2016). Context in generalized conversational implicatures: The case of some. *Frontiers in Psychology*, 7, 381.

Edwards, R. , Bybee, B. T. , Frost, J. K. , Harvey, A. J. , & Navarro, M. (2017). That's not what I meant: How misunderstanding is related to channel and perspective-taking. *Journal of Language and Social Psychology*, 36 (2), 188—210.

Ekiert, M. (2010). Linguistic effects on thinking for writing: The case of articles in L2 English. In Z. Han & T. Cadierno (Eds.), *Linguistic Relativity in SLA: Thinking for Speaking* (pp. 125—153). Bristol, Blue Ridge Summit: Multilingual Matters.

Ellis, R. (1997). *SLA research and language teaching*. Oxford: Oxford University Press.

Engelhardt, P. E. , Bailey, K. G. D. , & Ferreira, F. (2006). Do speakers and listeners observe the Gricean maxim of quantity? *Journal of Memory and Language*, 54, 554—573.

Engelhardt, P. E. ,Demiral, S. B. , & Ferreira, F. (2011). Over-specified referring expressions impair comprehension: An ERP study. *Brain and Cognition*, 77, 304—314.

Fairchild, S. , & Papafragou, A. (2018). Sins of omission are more likely to be forgiven in non-native speakers. *Cognition*, 181, 80—92.

Fairchild, S. , Mathis, A. , & Papafragou, A. (2020). Pragmatics and social meaning: Understanding under-informativeness in native and non-native speakers. *Cognition*, 200, 104—171.

Fauconnier, G. (1985). *Mental spaces: Aspects of meaning constructions in natural language.* Cambridge: MIT press.

Fauconnier, G. (1997). *Mappings in thought and language.* Cambridge: Cambridge University Press.

Feeney, A., & Bonnefon, J-F. (2013). Politeness and honesty contribute additively to the interpretation of scalar expressions. *Journal of Language and Social Psychology*, 32(2), 181—190. https://doi.org/10.1177/0261927X12456840

Feeney, A., Scrafton, S., Duckworth, A., & Handley, S. J. (2004). The story of "some": Everyday pragmatic inference by children and adults. *Canadian Journal of Experimental Psychology*, 58(2), 121—132.

Felser, C., Roberts, L., Marinis, T., & Gross, R. (2003). The processing of ambiguous sentences by first and second language learners of English. *Applied Psycholinguistics*, 24(3), 453—489.

Feng, S. (2021). The computation and suspension of presuppositions by L1-Mandarin Chinese L2-English speakers. *Second Language Research*, 38(4), 737—763. https://doi.org/10.1177/0267658321993873

Feng, S. (2024). L2 tolerance of pragmatic violations of informativeness: Evidence from ad hoc implicatures and contrastive inference. *Linguistic Approaches to Bilingualism* 14(2), 147—177.

Feng, S., & Cho, J. (2019). Asymmetries between direct and indirect scalar implicatures in second language acquisition. *Frontiers in Psychology*, 10, 877—893.

Ferreira, V. S., Slevc, L. R., & Rogers, E. S. (2005). How do speakers avoid ambiguous linguistic expressions? *Cognition*, 96(3), 263—284. doi: 10.1016/j.cognition.2004.09.002

Fillmore, C. J. (1985). Frames and the semantics of understanding. *Quaderni di semantica*, 6, 222—253.

Fiske, S. T., Cuddy, A. J. C., & Glick, P. (2007). Universal dimensions of social cognition: Warmth and competence. *Trends in Cognitive Sciences*, 11, 77—83.

Flege, J. E., Munro, M. J., & MacKay, I. R. (1995). Factors affecting strength of perceived foreign accent in a second language. *The Journal of the Acoustical Society of America*, 97(5), 3125—3134.

Floccia, C., Goslin, J., Girard, F., & Konopczynski, G. (2006). Does a regional accent perturb speech processing? *Journal of Experimental Psychology: Human Perception and Performance*, 32(5), 1276−1293.

Foppolo, F., Guasti, M. T., & Chierchia, G. (2012). Scalar implicatures in child language: Give children a chance. *Language Learning and Development*, 8, 365−394.

Foppolo, F., Mazzaggio, G., Panzeri, F., & Surian, L. (2020). Scalar and ad hoc pragmatic inferences in children: Guess which one is easier. *Journal of Child Language*, 48(2), 350−372.

Foucart, A., Santamaría-García, H., & Hartsuiker, R. J. (2019). Short exposure to a foreign accent impacts subsequent cognitive processes. *Neuropsychologia*, 129, 1−9.

Fraenkel, T., & Schul, Y. (2008). The meaning of negated adjectives. *Intercultural Pragmatics*, 5(4), 517−540.

Frank, M. C., & Goodman, N. D. (2012). Predicting pragmatic reasoning in language games. *Science*, 336(6084), 998−998.

Franke, M. (2014). Typical use of quantifiers: A probabilistic speaker model. In P. Bello, M. Guarini, M. McShane & B. Scassallati (Eds.), *Proceedings of the 36th Annual Conference of the Cognitive Sciences Society* (pp. 487 − 492). Austin, TX: Cognitive Science Society.

Freedle, R. O. (1972). Language users as fallible information-processors: Implications for measuring and modelling comprehension. In R. Freedle & J. Carroll (Eds.), *Language Comprehension and the Acquisition of Knowledge* (pp. 169−209). Washington DC: Winston.

Frege, G. (1892). On sense and reference. In P. Geach & M. Black (Eds.), *Translations from the Philosophical Writings of Gottlob Frege* (pp. 56 − 78). Oxford, UK: Blackwell.

Gatt, A., Krahmer, E., van Deemter, K., & Van Gompel, R. P. (2014). Models and empirical data for the production of referring expressions. *Language, Cognition and Neuroscience*, 29(8), 899−911.

Gazdar, G. (1979). *Pragmatics: Implicatures, presupposition, and logical form.*

New York: Academic Press.

Geiselman, R. E., & Bellezza, F. S. (1977). Incidental retention of speaker's voice. *Memory & Cognition*, 5, 658—665.

Gelman, S. A., & Markman, E. (1985). Implicit contrast in adjectives vs. nouns: Implications for word-learning in preschoolers. *Journal of Child Language*, 6, 125—143.

Geluykens, R. (2013). *Pragmatics of discourse anaphora in English: Evidence from conversational repair*. Tübingen: Walter de Gruyter.

Gennari, S., & Poeppel, D. (2003). Processing correlates of lexical semantic complexity. *Cognition*, 89, B27—B41.

Geurts, B., Katsos, N., Cummins, C., Moons, J., & Noordman, L. (2010). Scalar quantifiers: Logic, acquisition and processing. *Language and Cognitive Processes*, 25, 130—148.

Gibson, E., Tan, C., Futrell, R., Mahowald, K., Konieczny, L., Hemforth, B., & Fedorenko, E. (2017). Don't underestimate the benefits of being misunderstood. *Psychological Science*, 28(6), 703—712.

Giles, H., & Watson, B. (2013). *The social meanings of language, dialect and accent: International perspectives on speech styles*. New York, NY: Peter Lang.

Giora, R., Balaban, N., Fein, O., & Alkabets, I. (2004). Explicit negation as positivity in disguise. In H. Colston & A. Katz (Eds.). *Figurative Language Comprehension: Social and Cultural Influences* (pp. 245 — 270). New York: Routledge.

Glanzberg, M. (2005). Presuppositions, truth values and expressing propositions. In G. Preyer & G. Peter (Eds.), *Contextualism in Philosophy: Knowledge, Meaning, and Truth* (pp. 349—396). Oxford, UK: Oxford University Press.

Gluszek, A., & Dovidio, J. F. (2010). The way they speak: A social psychological perspective on the stigma of nonnative accents in communication. *Personality and Social Psychology Review*, 14(2), 214—237.

Goffman, E. (1967). *Interaction ritual: Essays on face-to-face interaction*. Aldine.

Goodman, N. D., & Frank, M. C. (2016). Pragmatic language interpretation as probabilistic inference. *Trends in Cognitive Sciences*, 20(11), 818—829.

Goodman, N. D. , & Stuhlmüller, A. (2013). Knowledge and implicature: Modeling language understanding as social cognition. *Topics in Cognitive Science*, 5(1), 173—184.

Gouldner, A. (1960). The norm of reciprocity: A preliminary statement. *American Sociological Review*, 25, 1976—1977.

Goro, T. , (2007). Language-specific constraints on scope interpretation in first language acquisition [Doctoral Dissertation, University of Maryland at College Park].

Gotzner, N. , & Mazzarella, D. (2021). Face management and negative strengthening: The role of power relations, social distance, and gender. *Frontiers in Psychology*, 12, 602977—602989.

Gotzner, N. , Solt, S. , & Benz, A. (2018). Scalar diversity, negative strengthening, and adjectival semantics. *Frontiers in Psychology*, 9, 1659—1671.

Grey, S. , & van Hell, J. G. (2017). Foreign-accented speaker identity affects neural correlates of language comprehension. *Journal of Neurolinguistics*, 42, 93—108.

Grice, H. P. (1975). Logic and conversation. In D. Davidson & G. Harman (Eds.), *The Logic of Grammar* (pp. 64—75). CA: Dickenson.

Grice, H. P. (1989). *Studies in the way of words*. Cambridge, MA: Harvard University Press.

Grodner, D. J. , Klein, N. M. , Carbary, K. M. , & Tanenhaus, M. K. (2010). 'Some,' and possibly all, scalar inferences are not delayed: Evidence for immediate pragmatic enrichment. *Cognition*, 116(1), 42—55.

Grosjean, F. (2010). *Bilingual: Life and reality*. Cambridge, MA: Harvard University Press.

Guasti, M. , T. , Chierchia, G. , Crain, S. , Foppolo F. , Gualmini, A. , & Meroni L. (2005). Why children and adults sometimes (but not always) compute implicatures. *Language and Cognitive Processes*, 20, 667—696.

Gualmini, A. , & Crain, S. (2002). Why no child or adult must learn de Morgan's laws. *Proceedings of the 24th Annual Boston University Conference on Language Development* (pp. 367—378). Summerville, MA: Cascadilla Press.

Gualmini, A. , & Crain, S. (2005). The structure of children's linguistic knowledge. *Linguistic Inquiry*, 36(3), 463—474.

Guo, J., Guo, T., Yan, Y., Jiang, N., & Peng, D. (2009). ERP evidence for different strategies employed by native speakers and L2 learners in sentence processing. *Journal of Neurolinguistics*, 22(2), 123—134.

Gürel, A. (2006). L2 acquisition of pragmatic and syntactic constraints in the use of overt and null subject pronouns. In R. Slabakova, S. Montrul & P. Prévost (Eds.), *Inquiries in Linguistic Development: In Honor of Lydia White* (pp. 259—282). Amsterdam: John Benjamins.

Hale, J. (2001). A probabilistic early parser as a psycholinguistic model. *Proceedings of the Second Meeting of the North American Chapter of the Association for Computational Linguistics*. Stroudsburg, PA: Association for Computational Linguistics.

Hall, D. G., Waxman, S. R., & Hurwitz, W. (1993). How 2- and 4-year-old children interpret adjectives and count nouns. *Child Development*, 64, 1651—1664.

Halpern, A. R., Zatorre, R. J., Bouffard, M., & Johnson, J. A. (2004). Behavioral and neural correlates of perceived and imagined musical timbre. *Neuropsychologia*, 42, 1281—1292.

Han, C. H. (1996). Asymmetric quantification: The case of the Korean topic marker-(n)un. In *Proceedings of the 4th conference of the Student Organization of Linguistics in Europe* (pp. 97—111).

Han, C. H., Lidz, J., & Musolino, J. (2007). V-raising and grammar competition in Korean: Evidence from negation and quantifier scope. *Linguistic Inquiry*, 38(1), 1—47.

Hanks, W. F. (2007). Person reference in Yucatec Maya conversation. In N. J. Enfield & T. Stivers (Eds.), *Person Reference in Interaction: Linguistic, Cultural, and Social Perspectives* (pp. 149 — 171). Cambridge: Cambridge University Press.

Hanna, J. E., & Tanenhaus, M. K. (2004). Pragmatic effects on reference resolution in a collaborative task: Evidence from eye movements. *Cognitive Science*, 28, 105—115.

Hanna, J. E., Tanenhaus, M. K., & Trueswell, J. C. (2003). The effects of common ground and perspective on domains of referential interpretation. *Journal of Memory and Language*, 49(1), 43−61. doi: 10.1016/S0749−596X(03)00022−6

Hansen, K., Rakić, T., & Steffens, M. C. (2018). Foreign-looking native-accented people: More competent when first seen rather than heard. *Social Psychological and Personality Science*, 9(8), 1001−1009.

Hanulíková, A., Van Alphen, P. M., Van Goch, M. M., & Weber, A. (2012). When one person's mistake is another's standard usage: The effect of foreign accent on syntactic processing. *Journal of Cognitive Neuroscience*, 24(4), 878−887.

Hasegawa, M., Carpenter, P. A., & Just, M. A. (2002). An fMRI study of bilingual sentence comprehension and workload. *NeuroImage*, 15, 647−660.

Hasson, U., & Glucksberg, S. (2006). Does understanding negation entail affirmation? An examination of negated metaphors. *Journal of Pragmatics*, 38, 1015−1032.

Heim, I. (1982). *The semantics of definite and indefinite noun phrases* [Doctoral dissertation, University of Massachusetts Amherst].

Heim, I. (1983). File change semantics and the familiarity theory of definites. In R. Bauerle, C. Schwarze & A. von Stechow (Eds.), *Meaning, Use and Interpretation of Language* (pp. 223−248). Berlin: De Gruyter.

Heim, I. (1990). Presupposition projection. In R. van der Sandt (Ed.), *Reader for the Nijmegen Workshop on Presuppositions, Lexical Meaning, and Discourse Processes*. Nijmegen: University of Nijmegen.

Heim, I. (2006). Little. *Proceedings of Semantics and Linguistic Theory (SALT)*, 16, 35−58. https://doi.org/10.3765/salt.v16i0.2941

Heim, I. (2008). Decomposing antonyms? In A. Gronn (Ed.), *Proceedings of Sinn und Bedeutung (SuB)* 12 (pp. 212−225). Oslo: ILOS.

Heine, S. J., Lehman, D. R., Markus, H. R., & Kitayama, S. (1999). Is there a universal need for positive self-regard? *Psychological Review*, 106(4), 766−794.

Heine, S. J., Takemoto, T., Moskalenko, S., Lasaleta, J., & Henrich, J. (2008). Mirrors in the head: Cultural variation in objective self-awareness. *Personality and Social Psychology Bulletin*, 34(7), 879−887.

Hendriks, P., Koster, C., & Hoeks, J. C. (2013). Referential choice across the lifespan: Why children and elderly adults produce ambiguous pronouns. *Language and Cognitive Processes*, 29, 391—407. doi: 10.1080/01690965.2013.766356

Hertel, T. J. (2003). Lexical and discourse factors in the second language acquisition of Spanish word order. *Second Language Research*, 19(4), 273—304.

Hoffmann, M. (1987). *Negatio Contrarii: A Study of Latin Litotes*. Assen: Van Gorcum.

Hopp, H. (2006). Syntactic features and reanalysis in near-native processing. *Second Language Research*, 22(3), 369—397.

Hopp, H. (2007). *Ultimate attainment at the interfaces in second language acquisition* [Doctoral dissertation, Groningen University].

Hopp, H. (2009). The syntax-discourse interface in near-native L2 acquisition: Offline and online performance. *Bilingualism: Language and Cognition*, 12(4), 463—483.

Hopp, H. (2010). Ultimate attainment in L2 inflection: Performance similarities between non-native and native speakers. *Lingua*, 120(4), 901—931.

Horn, L. R. (1972). *On the semantic properties of logical operators in English* [Doctoral dissertation, Indiana University].

Horn, L. R. (1984). Towards a New Taxonomy for Pragmatic Inference: Q-based and R-based Implicature. In D. Schiffrin (Ed.), *Meaning, Form and Use in Context: Linguistic Applications, Proceedings of GURT84* (pp. 11 — 42). Washington: Georgetown University Press, D. C.

Horn, L. R. (1985). Metalinguistic negation and pragmatic ambiguity. *Language*, 61, 121—174.

Horn, L. R. (1988). Pragmatic theory. In F. J. Newmeyer (Ed.), *Linguistics: The Cambridge Survey* (pp. 113—145). Cambridge: Cambridge University Press.

Horn, L. R. (1989). *A Natural History of Negation*. Chicago: Chicago University Press.

Horn, L. R. (2017). Lie-toe-tease: double negatives and excluded middles. *Philosophical Studies*, 174, 79—103.

Horowitz, A. C., Schneider, R. M., & Frank, M. C. (2018). The trouble with quantifiers: Exploring children's deficits in scalar implicature. *Children*

Development, 89(6), e572-e593.

Huang, C. T. J. (1982). *Logical relations in Chinese and the theory of grammar* [Doctoral dissertation, Massachusetts Institute of Technology].

Huang, L., Frideger, M., & Pearce, J. L. (2013). Political skill: Explaining the effects of nonnative accent on managerial hiring and entrepreneurial investment decisions. *Journal of Applied Psychology*, 98(6), 1005.

Huang, Y. (2011). Types of inference: entailment, presupposition, and implicature. In W. Bublitz, & N. R. Norrick (Eds.), *Foundations of Pragmatics* (pp. 397–421). Berlin: De Gruyter.

Huang, Y. (2014). *Pragmatics* (2nd edition). UK: Oxford University Press.

Huang, Y. T., & Snedeker, J. (2009a). Online interpretation of scalar quantifiers: Insight into the semantics-pragmatics interface. *Cognitive Psychology*, 58, 376-415.

Huang, Y. T., & Snedeker, J. (2009b). Semantic meaning and pragmatic interpretation in 5-year-olds: Evidence from real-time spoken language comprehension. *Developmental Psychology*, 45(6), 1723–1739.

Huang, Y. T., & Snedeker, J. (2011). Logic and conversation revisited: Evidence for a division between semantic and pragmatic content in real-time language comprehension. *Language and Cognitive Processes*, 26(8), 1161–1172.

Huang, Y. T., Spelke, E., & Snedeker, J. (2013). What exactly do numbers mean? *Language Learning and Development*, 9, 105–129.

Hubbard, T. L., & Stoeckig, K. (1988). Musical imagery: Generation of tones and chords. *Journal of Experimental Psychology: Learning, Memory, and Cognition*, 14, 656-667.

Hulk, A., & Müller, N. (2000). Bilingual first language acquisition at the interface between syntax and pragmatics. *Bilingualism: Language and Cognition*, 3, 227–244.

Hunt, L., Politzer-Ahle, S., BIgson, L, Minai, U., & Fiorentino, R. (2013). Pragmatic inferences modulate N400 during sentence comprehension: Evidence from picture-sentence verification. *Neuroscience Letters*, 534, 246–251.

Hwang, J. (2002). *Acquisition hierarchy of Korean as a foreign language*

[Doctoral dissertation, University of Hawai'i].

Hwang, S. H., & Lardiere, D. (2013). Plural-marking in L2 Korean: A feature-based approach. *Second Language Research*, 29(1), 57—86.

Ionin, T., Choi, S. H., & Liu, Q. (2019). Knowledge of indefinite articles in L2-English: Online vs. offline performance. *Second Language Research*. https://doi.org/10.1177/0267658319857466

Ivanov, I. (2009). *Second language acquisition of Bulgarian object clitics: A test case for the interface hypothesis* [Dissertation thesis, University of Iowa].

Ivanov, I. (2012). L2 acquisition of Bulgarian clitic doubling: a test case for the Interface Hypothesis. *Second Language Research*, 28(3), 345—368.

Iverson, M., Kempchinsky, P., & Rothman, J. (2008). Interface vulnerability and knowledge of the subjunctive/indicative distinction with negated epistemic predicates in L2 Spanish. *EuroSLA Yearbook*, 8(1), 135—163.

Jackendoff, R. (2002). *Foundations of language: Brain, meaning, grammar, evolution*. Cambridge, MA: The MIT Press.

Jackson, S., & Jacobs, S. (1982). Ambiguity and implicature in children's discourse comprehension. *Journal of Child Language*, 9, 209—216.

Jegerski, J. (2014). Self-paced reading. In J. Jegerski & B. VanPatten (Eds.), *Research Methods in Second Language Psycholinguistics* (pp. 20—49). New York: Routledge.

Jegerski, J., Van Patten, B., & Keating, G. D. (2011). Cross-linguistic variation and the acquisition of pronominal reference in L2 Spanish. *Second Language Research*, 27(4), 481—507.

Jespersen, O. (1917). *Negation in English and other languages*. Kobenhavn: Host.

Jiang, N. (2004). Morphological insensitivity in second language processing. *Applied Psycholinguistics*, 25(4), 603—634.

Jiang, N. (2007). Selective integration of linguistic knowledge in adult second language learning. *Language Learning*, 57(1), 1—33.

Jiang, N., Hu, G. L., Chrabaszcz, A., & Ye, L. J. (2017). The activation of grammaticalized meaning in L2 processing: Toward an explanation of the morphological congruency effect. *International Journal of Bilingualism*, 21(1),

81—98.

Jiang, N. , Novokshanova, E. , Masuda, K. , & Wang, X. (2011). Morphological congruency and the acquisition of L2 morphemes. *Language Learning*, 61(3), 940—967.

Johnson, M. K. , Foley, M. A. , & Leach, K. (1988). The consequences for memory of imagining in another person's voice. *Memory & Cognition*, 16, 337—342.

Jones, G. , & Macken, B. (2015). Questioning short-term memory and its measurement: Why digit span measures long-term associative learning. *Cognition*, 144, 1—13.

Judy, T. (2015). Knowledge and processing of subject-related discourse properties in L2 near-native speakers of Spanish, L1 Farsi. In T. Judy & S. Perpinan (Eds.), *The Acquisition of Spanish in Understudied Language Pairings* (pp. 169—199). Amsterdam: John Benjamins.

Kalin, R. , & Rayko, D. S. (1978). Discrimination in evaluative judgments against foreign-accented job candidates. *Psychological Reports*, 43, 1203—1209.

Kang, O. , Rubin, D. O. N. , & Pickering, L. (2010). Suprasegmental measures of accentedness and judgments of language learner proficiency in oral English. *The Modern Language Journal*, 94(4), 554—566.

Kanno, K. (1997). The acquisition of null and overt pronominals in Japanese by English speakers. *Second Language Research*, 13(3), 265—287.

Karttunen, L. (1973). Presuppositions of compound sentences. *Linguistic Inquiry*, 4(2), 169—193.

Karttunen, L. (1974). Presupposition and linguistic context. *Theoretical Linguistics*, 1, 181—194.

Karttunen, L. , & Peters, S. (1979). Conventional implicature. In C. K. Oh & D. Dineen (Eds.), *Syntax and Semantics* Vol. 11: *Presuppositions* (pp. 1—78). New York: Academic Press.

Katsos, N. & Bishop, D. V. M. (2011). Pragmatic tolerance: Implications for the acquisition of informativeness and implicature. *Cognition*, 120, 67—81.

Katsos, N. & Smith, N. (2010). Pragmatic Tolerance and speaker-comprehender asymmetries. In K. Franich, K. M. Iserman & L. L. Keil (Eds.), *Proceedings of the 34th Boston University Conference in Language Development* (pp. 221—232). Cascadilla Press, MA, USA.

Katsos, N., Cummins, C., Ezeizabarrena, M. J., Gavarró, A., Kraljević, J. K., Hrzica, G., et al. (2016). Cross-linguistic patterns in the acquisition of quantifiers. *Proceedings of the National Academy of Sciences*, 113, 9244—9249.

Katz, J. J., & Langendoen, D. T. (1976). Pragmatics and presupposition. *Language*, 52, 1—17.

Kaup, B., & Zwaan, R. A. (2003). Effects of negation and situational presence on the accessibility of text information. *Journal of Experimental Psychology: Learning, Memory and Cognition*, 29, 439—446.

Kaup, B., Yaxley, R. H., Madden, C. J., Zwaan, R., & Lüdtke, J. (2007). Experiential simulations of negated text information. *Quarterly Journal of Experimental Psychology*, 60(7), 976—990.

Kearns, K. (2011). *Semantics* (2nd edition). UK: Palgrave Macmillan.

Keating, G. D., & Jegerski, J. (2015). Experimental designs in sentence processing research: A methodological review and user's guide. *Studies in Second Language Acquisition*, 37(1), 1—32.

Keenan, E. (1971). Two Kinds of Presupposition in Natural Language. In C. Fillmore & T. Langendoen (Eds.), *Studies in Linguistic Semantics* (pp. 45—54). New York: Holt, Rinehart & Winston.

Kennedy, C. (1997). *Projecting the adjective: The syntax and semantics of gradability and comparison* [Doctoral dissertation, University of California Santa Cruz].

Kennedy, C. (2007). Vagueness and grammar: The semantics of relative and absolute gradable predicates. *Linguistics and Philosophy*, 30, 1—45. doi:10.1007/s10988—006—9008—0

Kennedy, C., & McNally, L. (2005). Scale Structure, Degree Modification, and the Semantics of Gradable Predicates. *Language*, 81, 345—381.

Keysar, B., Lin, S., & Barr, D. J. (2003). Limits on theory of mind use in adults. *Cognition*, 89(1), 25—41.

Keysar, B., Barr, D. J., & Horton, W. S. (1998). The egocentric basis of language use: Insights from a processing approach. *Current Directions in Psychological Science*, 7(2), 46—49.

Keysar, B., Barr, D. J., Balin, J. A., & Brauner, J. S. (2000). Taking perspective in conversation: The role of mutual knowledge in comprehension. *Psychological Science*, 11(1), 32—38. doi: 10.1111/1467—9280.00211

Kim, M. (2010). Korean EFL learners' interpretation of quantifier-negation scope interaction in English. *English Studies*, 16(1), 164—183.

Kim, J. S., Kim, C. S., Kang, H., Kim, J. W., Kim, H., & Lee, J. (2011). *Kwukcey thongyong hankwuke kyoyuk phyocwun mohyeng kaypal 2tankyey* (Development of a Standard Model for Instruction of Korean as a foreign Language and as a Second Language—Stage 2). Seoul: National Institute of Korean Language.

Klein, E. (1991). Comparatives. In A. von Stechow & D. Wunderlich (Eds.), *Semantics: An International Handbook of Contemporary Research* (pp. 673—691). Berlin: De Gruyter.

Klibanoff, R. S., & Waxman, S. R. (2000). Basic level object categories support the acquisition of novel adjectives: Evidence from preschool-aged children. *Child Development*, 71, 649—659.

Ko, S., Kim, M., Kim, J., Seo, S., Jeong, H., & Han, S. (2004). *Korean learner's corpus and error analysis*. Seoul: Hankuk munwhasa.

Koolen, R., Gatt, A., Goudbeek, M., & Krahmer, E. (2011). Factors causing overspecification in definite descriptions. *Journal of Pragmatics*, 43(13), 3231—3250.

Kraš, T. (2008). Anaphora resolution in near-native Italian grammars: Evidence from native speakers of Croatian. *EuroSLA Yearbook*, 8(1), 107—134.

Kraemer, D. J., Macrae, C. N., Green, A. E., & Kelley, W. M. (2005). Sound of silence activates auditory cortex. *Nature*, 434(7030), 158.

Krifka, M. (2007). Negated antonyms: creating and filling the gap. In U. Sauerland & P. Stateva (Eds.). *Presupposition and Implicature in Compositional Semantics* (pp. 163—177). Houndmills: Palgrave Macmillan.

Kripke, S. A. (2009). Presupposition and anaphora: Remarks on the formulation of the projection problem. *Linguistic Inquiry*, 40(3), 367—386.

Kronmüller, E., Morisseau, T., & Noveck, I. A. (2014). Show me the pragmatic contribution: A developmental investigation of contrastive inference. *Journal of Child Language*, 41, 985—1014. doi: 10.1017/S0305000913000263

Kursat, L., & Degen, J. (2020). Probability and processing speed of scalar inferences is context-dependent. In S. Denison, M. M. Y. Xu & B. Armstrong (Eds.), *Proceedings of the 42nd Annual Conference of the Cognitive Science Society* (pp. 1236—1242). Cognitive Science Society.

Kuznetsova, A., Brockhoff, P. B., & Christensen, R. H. B. (2017). Lmer Test package: Tests in linear mixed effects models. *Journal of Statistical Software*, 82, 1—26.

Lakoff, R. (1987). *Women, fire, and dangerous things*. Chicago: University of Chicago press.

Laleko, O., & Polinsky, M. (2016). Between syntax and discourse: Topic and case marking in heritage speakers and L2 learners of Japanese and Korean. *Linguistic Approaches to Bilingualism*, 6(4), 396—439.

Lambert, W. E., Hodgson, R. C., Gardner, R. C., & Fillenbaum, S. (1960). Evaluational reactions to spoken languages. *The Journal of Abnormal and Social Psychology*, 60(1), 44.

Landauer, T. K., Foltz, P. W., & Laham, D. (1998). Introduction to latent semantic analysis. *Discourse Processes*, 25, 259—284.

Lassiter, D. (2011). *Measurement and modality: The scalar basis of modal semantics* [Doctoral dissertation, New York University].

Leal, T. (2018). Data analysis and sampling. In A. Gudmestad, & A. Edmonds (Eds.), *Critical Reflections on Data in Second Language Acquisition* (pp. 63—88). Amsterdam, Netherlands: John Benjamins.

Leal, T., & Hoot, B. (2022). L2 representation and processing of Spanish focus. *Language Acquisition*, 29(4), 410—440.

Leal, T., Slabakova, R., & Farmer, T. A. (2017). The fine-tuning of linguistic expectations over the course of L2 learning. *Studies in Second Language*

Acquisition, 39(3), 493—525.

Lee, J. H. (2003). *Hankwuke haksupcauy olyu yenkwu* ['A study on errors produced by KFL learners']. Seoul: Pakiceng.

Lee, S. Y. (2009). *Interpreting scope ambiguity in first and second language processing: Universal quantifiers and negation* [Doctoral dissertation, University of Hawai'i].

Lee, T. H. T. (1986). *Studies on quantification in Chinese* [Doctoral dissertation, University of California].

Leech, G. N. (1981). Pragmatics and conversational rhetoric. In H. Parret, M. Sbisà, & J. Verschueren (Eds.), *Possibilities and Limitations of Pragmatics* (pp. 431—442). Amsterdam: Benjamins.

Lee-Ellis, S. (2009). The development and validation of a Korean C-Test using Rasch Analysis. *Language Testing*, 26(2), 245—274.

Lehrer, A. (1985). Markedness and antonymy. *Journal of Linguistics*, 21(2), 397—429.

Lehrer, A., & Lehrer, K. (1982). Antonymy. *Linguistics and Philosophy*, 5, 483—501.

Lei, K. (2013). A look into the triggering of presuppositions in Chinese and English. *Theory and Practice in Language Studies*, 3, 1988—1995.

Lev-Ari, S. (2015). Comprehending non-native speakers: Theory and evidence for adjustment in manner of processing. *Frontiers in Psychology*, 5, 1546.

Lev-Ari, S., & Keysar, B. (2010). Why don't we believe non-native speakers? *Journal of Experimental Social Psychology*, 46, 1093—1096.

Lev-Ari, S., & Keysar, B. (2012). Less-detailed representation of non-native language: Why non-native speakers' stories seem more vague. *Discourse Processes*, 49(7), 523—538.

Levinson, S. C. (1983). *Pragmatics*. Cambridge: Cambridge University Press.

Levinson, S. C. (1991). Pragmatic reduction of the binding conditions revisited. *Journal of Linguistics*, 27, 107—162.

Levinson, S. C. (2000). *Presumptive meanings: The theory of generalized conversational implicature language, speech and communication*. Cambridge,

MA: MIT Press.

Levinson, S. C. (2007). Optimizing person reference—perspective from usage on Rossel Island. In N. J. Enfield, & T. Stivers (Eds.), *Person Reference in Interaction: Linguistic, Cultural, and Social Perspectives* (pp. 28 – 96). Cambridge: Cambridge University Press.

Levy, R., & Jaeger, T. F. (2007). Speakers optimize information density through syntactic reduction. In B. Schölkopf, J. Platt, & T. Hoffman (Eds.), *Advances in Neural Information Processing Systems* (pp. 849 – 856). Cambridge, MA: MIT Press.

Lewis, D. (1979). Scorekeeping in a language game. In R. Bäuerle, U. Egli & A. V. Stechow, (Eds.), *Semantics from Different Points of View* (pp. 172 – 187). Berlin: Springer.

Liddell, T. M., & Kruschke, J. K. (2018). Analyzing ordinal data with metric models: What could possibly go wrong? *Journal of Experimental Social Psychology*, 79, 328 – 348.

Lieberman, M. (2009, April). Necessary interpretation at the syntax/pragmatics interface: L2 acquisition of scalar implicatures. In *Workshop on Mind Context Divide: Language Acquisition and Interfaces of Cognitive Linguistic Modules*. University of Iowa.

Lim, J. H., & Christianson, K. (2013a). Second language sentence processing in reading for comprehension and translation. *Bilingualism: Language and Cognition*, 16(3), 518 – 537.

Lim, J. H., & Christianson, K. (2013b). Integrating meaning and structure in L1 – L2 and L2 – L1 translations. *Second Language Research*, 29(3), 233 – 256.

Lin, Y. (2016). Processing of Scalar Inferences by Mandarin Learners of English: An Online Measure. *PLoS ONE*, 11(1), e0145494. doi: 10.1371/journal.pone.0145494

Lindemann, S. (2003). Koreans, Chinese, or Indians? Attitudes and ideologies about non-native English speakers in the United States. *Journal of Sociolinguistics*, 7, 348 – 364.

Liu, D., & Gleason, J. L. (2002). Acquisition of the article the by non-native speakers of English: An analysis of fournongeneric uses. *Studies in Second Language Acquisition*, 24, 1—26.

Lozano, C. (2002). The interpretation of overt and null pronouns in non-native Spanish. *Durham Working Papers in Linguistics*, 8, 53—66.

Lozano, C. (2006). The development of the syntax-information structure interface: Greek learners of Spanish. In V. Torrens, & L. Escobar (Eds.), *The Acquisition of Syntax in Romance Languages* (pp. 371—399). Amsterdam: John Benjamins.

Lozano, C. (2009). Selective deficits at the syntax-discourse interface: Evidence from the CEDEL2 corpus. In Y.-I. Leung, N. Snape, & M. Sharwood-Smith (Eds.), *Representational Deficits in Second Language Acquisition* (pp. 127—166). Amsterdam: John Benjamins.

Lozano, C. (2016). Pragmatic principles in anaphora resolution at the syntax-discourse interface: Advanced English learners of Spanish in the CEDEL2 corpus. In M. Alonso-Ramos (Ed.), *Studies in Corpus Linguistics* (pp. 235—265). Amsterdam: John Benjamins.

Lozano, C. (2018). The development of anaphora resolution at the syntax-discourse interface: Pronominal subjects in Greek learners of Spanish. *Journal of Psycholinguistic Research*, 47(2), 411—430.

Lozano, C., & Mendikoetxea, A. (2013). Learner corpora and second language acquisition: The design and collection of CEDEL2. In A. Díaz-Negrillo, N. Ballier & P. Thompson (Eds.), *Automatic Treatment and Analysis of Learner Corpus Data [Studies in Corpus Linguistics 59]* (pp. 65—100). Amsterdam: John Benjamins. doi: 10.1075/scl.59.06loz

MacKay, I. R., Flege, J. E., Piske, T., & Schirru, C. (2001). Category restructuring during second-language speech acquisition. *The Journal of the Acoustical Society of America*, 110(1), 516—528.

MacWhinney, B. (2006). Emergentism—use often and with care. *Applied Linguistics*, 27, 729—740.

Maes, A., Arts, A., & Noordman, L. (2004). Reference management in instructive discourse. *Discourse Processes*, 37, 117—144.

Mahowald, K., Fedorenko, E., Piantadosi, S. T., & Gibson, E. (2013). Info/

information theory: Speakers choose shorter words in predictive contexts. *Cognition*, 126(2), 313—318.

Mangold, R. & Pobel, R. (1988). Informativeness and instrumentality in referential communication. *Journal of Language and Social Psychology*, 7, 181—191. doi: 10.1177/0261927X00700403

Margaza, P. & Bel., A. (2006). Null subjects at the syntax-pragmatics interface: Evidence from Spanish interlanguage of Greek speakers. In M. G. O'Brien, C. Shea, & J. Archibald (Eds.), *Proceedings of the 8th Generative Approaches to Second Language Acquisition Conference* [GASLA 2006] (pp. 88 — 97). Somerville, MA: Cascadilla Proceedings Project.

Marini, A., Marotta, L., Bulgheroni, S., & Fabbro, F. (2015). *Batteria per la valutazione del linguaggio in bambini dai 4 ai 12 anni*. Firenze: Giunti OS.

Marinis, T., Roberts, L., Felser, C., & Clahsen, H. (2005). Gaps in second language sentence processing. *Studies in Second Language Acquisition*, 27(1), 53—78.

Markus, H. R., & Kitayama, S. (1991). Culture and the self: Implications for cognition, emotion, and motivation. *Psychological Review*, 98(2), 224.

Marty, P., & Chemla, E. (2013). Scalar implicatures: Working memory and a comparison with only. *Frontiers in Psychology*, 4, 403.

Marty, P., Chemla, E., & Spector, B. (2013). Interpreting numerals and scalar items under memory load. *Lingua*, 133, 152—163.

Matthews, S., & Yip, V. (2013). The emergence of quantifier scope. *Linguistic Approaches to Bilingualism*, 3(3), 324—329.

Mazzaggio, G., Panizza, D., & Surian, L. (2021). On the interpretation of scalar implicatures in first and second language. *Journal of Pragmatics*, 171, 62—75.

Mazzarella, D., & Gotzner, N. (2021). The polarity asymmetry of negative strengthening: Dissociating adjectival polarity from face-threatening potential. *Glossa: A Journal of General Linguistics*, 6(1), 1—17.

McDonald, J. L. (2006). Beyond the critical period: Processing-based explanations for poor grammaticality judgment performance by late second language learners. *Journal of Memory and Language*, 55(3), 381—401.

McGowan, K. B. (2015). Social expectation improves speech perception in noise. *Language and Speech*, 58(4), 502—521.

McNally, L. (2017). Scalar alternatives and scalar inference involving adjectives: A comment on van Tiel, et al. (2016). In J. Ostrove, R. Kramer, & J. Sabbagh (Eds.), *Asking the Right Questions: Essays in Honor of Sandra Chung, UC Santa Cruz Previously Published Works* (pp. 17—27), California: University of California.

Miles, M. B., & Huberman, A. M. (1994). *Qualitative data analysis: An expanded sourcebook* (2nd ed.). California: Sage Publications.

Miller, D., Giancaspro, D., Iverson, M., Rothman, J., & Slabakova, R. (2016). Not just algunos, but indeed unos L2ers can acquire scalar implicatures in L2 Spanish. In A. de la Fuente, E. Valenzuela & C. Martinez (Eds.). *Language Acquisition Beyond Parameters: Studies in Honor of Juana M. Liceras* (pp. 125—145). Amsterdam: John Benjamins.

Mintz, T. (2005). Linguistic and conceptual influences on adjective acquisition in 24- and 36-month-olds. *Developmental Psychology*, 41(1), 17—29.

Mintz, T., & Gleitman, L. (2002). Adjectives really do modify nouns: The incremental and restricted nature of early adjective acquisition. *Cognition*, 84, 267—293.

Mitkovska, L., & Bužarovska, E. (2018). Subject pronoun (non)realization in the English learner language of Macedonian speakers. *Second Language Research*, 34, 463—485.

Montalbetti, M. (1984). *After binding: On the interpretation of pronouns* [Doctoral dissertation, Massachusetts Institute of Technology].

Montrul, S. (2004). Subject and object expression in Spanish heritage speakers: A case of morpho-syntactic convergence. *Bilingualism: Language and Cognition*, 7, 1—18.

Moxey, L. M. (2006). Effects of what is expected on the focusing properties of quantifiers: A test of the presupposition-denial account. *Journal of Memory and Language*, 55, 422—439.

Musolino, J. (1998). *Universal grammar and the acquisition of semantic knowledge: An experimental investigation into the acquisition of quantifier negation interaction in English* [Doctoral dissertation, University of Maryland].

Musolino, J. (2006). On the semantics of the subset principle. *Language Learning and Development*, 2(3), 195—218.

Musolino, J., & Lidz, J. (2006). Why children aren't universally successful with quantification. *Linguistics*, 44(4), 817—852.

Musolino, J., Crain, S., & Thornton, R. (2000). Navigating negative quantificational space. *Linguistics*, 38(1), 1—32.

Nadig, A. S., & Sedivy, J. C. (2002). Evidence of Perspective-Taking Constraints in Children's On-Line Reference Resolution. *Psychological Science*, 13(4), 329—336. https://doi.org/10.1111/j.0956—7976.2002.00460

Niedzielski, N. (1999). The Effect of Social Information on the Perception of Sociolinguistic Variables. *Journal of Language and Social Psychology*, 18(1), 62—85.

Nieuwland, M. S., Ditman, T., & Kuperberg, G. R. (2010). On the incrementality of pragmatic processing: An ERP investigation of informativeness and pragmatic abilities. *Journal of Memory and Language*, 63, 324—346.

Noveck, I. (2001). When children are more logical than adults: Experimental investigations of scalar implicatures. *Cognition*, 78, 165—188.

Noveck, I. A., & Posada, A. (2003). Characterizing the time course of an implicature: An evoked potentials study. *Brain and Language*, 85(2), 203—210.

Noveck, I., & Sperber, D. (2007). The why and how of experimental pragmatics: the case of 'scalar inferences'. In N. Burton-Roberts (Ed.), *Advances in Pragmatics* (pp. 184—212). Basingstoke: Palgrave.

Noveck, I. A., Chierchia, G., Chevaux, F., Guelminger, R., & Sylvestre, E. (2002). Linguistic-pragmatic factors in interpreting disjunctions. *Thinking & Reasoning*, 8(4), 297—326. https://doi.org/10.1080/13546780244000079

O'Grady, W. (2011). Interfaces and processing. *Linguistic Approaches to Bilingualism*, 1(1), 63—66.

O'Grady, W. (2013). The illusion of language acquisition. *Linguistic Approaches to Bilingualism*, 3, 253—285.

O'Grady, W. (2015). Processing determinism. *Language Learning*, 65(1), 6—32.

O'Grady, W., Lee, M., & Kwak, H. Y. (2009). Emergentism and second language acquisition. In W. Ritchie & T. Bhatia (Eds.), *The New Handbook of Second Language Acquisition* (pp. 69—88). Bingley, UK: Emerald Press.

Orfitelli, R., & Polinsky, M. (2017). When performance masquerades as comprehension: Grammaticality judgments in non-native speakers. In M. Kopotev, O. Lyashevskaya & A. Mustajoki (Eds.), *Quantitative Approaches to the Russian Language* (pp. 197—214). New York, NY: Routledge.

Ozcelik, O. (2018). Interface hypothesis and the L2 acquisition of quantificational scope at the syntax-semantics-pragmatics interface. *Language Acquisition*, 25, 213—223. doi: 10.1080/10489223.2016.1273936

Papadopoulou, D., & Clahsen, H. (2003). Parsing strategies in L1 and L2 sentence processing: A study of relative clause attachment in Greek. *Studies in Second Language Acquisition*, 25(4), 501—528.

Papafragou, A., & Musolino, J. (2003). Scalar implicatures: Experiments at the semantics-pragmatics interface. *Cognition*, 86, 253—282.

Paraboni, I., van Deemter, K., & Masthoff, J. (2007). Generating referring expressions: Making referents easy to identify. *Computational Linguistics*, 33(2), 229—254.

Paradis, C., Van deWeijer, J., Willners, C., & Lindgren, M. (2012). Evaluative polarity of antonyms. *Lingue e linguaggio*, 11(2), 199—214.

Park, K., & Dubinsky, S. (2020). The effects of focus on scope relations between quantifiers and negation in Korean. *Proceedings of the Linguistic Society of America*, 5(1), 100—106.

Park, C. H. (2009). A study on the particles errors of Korean Learner. *Korean Education*, 82, 127—144.

Patterson, C., Trompelt, H., & Felser, C. (2014). The online application of binding condition B in native and non-native pronoun resolution. *Frontiers in Psychology*, 5, 1—16.

Pechmann, T. (1984). Accentuation and redundancy in children's and adult's referential communication. In H. Bouman & D. Bouwhuis (Eds.), *Vol. X. Attention and Performance: Control of Language Processes* (pp. 417—431).

Hillsdale, NJ: Laurence Erlbaum.

Pechmann, T. (1989). Incremental speech production and referential overspecification. *Linguistics*, 27(1), 89—110.

Peeters, G. (2002). From good and bad to can and must: Subjective necessity of acts associated with positively and negatively valued stimuli. *European Journal of Social Psychology*, 32(1), 125—136.

Peng, D. L., Ding, G. S., Perry, C., Xu, D., Jin, Z., Luo, Q., ... & Deng, Y. (2004). fMRI evidence for the automatic phonological activation of briefly presented words. *Cognitive Brain Research*, 20(2), 156—164.

Pladevall Ballester, E. (2010). Child L2 development of syntactic and discourse properties of Spanish subjects. *Bilingualism: Language and Cognition*, 13(2), 185—216. doi:10.1017/S1366728909990447

Pogue, A., Kurumada, C., & Tanenhaus, M. K. (2016). Talker-specific generalization of pragmatic inferences based on under- and over-informative prenominal adjective use. *Frontiers in Psychology*, 6, 2035. doi: 10.3389/fpsyg.2015.02035

Politzer-Ahles, S. (2011). *Online processing of scalar implicatures in Chinese as revealed by event-related potentials* [Doctoral Dissertation, University of Kansas].

Politzer-Ahles, S., & Fiorentino, R. (2013). The realization of scalar inferences: Context sensitivity without processing cost. *Plos ONE*, 8(5), 1—6.

Politzer-Ahles, S., & Gwilliams, L. (2015). Involvement of prefrontal cortex in scalar implictures: evidence from magnetoencephalography. *Language, Cognition and Neuroscience*, 30(7), 853—866.

Politzer-Ahles, S., Fiorentino, R., Jiang, X., & Zhou, X. (2013). Distinct neural correlates for pragmatic and semantic meaning processing: An event-related potential investigation of scalar implicature processing using picture-sentence verification. *Brain Research*, 1490, 134—152.

Pouscoulous, N., Noveck, I. A., Politzer, G., & Bastide, A. (2007). A developmental investigation of processing costs in implicature production. *Language Acquisition*, 14(4), 347—375.

Quesada, T., & Lozano, C. (2020). Which factors determine the choice of referential expressions in L2 English discourse? New evidence from the COREFL corpus. *Studies in Second Language Acquisition*, 42(5), 959—986.

R Core Team (2018). *R: A language and environment for statistical computing. R Foundation for Statistical Computing*, Vienna, Austria. Available online at https://www.R-project.org/

Ramchand, G., & Reiss, C. (2007). *The Oxford handbook of linguistic interfaces*. Oxford: OUP.

Reinhart, T. (2004). The Processingcost of reference set computation: Acquisition of stress shift and focus. *Language Acquisition: A Journal of Developmental Linguistics*, 12(2), 109—155.

Reinhart, T. (2006). *Interface strategies: Optimal and costly computations*. Cambridge, MA: The MIT Press.

Reisler, M. (1976). Always the laborer, never the citizen: Anglo perceptions of the Mexican immigrant during the 1920s. *Pacific Historical Review*, 45(2), 231—254.

Ripley, D. (2011). Contradictions at the borders. In R. Nouwen, R. van Rooij, U. Sauerland & H. Schmitz (Eds.), *Vagueness in Communication* (pp. 169—188). Heidelberg: Springer.

Roberts, C. (2004). Context in dynamic interpretation. In L. R. Horn & G. Ward (Eds.), *The Handbook of Pragmatics* (pp. 97—220). Oxford, UK: Blackwell.

Roberts, C. (2012). Information structure: Towards an integrated formal theory of pragmatics. *Semantics and Pragmatics*, 5, 1—69.

Roberts, L., & Felser, C. (2011). Plausibility and recovery from garden paths in second language sentence processing. *Applied Psycholinguistics*, 32(2), 299—331.

Roberts, L. Gullberg, M. & Indefrey, P. (2008). Online pronoun resolution in L2 discourse: L1 influence and general learner effects. *Studies in Second Language Acquisition*, 30, 333—357.

Robertson, D. (2000). Variability in the use of the English article system by Chinese learners of English. *Second Language Research*, 16(2), 135—172.

Romoli, J. (2012). *Soft but strong: neg-raising, soft triggers, and* exhaustification [Doctoral dissertation, Harvard University].

Romoli, J. (2015). The presuppositions of soft triggers are obligatory scalar implicatures. *Journal of Semantics*, 32, 173—219.

Romoli, J., & Schwarz, F. (2015). An experimental comparison between presupposition and indirect scalar implicatures. In F. Schwarz. (Ed.), *Experimental Perspectives on Presupppositions* (pp. 215—240). Switzerland: Springer.

Rothman, J. (2007) Pragmatic solutions for syntactic problems: Understanding some L2 syntactic errors in terms of pragmatic deficits. In S. Baauw, F. Diijkoningen & M. Pinto (Eds.), *Roman Languages and Linguistic Theory* 2005 (pp. 299—320). Amsterdam: John Benjamins.

Rothman, J. (2009). Pragmatic deficits with syntactic consequences? L2 pronominal subjects and the syntax-pragmatics interface. *Journal of Pragmatics*, 41, 951—973.

Rothman, J., Judy, T., Guijarro-Fuentes, P., & Pires, A. (2010). On the (un) ambiguity of adjectival modification in Spanish determiner phrases. *Studies in Second Language Acquisition*, 32, 47—77.

Rubio-Fernández, P. (2016). How redundant are redundant color adjectives? An efficiency-based analysis of color overspecification. *Frontiers in Psychology*, 7, 153. doi: 10.3389/fpsyg.2016.00153

Ruytenbeek, N., Verheyen, S., & Spector, B. (2017). Asymmetric inference towards the antonym: Experiments into the polarity and morphology of negated adjectives. *Glossa: A Journal of General Linguistics*, 2(1), 92—118.

Ryan, J. (2015). Overexplicit referent tracking in L2 English: Strategy, avoidance, or myth? *Language Learning*, 65(4), 824—859.

Sacks, H., & Schegloff, E. A. (1979). Two preferences in the organization of reference to persons in conversation and their interaction. In G. Psathas (Ed.), *Everyday Language: Studies in Ethnomethodolgy* (pp. 15—21). New York: Irvington.

Sassoon, G. W. (2013). A typology of multidimensional adjectives. *Journal of Semantics*, 30(3), 335—380. doi: https://doi.org/10.1093/jos/ffs012

Schmidt, L. A., Goodman, N. D., Barner, D., & Tenenbaum, J. B. (2009).

How tall is tall? Compositionality, statistics, and gradable adjectives. In N. A. Taatgen, & H. van Rijn (Eds.), *Proceedings of the 31st Annual Conference of the Cognitive Science Society* (pp. 3151−3156). Austin, TX: Cognitive Science Society.

Schwarz, F. (2014). Presuppositions are fast, whether hard of soft-evidence from the visual world. *Proceedings of SALT*, 24, 1−22.

Schwarz, F. (2015). Experimental Perspectives on Presuppositions. In F. Schwarz (Ed.), *Studies in Theoretical Psycholinguistics* (pp. 195 − 214). Springer International Publishing.

Scovel, T. (1969). Foreign accents, language acquisition, and cerebral dominance. *Language Learning*, 19(3−4), 245−253.

Sedivy, J. C. (2007). Implicature during real time conversation: A view from language processing research. *Philosophy Compass*, 2, 475−496.

Sedivy, J. C., Tanenhaus, M. K., Chambers, C. G., & Carlson, G. N. (1999). Achieving incremental semantic interpretation through contextual representation. *Cognition*, 70, 19−47.

Sellars, W. (1954). Presupposing. *Philosophical Review*, 63, 197−215.

Serratrice, L., Sorace, A., Filiaci, F., & Baldo, M. (2009). Bilingual children's sensitivity to specificity and genericity: Evidence from metalinguistic awareness. *Bilingualism: Language and Cognition*, 12, 1−19.

Seuren, P. (1973). The comparative. In F. Kiefer & N. Ruwet (Eds.), *Generative Grammar in Europe* (pp. 528−564). Dordrecht: Riedel.

Shabanov, Y., & Shetreet, E. (2022). The scalar interpretation of double negation. *Journal of Pragmatics*, 189, 55−65.

Shannon, C. E., & Weaver, W. (1949). *The mathematical theory of communication*. Urbana, IL: University of Illinois Press.

Shin, N. L., & Smith Cairns, H. (2009). Subject pronouns in child Spanish and continuity of reference. In J. Collentine, M. García, B. Lafford & F. Marcos Marín (Eds.), *Selected Proceedings of the 11th Hispanic Linguistics Symposium* (pp. 155−164). Somerville MA: Cascadilla Press.

Sikos, L., Kim, M., & Grodner, D. J. (2019). Social Context Modulates

Tolerance for Pragmatic Violations in Binary but Not Graded Judgments. *Frontiers in Psychology*, 10, 510. doi: 10.3389/fpsyg.2019.00510

Simons, M. (2006). *Presupposition without common ground*. [Unpublished manuscript, Carnegie Mellon University.]

Simons, M. (2001). On the Conversational Basis of Some Presuppositions. *Semantics and Linguistic Theory*, 11, 431−448.

Skordos, D., & Papafragou, A. (2016). Lexical, syntactic, and semantic-geometric factors in the acquisition of motion predicates. *Developmental Psychology*, 50(7), 1985−1998. doi: 10.1037/a0036970

Slabakova, R. (2008). Meaning in the second language. Berlin: Mouton de Gruyter.

Slabakova, R. (2010). Scalar implicatures in second language acquisition. *Lingua*, 120, 2444−2462.

Slabakova, R. (2015). The effect of construction frequency and native transfer on second language knowledge of the syntax-discourse interface. *Applied Psycholinguistics*, 36(3), 671−699.

Slabakova, R., & Ivanov, I. (2011). A more careful look at the syntax-discourse interface. *Lingua*, 121, 637−651.

Slabakova, R., Kempchinsky, P., & Rothman, J. (2012). Clitic-doubled left dislocation and focus fronting in L2 Spanish: A case of successful acquisition at the syntax-discourse interface. *Second Language Research*, 28, 319−343.

Snape, N. (2009). Exploring Mandarin Chinese speakers' L2 article use. In N. Snape, Y.-K. I. Leung, & M. Sharwood Smith (Eds.), *Representational deficits in SLA: Studies in honor of Roger Hawkins* (pp. 27−51). Amsterdam, The Netherlands: John Benjamins.

Snape, N., & Hosoi, H. (2018). Acquisition of scalar implicatures: Evidence from adult Japanese L2 learners of English. *Linguistic Approaches to Bilingualism*, 8, 163−192. doi: 10.1075/lab.18010.sna

Soames, S. (1982). How presuppositions are inherited: A solution to the projection problem. *Linguistic Inquiry*, 13, 483−545.

Solt, S., & Gotzner, N. (2012). Experimenting with degree. In A. Chereches (Ed.), *Proceedings of the 22nd Semantics and Linguistic Theory Conference* (pp. 166—187). Ithaca, NY: CLC Publications.

Sonnenschein, S. (1982). The effects of redundant communications on listeners: When more is less. *Child Development*, 53(3), 717—729.

Sorace, A. (2004). Native language attrition and developmental instability at the syntax-discourse interface: Data, interpretations and methods. *Bilingualism: Language and Cognition*, 7(2), 143—145.

Sorace, A. (2005). Selective optionality in language development. In L. Cornips & K. P. Corrigan (Eds.), *Syntax and Variation* (pp. 55—80). Amsterdam: John Benjamins.

Sorace, A. (2011). Pinning down the concept of 'interface' in bilingualism. *Linguistic Approaches to Bilingualism*, 1, 1—33.

Sorace, A. (2012). Pinning down the concept of interface in bilingual development: A reply to peer commentaries. *Linguistic Approaches to Bilingualism*, 2(2), 209—217.

Sorace, A. (2016). Referring expressions and executive functions in bilingualism. *Linguistic Approaches to Bilingualism*, 6(5), 669—684.

Sorace, A., & Filiaci, F. (2006). Anaphora resolution in near-native speakers of Italian. *Second Language Research*, 22, 339—368.

Sorace, A., & Serratrice, L. (2009). Internal and external interfaces in bilingual language development: Beyond structural overlap. *International Journal of Bilingualism*, 13, 195—210.

Sorace, A., Serratrice, L., Filiaci, F., & Baldo, M. (2009). Discourse conditions on subject pronoun realization: Testing the linguistic intuitions of older bilingual children. *Lingua*, 119(3), 460—477.

Spector, B. (2007). Aspects of the pragmatics of plural morphology: On higher order implicatures. In U. Sauerland & P. Stateva (Eds.), *Presupposition and Implicature in Compositional Semantics* (pp. 243—281). London: Palgrave.

Sperber, D., & Wilson, D. (1986/1995). *Relevance: Communication and Cognition*. Oxford: Basil Blackwell.

Sperber, D., & Wilson, D. (2002). Pragmatics, modularity and mind-reading. *Mind & Language*, 17, 3—23.

Stalnaker, R. (1972). Pragmatics. In D. Davidson & G. Harman (Eds.), *Semantics of Natural Language* (pp. 389—408). Reidel: Dordrecht.

Stalnaker, R. (1973). Presuppositions. *Journal of Philosophical Logic*, 2, 447—457.

Stalnaker, R. (1974). Pragmatic presuppositions. In M. Munitz, & D. Unger (Eds.), *Semantics and Philosophy* (pp. 197 — 213). New York: New York University Press.

Stalnaker, R. (1978). Assertion. *Syntax and Semantics*, 9, 315—332.

Starr, G., & Cho., J. (2021). QUD sensitivity in the computation of scalar implicatures in second language acquisition. *Language Acquisition*, 29(2), 182—197. doi: 10.1080/10489223.2021.1990930

Stiller, A., Goodman, N. D., & Frank, M. C. (2015). Ad-hoc implicature in preschool children. *Language Learning and Development*, 11, 176—190.

Strawson, P. F. (1950). On referring. *Mind*, 59, 320—344.

Su, Y. E. (2013). Scalar implicatures and downward entailment in child mandarin. *Journal of East Asian Linguistics*, 22(2), 167—187.

Sun, C., & Breheny, R. (2020). Another look at the online processing of scalar inferences: An investigation of conflicting findings from visual-world eye-tracking studies. *Language, Cognition and Neuroscience*, 35(8), 949—979.

Surian, L., & Job, R. (1987). Children's use of conversational rules in a referential communication task. *Journal of Psycholinguistic Research*, 16, 369—382.

Tanenhaus, M. K., & Brown-Schmidt, S. (2008). Language processing in the natural world. *Philosophical Transactions of the Royal Society*, 363, 1105—1122.

Tanenhaus, M. K., Spivey-Knowlton, M. J., Eberhard, K. M., & Sedivy, J. C. (1995). Integration of visual and linguistic information in spoken language comprehension. *Science*, 268(5127), 1632—1634. doi: 10.1126/science.7777863

Tian, Y. (2014). *Negation processing: A dynamic pragmatic account*. [Doctoral dissertation, University College London].

Tiemann, S. (2014). *The processing of "wieder" (again) and other presupposition triggers* [Doctoral dissertation, University of Tübingen].

Tomasello, M. (2008). *Origins of human communication*. MIT Press.

Tomlinson, J. M., Bailey, T. M., & Bott, L. (2013). Possibly all of that and then some: Scalar implicatures are understood in two steps. *Journal of Memory and Language*, 69, 18—35.

Tribushinina, E. (2008). EGO as a reference point: The case of nevysokij and nizkij. *Russian Linguistics*, 32(3), 159—183.

Tribushinina, E. (2009a). On prototypicality of dimensional adjectives. In J. Zlatev, M. Andrén, M. J. Falck & C. Lundmark (Eds.), *Studies in Language and Cognition* (pp. 111—128). Newcastle upon Tyne: Cambridge Scholars Publishing.

Tribushinina, E. (2009b). The linguistics of zero: A cognitive reference point or a phantom? *Folia Linguistica*, 43(2), 417—461.

Tribushinina, E. (2011). Once again on norms and comparison classes. *Linguistics*, 49, 525—553.

Tsai, W. T. D. (2004). Tan 'youren' 'youderen' he 'youxieren' [On 'youren', 'youderen' and 'youxieren']. *Hanyu Xuebao/Chinese Linguistics*, 8(2), 16—25.

Tsimpli, I. M. (1995). Focusing in Modern Greek. In K. Kiss (Ed.), *Discourse Configurational Languages* (pp. 176—206). Oxford: Oxford University Press.

Tsimpli, I. M. (1998). Individual and Functional Reading for Focus, Wh- and Negative Operators: Evidence from Greek. In B. Joseph, G. Horrocks & I. Philippaki-Warburton (Eds.), *Themes in Greek Linguistics II* (pp. 197—227). Amsterdam & Philadelphia: John Benjamins.

Tsimpli, M., & Sorace, A. (2006). Differentiating interfaces: L2 performance in syntax-semantics and syntax-discourse phenomena. *BUCLD Proceedings*, 30, 653—664.

Tsimpli, I., Sorace, A., Heycock, C., & Filiaci, F. (2004). First language attrition and syntactic subjects: A study of Greek and Italian near-native speakers of English. *International Journal of Bilingualism*, 8(3), 257—277.

Tsoulas, G., & Gil, K. H. (2011). Elucidating the notion of syntax-pragmatics interface. *Linguistic Approaches to Bilingualism*, 1, 104—107.

Valenzuela, E. (2006). L2 end state grammars and incomplete acquisition of the Spanish CLLD constructions. In R. Slabakova, S. Montrul, & P. Pr'evost (Eds.), *Inquiries in Linguistic Development: In Honor of Lydia White* (pp. 283—304). Amsterdam: Benjamins.

van der Sandt, R. (1992). Presupposition projection as anaphora resolution. *Journal of Semantics*, 9(4), 333—377.

van Engen, K. J., & Peelle, J. E. (2014). Listening effort and accented speech. *Frontiers in Human Neuroscience*, 8, 577.

van Orden, G. C., Pennington, B. F., & Stone, G. O. (1990). Word identification in reading and the promise of subsymbolic psycholinguistics. *Psychological Review*, 97, 488—522.

van Rooij, R. (2011). Measurement, and interadjective comparisons. *Journal of Semantics* 28(3), 335—358. doi:10.1093/jos/ffq018

van Tiel, B., Pankratz, E., & Sun, C. (2019). Scalar and scalarity: Processing scalar inferences. *Journal of Memory and Language*, 105, 93—107.

van Tiel, B., van Miltenburg, E., Zevakhina, N., & Geurts, B. (2016). Scalar diversity. *Journal of Semantics*, 33, 137—175.

Vaughn, C. R. (2019). Expectations about the source of a speaker's accent affect accent adaptation. *The Journal of the Acoustical Society of America*, 145(5), 3218—3232.

Veenstra, A., Hollebrandse, B., & Katsos, N. (2017). Why some children accept under-informative utterances. Lack of competence or pragmatic tolerance? *Pragmatic & Cognition*, 24(2), 297—313.

von Fintel, K., & Matthewson, L. (2008). Universals in semantics. *The Linguistic Review*, 25, 139—201.

von Stechow, A. (1984). Comparing semantic theories of comparison. *Journal of Semantics*, 3, 1—77. doi:10.1093/jos/3.1—2.1

Wardlow-Lane, L., & Ferreira, V. S. (2008). Speaker-external versus speaker-internal forces on utterance form: Do cognitive demands override threats to referential success? *Journal of Experimental Psychology: Learning, Memory, and Cognition*, 34, 1466—1481. doi: 10.1037/a0013353

Waxman, S. R., & Booth, A. E. (2001). Seeing pink elephants: Fourteen-month-olds' interpretations of novel nouns and adjectives. *Cognitive Psychology*, 43, 217—242.

Waxman, S. R., & Booth, A. E. (2003). The origins and evolution of links between word learning and conceptual organization: New evidence from 11-month-olds. *Developmental Science*, 6, 128—135.

Wechsler, S. (2005). Weighing in Oil scales: A Reply to Goldberg and Jackendoff. *Language*, 81(2), 465—473.

Wellman, H. M., & Liu, D. (2004). Scaling of theory-of-mind tasks. *Child Development*, 75(2), 523—541.

White, L. (2011). Second language acquisition at the interfaces. *Lingua*, 121, 577—590.

Wilson, D., & Sperber, D. (2004). Relevance Theory. In L. R. Horn, & G. Ward (Eds.), *The Handbook of Pragmatics* (pp. 607—632). Oxford, UK: Blackwell.

Wilson, E., &Katsos, N. (2021). Pragmatic, linguistic and cognitive factors in young children's development of quantity, relevance and word learning inferences. *Journal of Child Language*, 49, 1—28.

Wilson, F., Sorace, A., & Keller, F. (2009). Antecedent preferences for anaphoric demonstratives in L2 German. In J. Chandlee, M. Franchini, S. Lord & G-M. Rheiner (Eds.), *BUCLD 33: Proceedings of the 33rd Annual Boston University Conference on Language Development* (pp. 634—645). Cascadilla Press: BUCLD: Proceedings of the Boston University Conference on Language Development.

Wu, S., & Keysar, B. (2007). The effect of culture on perspective taking. *Psychological Science*, 18(7), 600—606.

Wu, M. J., & Ionin, T. (2019). L1-Mandarin L2-English speakers' acquisition of English universal quantifier-negation scope. In M. Brown & B. Dailey (Eds.), *Proceedings of the 43rd Boston University Conference on Language Development* (pp. 716—729). Someville, MA: Cascadilla Press.

Yang, X., Minai, U., & Fiorentino, R. (2018). Context-sensitivity and individual differences in the derivation of scalar implicature. *Frontiers in Psychology*, 9, 1720.

Yoo, S. S., Lee, C. U., & Choi, B. G. (2001). Human brain mapping of auditory imagery: Event-related functional MRI study. *NeuroReport*, 12, 3045—3049.

Yoon, E. J., & Frank, M. C. (2019). The role of salience in young children's processing of ad hoc implicatures. *Journal of Experimental Child Psychology*,

186, 99—116.

Yuan, B. P. (1995). Acquisition of base-generated topics by English-speaking learners of Chinese. *Language Learning*, 45(4), 567—603.

Yuan, B. P. (2012). Is Chinese 'daodi' 'the hell' in English speakers' L2 acquisition of Chinese daodi … wh … questions? Effects and recoverability of L1 transfer at L2 interfaces. *International Journal of Bilingualism*, 17(4), 403—430.

Yuan, B. P., & Dugarova, E. (2012). Wh-topicalization at the syntax-discourse interface in English speakers' L2 Chinese grammars. *Studies in Second Language Acquisition*, 34(4), 533—560.

Zeevat, H. (1992). Presupposition and accommodation in update semantics. *Journal of Semantics*, 9(4), 379—412. doi: 10.1093/jos/9.4.379

Zehr, J., Bill, C., Tieu, L., Romoli, J., & Schwarz, F. (2015). Existential presupposition projection from *none*? An experimental investigation. *Proceeding of the 20th Amsterdam Colloquium*, 448—457.

Zehr, J., Bill, C., Lyn, T., Jacopo, R., & Florian, S. (2016). Presupposition projection from the scope of None: Universal, existential, or both? *Semantics and Linguistic Theory*, 26, 754—774.

Zhang, J., & Wu, Y. (2020). Only *youxie* think it is a nice thing to say: interpreting scalar items in face-threatening contexts by native Chinese speakers. *Journal of Pragmatics*, 168, 19—35.

Zhao, M. (2012). *Hanyu dengji hanyi jiagong de shenjing jizhi yanjiu* [The study on the neuromechanism underlying the scalar implicature processing in Chinese] [Doctoral dissertation, Zhejiang University].

Zhao, L. (2012). Interpretation of Chinese overt and null embedded arguments by English-speaking learners. *Second Language Research*, 28, 169—190.

Zhao, S., Ren, J., Frank, M. C., & Zhou, P. (2021). The development of quantity implicatures in Mandarin-speaking children. *Language Learning and Development*, 17(4), 343—365.

Zhou, P., & Crain, S. (2009). Scope assignment in child language: Evidence from the acquisition of Chinese. *Lingua*, 119(7), 973—988.

Zhou, X. B., & Xu, X. Y. (2001). Ticixing 'youde', 'youxie' de duojiaodu fenxi

[Multi-angle analysis on 'youde', 'youxie']. *Yuyan Yanjiu/Studies in Language and Linguistics* 3,29—32.

Zipf, G. K. (1949). *Human behavior and the principle of least effect*. Cambridge: Addison-Wesley Press.

Zondervan, A. (2009). Experiments on QUD and focus as a contextual constraint on scalar implicature calculation. In U. Sauerland & K. Yatsushiro (Eds.), *Semantics and Pragmatics: From Experiment to Theory* (pp. 94—112). Basingstoke: Palgrave Macmillan.

常辉,2014,接口假说与接口知识习得研究——基于生成语法理论的二语习得研究,《外语与外语教学》(6),44—49+73.

陈冰飞、郭桃梅,2012,汉语级差词项"一些"的语义—语用解读,《外语学刊》(6),63—68.

陈宁、范莉,2015,关于等级含义产生及习得研究的评述,《现代语文》(语言研究版)(1),13—17.

戴曼纯,2014,语言接口与二语接口的习得,《外国语》(1),72—82.

何自然、冉永平,2009,《新编语用学概论》。北京:北京大学出版社.

何自然,1988,《语用学概论》。长沙:湖南教育出版社.

贾光茂,2018,中国英语学习者对否定句中全称量词辖域的解读,《现代外语》(3),377—388.

金岳霖,1979,《形式逻辑》。北京:人民出版社.

蓝纯,1999,现代汉语预设引发项初探,《外语研究》(3),11—14+19.

李宇明,1996,非谓形容词的词类地位,《中国语文》(1),1—9.

李然,2013,对数词等级含义认知机制的语用实验研究,《北京第二外国语学院学报》(10),1—6.

陆俭明,1989,说量度形容词,《语言教学与研究》(3),46—59.

罗琼鹏,2018,等级性、量级结构与汉语性质形容词分类,《汉语学习》(1),27—38.

吕叔湘,1982,单音形容词用法研究,《中国语文》(6).

刘家楠,2015,汉语等级含意认知处理模式实验研究,硕士论文,兰州大学.

毛眺源,2022,《语用寓义推理形式化研究》。北京:科学出版社.

沈家煊,1993,"语用否定"考察,《中国语文》(5),321—331.

沈家煊,1995,"有界"与"无界",《中国语文》(5),367—380.

冉永平,2018,人际语用学视角下人际关系管理的人情原则。《外国语》(4),44—65.

冉永平、黄旭,2020,人际语用学视角下的礼貌与关系。《外国语》(3),35—45.

石毓智,1992,《肯定和否定的对称与不对称》。中国台北:台湾学生书局.

唐轶雯,2020,中国学习者英语量化辖域解读和习得的实验研究,博士论文,湖南大学.

唐轶雯、陈晓湘,2018,中国学习者英语量化辖域解读的实验研究,《外语教学与研究》(2),205—217.

王跃平,2011,《汉语预设研究》。北京:中国社会科学出版社.

汪春梅,2014,汉语等级含意认知处理模式的实验研究,硕士论文,兰州大学.

吴庄、谭娟,2009,汉语儿童语言中的等级含义——一项实验研究。《外国语》(3),69—75.

徐盛桓,1991,语用推理,《外语学刊》(6),1—7.

张国宪,1993,现代汉语形容词的选择性研究,博士论文,上海师范大学.

张军、伍彦,2020,语境对二语学习者等级词项在线加工的影响,《现代外语》(2),213—225.

张丽,2018,"冷""热"的对称性研究与对外汉语教学,硕士论文,南京师范大学国际文化教育学院.

张亮,2020,关于留学生汉语反义词习得偏误与汉语反义词"对称—不对称性"特点的研究,硕士论文,西北大学文学院.

赵珺,2016,有关二语习得研究中接口假说的探讨,《语言教育》(4),59—64.

赵鸣,2012,汉语等级含义加工的神经机制研究,博士论文,浙江大学.

周凌,2018,国外面子与(不)礼貌研究的历时演变及内在关联,《现代外语》(5),721—731.

朱德熙,1956,现代汉语形容词研究,《中国语文》(5).